手把手教你学预算

市政工程

赵洪斌　主编

中国铁道出版社

2013年·北　京

内容提要

本书从实际需求出发，以面广、实用、精练、方便查阅为原则，依据最新现行国家标准和行业标准进行编写，是一本能反映当代市政工程工程量清单计量计价的书籍。全书共三个部分，第一部分是工程计量，其主要内容包括：土石方工程、道路工程、桥涵工程、隧道工程、管网工程、水处理工程、生活垃圾处理工程、路灯工程、钢筋及拆除工程。第二部分是工程计价，其主要内容包括：建设工程造价构成、建设工程计价方法和计价依据。第三部分的主要内容是工程计价清单综合计算实例。

本书可作为工程预算管理人员和计量计价人员的实际工作指导书，也可作为大中专院校和培训机构相关专业师生学习和参考。

图书在版编目(CIP)数据

市政工程/赵洪斌主编．—北京：中国铁道出版社，2013.9

(手把手教你学预算)

ISBN 978-7-113-17266-4

Ⅰ.①市… Ⅱ.①赵… Ⅲ.①市政工程－建筑预算定额

Ⅳ.①TU723.3

中国版本图书馆CIP数据核字(2013)第206012号

书　　名：手把手教你学预算
市政工程

作　　者：赵洪斌

策划编辑：江新锡　陈小刚

责任编辑：冯海燕　　　　**电话：**010-51873193

封面设计：郑春鹏

责任校对：马　丽

责任印制：郭向伟

出版发行：中国铁道出版社(100054，北京市西城区右安门西街8号)

网　　址：http://www.tdpress.com

印　　刷：北京海淀五色花印刷厂

版　　次：2013年9月第1版　2013年9月第1次印刷

开　　本：787 mm×1 092 mm　1/16　**印张：**16.5　**字数：**410千

书　　号：ISBN 978-7-113-17266-4

定　　价：40.00元

前　　言

2012年12月25日，中华人民共和国住房和城乡建设部发布了国家标准《建设工程工程量清单计价规范》(GB 50500—2013)和《房屋建筑与装饰工程工程量计算规范》(GB 50854—2013)、《仿古建筑工程工程量计算规范》(GB 50855—2013)、《通用安装工程工程量计算规范》(GB 50856—2013)、《市政工程工程量计算规范》(GB 50857—2013)、《园林绿化工程工程量计算规范》(GB 50858—2013)、《矿山工程工程量计算规范》(GB 50859—2013)、《构筑物工程工程量计算规范》(GB 50860—2013)、《城市轨道交通工程工程量计算规范》(GB 50861—2013)、《爆破工程工程量计算规范》(GB 50862—2013)等9本计量规范(简称"13规范")，此套规范替代《建设工程工程量清单计价规范》(GB 50500—2008)(简称"08规范")，并于2013年7月1日开始实施。

"13规范"与"08规范"相比，主要有以下几点变化。

(1)为了方便管理和使用，"13规范"将"计价规范"与"计量规范"分列，由原来的一本变成了现在的十本。

(2)相关法律等的变化，需要修改计价规范。例如《中华人民共和国社会保险法》的实施；《中华人民共和国建筑法》关于实行工伤保险，鼓励企业为从事危险作业的职工办理意外伤害保险的修订；国家发展和改革委员会、财政部关于取消工程定额测定费的规定等。

(3)"08规范"中一些不成熟条文经过实践，有的已经形成共识，如计价风险分担、物价波动的价格指数调整、招标控制价的投诉处理等，需要进入计价规范正文，增大执行效力。

(4)有的专业分类不明确，需要重新定义划分，"13规范"增补"城市轨道交通"、"爆破工程"等专业。

(5)随着科技的发展，为了满足计量、计价的需要，应增补新技术、新工艺、新材料的项目，同时，应删除技术规范已经淘汰的项目。

(6)对于个别定义的重新规定和划分。例如钢筋工程有关"搭接"的计算规定。

为了推动"13规范"的实施，帮助造价工作人员尽快了解和掌握新内容，提高实际操作水平，我们特别组织了有着丰富教学经验的专家、学者以及从事造价工作的造价工程师，依据"13规范"编写了《手把手教你学预算》系列丛书。

本丛书分为：《安装工程》；《房屋建筑工程》；《装饰装修工程》；《市政工程》；《园林工程》。

本丛书主要从工程量计算和工程计价两方面来阐述，内容紧跟“13规范”，注重与实际相结合，以例题的形式将工程量计算等相关内容进行了系统的讲解。具有很强的针对性，便于读者有目标地学习。

本丛书的编写人员主要有赵洪斌、尚晓峰、张新华、李利鸿、孙占红、宋迎迎、张正南、武旭日、王林海、赵洁、叶梁梁、张凌、乔芳芳、张婧芳、李仲杰、李芳芳、王文慧。

由于水平有限，加之编写时间仓促，书中的疏漏在所难免，敬请广大读者指正。

编　者
2013年6月

目　　录

第一部分　工程计量

第二部分　工程计价

第三部分　综合计算实例

第一部分　工程计量

第一章　土石方工程

第一节　土方工程

一、清单工程量计算规则(表 1-1-1)

表 1-1-1　土方工程工程量计算规则

<table>
<tr><th>项目编码</th><th>项目名称</th><th>项目特征</th><th>计量单位</th><th>工程量计算规则</th><th>工程内容</th></tr>
<tr><td>040101001</td><td>挖一般土方</td><td rowspan="3">1. 土壤类别
2. 挖土深度</td><td rowspan="5">m³</td><td>按设计图示尺寸以体积计算</td><td rowspan="3">1. 排地表水
2. 土方开挖
3. 围护(挡土板)及拆除
4. 基底钎探
5. 场内运输</td></tr>
<tr><td>040101002</td><td>挖沟槽土方</td><td rowspan="2">按设计图示尺寸以基础垫层底面积乘以挖土深度计算</td></tr>
<tr><td>040101003</td><td>挖基坑土方</td></tr>
<tr><td>040101004</td><td>暗挖土方</td><td>1. 土壤类别
2. 平洞、斜洞(坡度)
3. 运距</td><td>按设计图示断面乘以长度以体积计算</td><td>1. 排地表水
2. 土方开挖
3. 场内运输</td></tr>
<tr><td>040101005</td><td>挖淤泥、流砂</td><td>1. 挖掘深度
2. 运距</td><td>按设计图示位置、界限以体积计算</td><td>1. 开挖
2. 运输</td></tr>
</table>

二、清单工程量计算

计算实例 1　挖一般土方

某路堑的示意图如图 1-1-1 所示，槽长 28 m，采用人工挖土，土壤类别为四类土，计算该路堑的挖土方工程量。

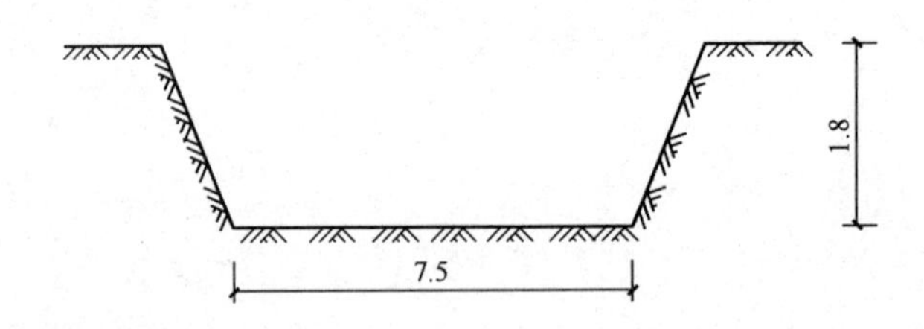

图 1-1-1　某路堑示意图(单位:m)

工程量计算过程及结果

路堑挖土方的工程量=7.5×1.8×28=378.00(m^3)

计算实例 2　挖沟槽土方

某带形基础沟槽断面图如图 1-1-2 所示,该沟槽不放坡,双面支挡土板,混凝土基础支模板,预留工作面 0.3 m,沟槽长 120 m,采用人工挖土,土壤类别为二类土,计算挖沟槽工程量。

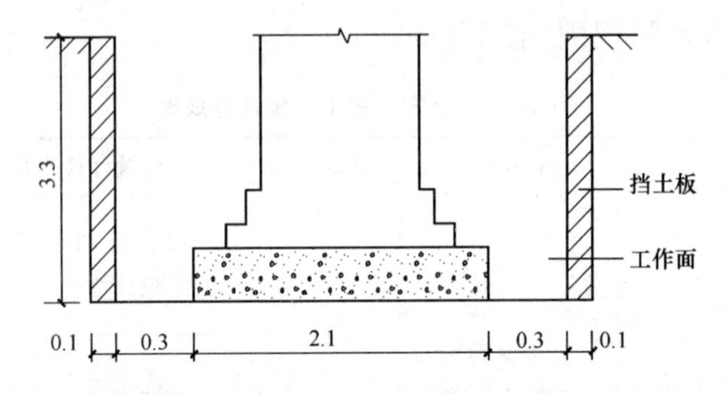

图 1-1-2　某带形基础沟槽断面图(单位:m)

工程量计算过程及结果

沟槽土方的工程量=(0.1×2+0.30×2+2.1)×3.3×120=1 148.40(m^3)

计算实例 3　挖基坑土方

某构筑物满堂基础基坑示意图如图 1-1-3 所示,其基坑采用矩形放坡,不支挡土板,留工作面 0.3 m,基础长宽尺寸为 15.3 m 和 9 m,挖深 4.4 m,放坡按 1∶0.45 放坡,人工开挖,计算其开挖的土方工程量。

工程量计算过程及结果

基坑的工程量=15.3×9×4.4=605.88(m^3)

计算实例 4　挖淤泥

某市新修一条河流支道,其沟槽断面如图 1-1-4 所示,河道宽 4 m,深 3 m,全长 300 m,放坡按 1∶0.25 放坡,地下水位为−1.20 m,地下水位以下为淤泥,开挖时采用人工开挖,机械排水,计算该工程的挖淤泥工程量。

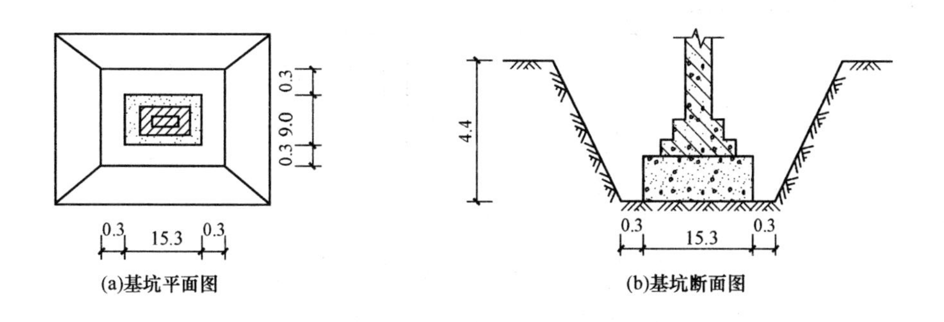

图 1-1-3　某建筑物满堂基础基坑示意图(单位:m)

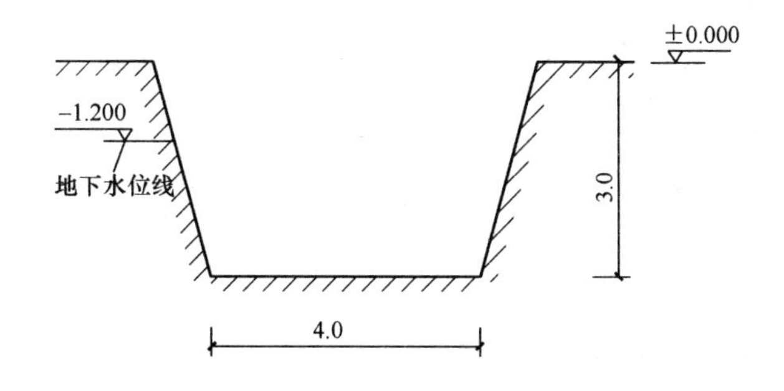

图 1-1-4　某河流支道沟槽断面图(单位:m)

工程量计算过程及结果

挖淤泥的工程量＝4.0×1.2×300＝1 440.00(m^3)

第二节　石方工程

一、清单工程量计算规则(表 1-1-2)

表 1-1-2　石方工程工程量计算规则

项目编码	项目名称	项目特征	计量单位	工程量计算规则	工程内容
040102001	挖一般石方	1. 岩石类别 2. 开凿深度	m^3	按设计图示尺寸以体积计算	1. 排地表水 2. 石方开凿 3. 修整底、边 4. 场内运输
040102002	挖沟槽石方			按设计图示尺寸以基础垫层底面积乘以挖石深度计算	
040102003	挖基坑石方				

二、清单工程量计算

计算实例 1　挖沟槽石方

某建筑工程沟槽断面图如图 1-1-5 所示，施工现场为坚硬岩石，外墙沟槽开挖，长度为

100 m，计算沟槽开挖工程量。

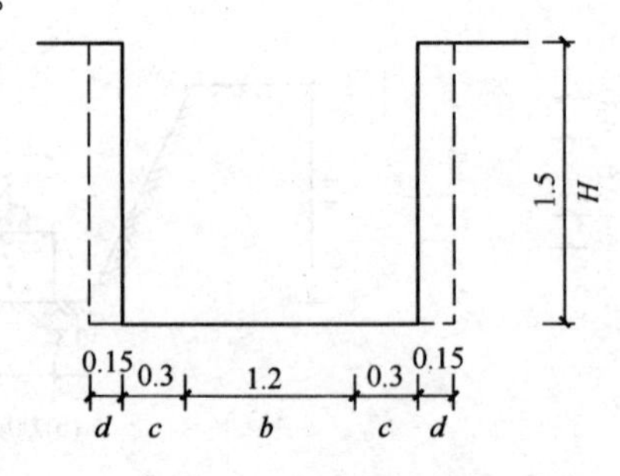

图 1-1-5 某建筑工程沟槽断面图(单位：m)

工程量计算过程及结果

石方沟槽开挖工程量如图 1-1-5 所示尺寸另加允许超挖量以立方米计算。允许超挖厚度：次坚石为 20 cm，特坚石为 15 cm。

沟槽开挖的工程量 $=H(b+2d+2c)l$

$=1.50\times(1.2+2\times0.15+0.3\times2)\times100$

$=315.00(\text{m}^3)$

式中 d——允许超挖厚度(m)；

H——沟槽开挖深度(m)；

l——沟槽开挖长度(m)；

b——沟槽设计宽度，不包括工作面的宽度(m)；

c——工作面宽度(m)。

计算实例 2 挖基坑石方

某土方工程基坑断面图如图 1-1-6 所示，施工现场为次坚石，基坑开挖长度为 25 m，计算基坑开挖工程量。

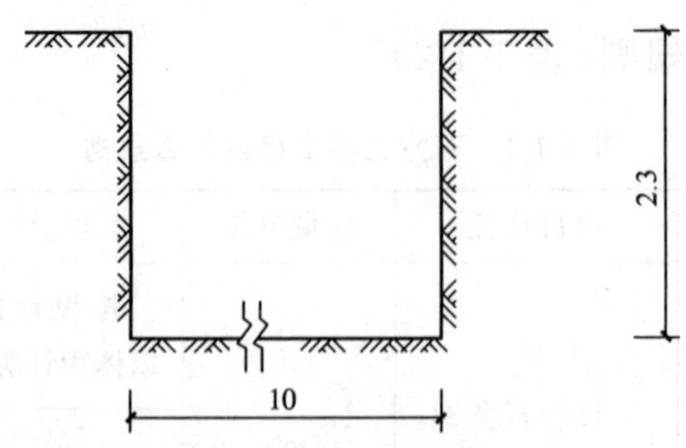

图 1-1-6 某土方工程基坑断面图(单位：m)

工程量计算过程及结果

挖基坑石方的工程量 $=bHL=10\times2.3\times25=575.00(\text{m}^3)$

式中 H——基坑开挖深度(m)；

b——基坑开挖宽度(包括工作面的宽度)(m)；

L——基坑开挖长度(m)。

第三节　回填方及土石方运输

一、清单工程量计算规则(表 1-1-3)

表 1-1-3　回填方及土石方运输工程量计算规则

项目编码	项目名称	项目特征	计量单位	工程量计算规则	工程内容
040103001	回填方	1. 密实度要求 2. 填方材料品种 3. 填方粒径要求 4. 填方来源、运距	m^3	1. 按挖方清单项目工程量加原地面线至设计要求标高间的体积，减基础、构筑物等埋入体积计算 2. 按设计图示尺寸以体积计算	1. 运输 2. 回填 3. 压实
040103002	余方弃置	1. 废弃料品种 2. 运距		按挖方清单项目工程量减利用回填方体积(正数)计算	余方点装料运输至弃置点

二、清单工程量计算

计算实例 1　回填方

某工程雨水管道，矩形截面，长为 60 m，宽为 2.5 m，平均深度为 2.8 m，无检查井。槽内铺设 ϕ800 钢筋混凝土平口管，管壁厚 0.15 m，管下混凝土基座为 0.484 9 m^3/m，基座下碎石垫层为 0.24 m^3/m，计算该沟槽回填土压实(机械回填；10 t 压路机碾压，密实度为 97%)的工程量。

工程量计算过程及结果

沟槽体积＝60×2.5×2.8＝420.00(m^3)

混凝土基座体积＝0.484 9×60＝29.09(m^3)

碎石垫层体积＝0.24×60＝14.40(m^3)

ϕ800 管子外形体积$=3.14\times\left(\frac{0.8+0.15\times2}{2}\right)^2\times60=56.99$($m^3$)

填土压实土方的工程量＝420.00－29.09－14.40－56.99＝319.52(m^3)

计算实例 2　余方弃置

某道路路基工程，已知挖土 3 800 m^3，其中可利用 2 500 m^3，填土 3 800 m^3，土方运距为 2.5 km，现场挖填平衡，计算确定余土外运工程量。

工程量计算过程及结果

余方弃置的工程量＝3 800－2 500＝1 300(m^3)(自然方)

第二章　道路工程

第一节　路基处理

一、清单工程量计算规则(表 1-2-1)

表 1-2-1　路基处理工程量计算规则

项目编码	项目名称	项目特征	计量单位	工程量计算规则	工程内容
040201001	预压地基	1.排水竖井种类、断面尺寸、排列方式、间距、深度 2.预压方法 3.预压荷载、时间 4.砂垫层厚度	m^2	按设计图示尺寸以加固面积计算	1.设置排水竖井、盲沟、滤水管 2.铺设砂垫层、密封膜 3.堆载、卸载或抽气设备安拆、抽真空 4.材料运输
040201002	强夯地基	1.夯击能量 2.夯击遍数 3.地耐力要求 4.夯填材料种类			1.铺设夯填材料 2.强夯 3.夯填材料运输
040201003	振冲密实(不填料)	1.地层情况 2.振密深度 3.孔距 4.振冲器功率			1.振冲加密 2.泥浆运输
040201004	掺石灰	含灰量	m^3	按设计图示尺寸以体积计算	1.掺石灰 2.夯实
040201005	掺干土	1.密实度 2.掺土率			1.掺干土 2.夯实
040201006	掺石	1.材料品种、规格 2.掺石率			1.掺石 2.夯实
040201007	抛石挤淤	材料品种、规格			1.抛石挤淤 2.填塞垫平、压实

续上表

项目编码	项目名称	项目特征	计量单位	工程量计算规则	工程内容
040201008	袋装砂井	1.直径 2.填充料品种 3.深度	m	按设计图示尺寸以长度计算	1.制作砂袋 2.定位沉管 3.下砂袋 4.拔管
040201009	塑料排水板	材料品种、规格			1.安装排水板 2.沉管插板 3.拔管
040201010	振冲桩（填料）	1.地层情况 2.空桩长度、桩长 3.桩径 4.填充材料种类	1.m 2.m^3	1.以米计量，按设计图示尺寸以桩长计算 2.以立方米计量，按设计桩截面乘以桩长以体积计算	1.振冲成孔、填料、振实 2.材料运输 3.泥浆运输
040201011	砂石桩	1.地层情况 2.空桩长度、桩长 3.桩径 4.成孔方法 5.材料种类、级配		1.以米计量，按设计图示尺寸以桩长（包括桩尖）计算 2.以立方米计量，按设计桩截面乘以桩长（包括桩尖）以体积计算	1.成孔 2.填充、振实 3.材料运输
040201012	水泥粉煤灰碎石桩	1.地层情况 2.空桩长度、桩长 3.桩径 4.成孔方法 5.混合料强度等级	m	按设计图示尺寸以桩长（包括桩尖）计算	1.成孔 2.混合料制作、灌注、养护 3.材料运输
040201013	深层水泥搅拌桩	1.地层情况 2.空桩长度、桩长 3.桩截面尺寸 4.水泥强度等级、掺量		按设计图示尺寸以桩长计算	1.预搅下钻、水泥浆制作、喷浆搅拌提升成桩 2.材料运输

项目编码	项目名称	项目特征	计量单位	工程量计算规则	工程内容
040201014	粉喷桩	1.地层情况 2.空桩长度、桩长 3.桩径 4.粉体种类、掺量 5.水泥强度等级、石灰粉要求	m	按设计图示尺寸以桩长计算	1.预搅下钻、喷粉搅拌提升成桩 2.材料运输
040201015	高压水泥旋喷桩	1.地层情况 2.空桩长度、桩长 3.桩截面 4.旋喷类型、方法 5.水泥强度等级、掺量			1.成孔 2.水泥浆制作、高压旋喷注浆 3.材料运输
040201016	石灰桩	1.地层情况 2.空桩长度、桩长 3.桩径 4.成孔方法 5.掺和料种类、配合比		按设计图示尺寸以桩长(包括桩尖)计算	1.成孔 2.混合料制作、运输、夯填
040201017	灰土(土)挤密桩	1.地层情况 2.空桩长度、桩长 3.桩径 4.成孔方法 5.灰土级配			1.成孔 2.灰土拌和、运输、填充、夯实
040201018	柱锤冲扩桩	1.地层情况 2.空桩长度、桩长 3.桩径 4.成孔方法 5.桩体材料种类、配合比		按设计图示尺寸以桩长计算	1.安拔套管 2.冲孔、填料、夯实 3.桩体材料制作、运输

续上表

项目编码	项目名称	项目特征	计量单位	工程量计算规则	工程内容
040201019	地基注浆	1. 地层情况 2. 成孔深度、间距 3. 浆液种类及配合比 4. 注浆方法 5. 水泥强度等级、用量	1. m 2. m^3	1. 以米计量，按设计图示尺寸以深度计算 2. 以立方米计量，按设计图示尺寸以加固体积计算	1. 成孔 2. 注浆导管制作、安装 3. 浆液制作、压浆 4. 材料运输
040201020	褥垫层	1. 厚度 2. 材料品种、规格及比例	1. m^2 2. m^3	1. 以平方米计量，按设计图示尺寸以铺设面积计算 2. 以立方米计量，按设计图示尺寸以铺设体积计算	1. 材料拌和、运输 2. 铺设 3. 压实
040201021	土工合成材料	1. 材料品种、规格 2. 搭接方式	m^2	按设计图示尺寸以面积计算	1. 基层整平 2. 铺设 3. 固定
040201022	排水沟、截水沟	1. 断面尺寸 2. 基础、垫层：材料品种、厚度 3. 砌体材料 4. 砂浆强度等级 5. 伸缩缝填塞 6. 盖板材质、规格	m	按设计图示以长度计算	1. 模板制作、安装、拆除 2. 基础、垫层铺筑 3. 混凝土拌和、运输、浇筑 4. 侧墙浇捣或砌筑 5. 勾缝、抹面 6. 盖板安装
040201023	盲沟	1. 材料品种、规格 2. 断面尺寸			铺筑

二、清单工程量计算

计算实例 1　强夯地基

某道路 K0＋100～K0＋900 标段，路面宽度为 21 m。由于该段土质比较疏松，为保证路基的稳定性，对路基进行处理，通过强夯土方使土基密实(密实度大于 90％)，以达到规定的压实度。两侧路肩各宽 1 m，路基加宽值为 30 cm，计算强夯地基的工程量。

工程量计算过程及结果

强夯地基的工程量＝(900－100)×(21＋1×2)＝800×23＝18 400.00(m^2)

计算实例 2　掺石灰

某道路 K0＋250～K0＋750 段为混凝土路面，其路基断面示意图如图 1-2-1 所示，路面宽为 15 m，两侧路肩各宽 1 m，路基的原天然地面的土质为软土，易沉陷，因此在该土中掺石灰以提高天然地面的承载能力，计算掺石灰的工程量。

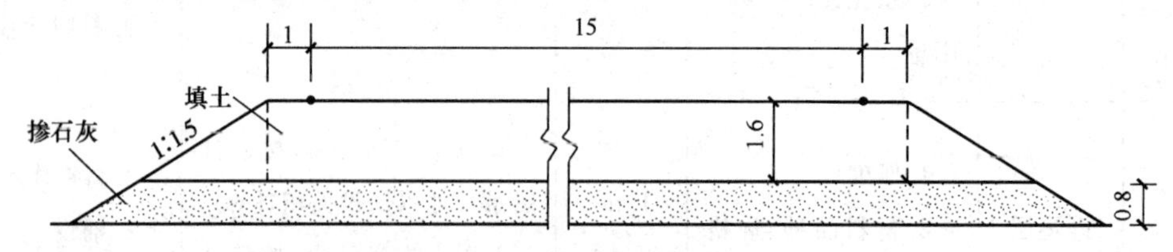

图 1-2-1　路基断面示意图(单位：m)

工程量计算过程及结果

路基掺入石灰的工程量＝(750－250)×(15＋1×2＋1.5×1.6×2＋0.8×1.5)×0.8
＝500×23×0.8
＝9 200(m^3)

计算实例 3　掺干土

某段长 750 m 水泥混凝土路面路堤断面示意图如图 1-2-2 所示，路面宽 18 m，两侧路肩各宽 1 m。该段道路的土质为湿软的黏土，影响路基的稳定性，因此在该土中掺入干土，以增加路基的稳定性，延长道路的使用年限，计算掺干土(密实度为 90%)的工程量。

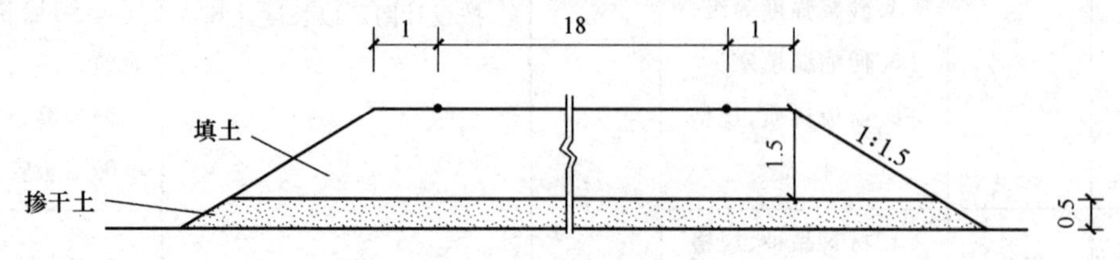

图 1-2-2　路堤断面示意图(单位：m)

工程量计算过程及结果

路基掺入干土的工程量＝750×(18＋1×2＋1.5×1.5×2＋0.5×1.5)×0.5
＝750×25.25×0.5
＝9 468.75(m^3)

计算实例 4　掺石

某道路的路堤断面图示意图如图 1-2-2 所示(忽略图 1-2-2 尺寸)，该道路全长 800 m，路面宽为 21 m，地基的土质为软弱的黏土。为了防止因路基稳定性不足而造成路基沉陷，从而影响该条道路的使用年限，因而在土中掺石，以增强路基的稳定性（将图 1-2-2 中的掺干土改为掺石，厚度不变，两侧路肩宽也不变）。计算掺石（掺石率为 10%）的工程量。

工程量计算过程及结果

路基掺石的工程量＝800×(21＋1×2＋1.5×1.5×2＋0.5×1.5)×0.5
＝800×28.25×0.5
＝11 300.00(m^3)

计算实例 5　抛石挤淤

某道路抛石挤淤断面图如图 1-2-3 所示，因其在 K0＋216～K0＋856 之间为排水困难的洼地，且软弱层土易于流动，厚度又较薄，表层也无硬壳，从而采用在基底抛投不小于 30 cm 的片石对路基进行加固处理，路面宽度为 12 m，计算抛石挤淤工程量。

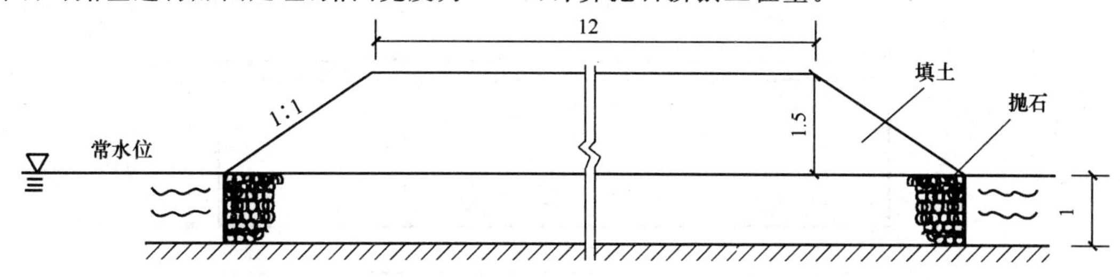

图 1-2-3　抛石挤淤断面图（单位：m）

工程量计算过程及结果

抛石挤淤的工程量＝(856－216)×(12＋1×1.5×2)×1＝9 600.00(m^3)

计算实例 6　袋装砂井

某软土路基进行袋装砂井处理，如图 1-2-4 所示，已知该路段长 120 m，袋装砂井长度为 1.2 m，直径为 0.2 m，相邻袋装砂井之间间距为 0.2 m，前后井间距也为 0.2 m，计算袋装砂井工程量。

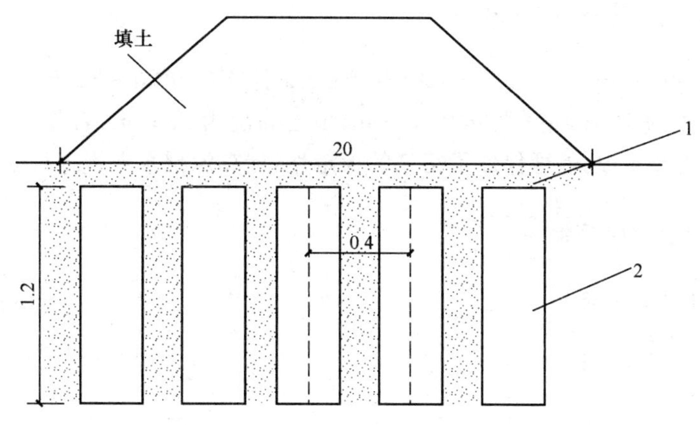

图 1-2-4　袋装砂井路堤断面图（单位：m）
1—砂垫层；2—砂井

工程量计算过程及结果

袋装砂井的工程量＝［120/0.20＋1］×(20/0.4＋1)×1.2

＝601×51×1.2

＝36 781.2(m)

计算实例 7　塑料排水板

某安装塑料排水板路基，如图 1-2-5 所示，该路段长 230 m，路面宽 15 m，每个路基断面铺两层塑料排水板，每块板宽 5 m，板长 30 m，计算塑料排水板工程量。

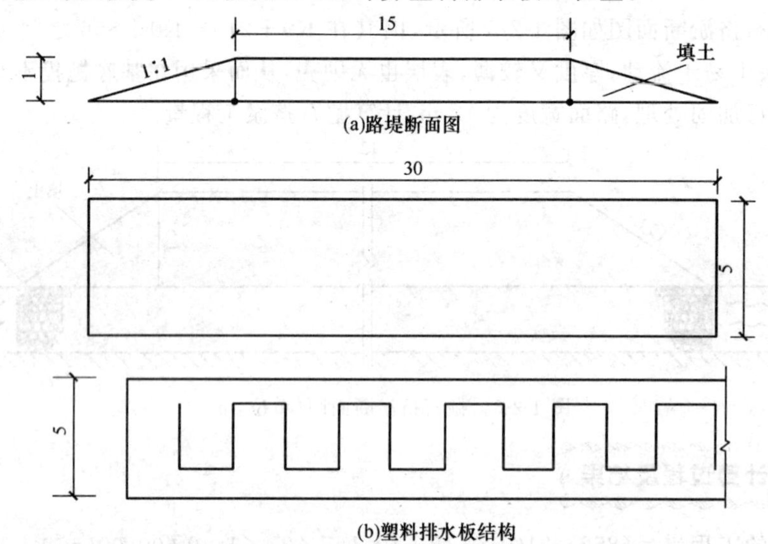

图 1-2-5　塑料排水板路基(单位：m)

工程量计算过程及结果

塑料排水板的工程量＝230/5×30×2＝2 760.00(m)

计算实例 8　深层水泥搅拌桩

某深层水泥搅拌桩如图 1-2-6 所示，该桩出现在道路 K0＋120～K0＋260 段上，路面为水泥混凝土结构，宽度为 15 m，路肩宽度为 1.5 m，填土高度为 2.5 m。深层水泥搅拌桩前后桩间距为 6 m，桩径为 1 m，此处理保证了路基的稳定性，计算深层水泥搅拌桩工程量。

工程量计算过程及结果

深层水泥搅拌桩的工程量＝［(260－120)÷(6＋1)＋1］×5×2＝210.00(m)

计算实例 9　喷粉桩

某道路路堤进行喷粉桩路基处理，如图 1-2-7 所示，该道路全长为 1 500 m，路面宽度为 18 m，路肩宽各为 1 m，路基加宽值为 0.3 m，计算喷粉桩的工程量。

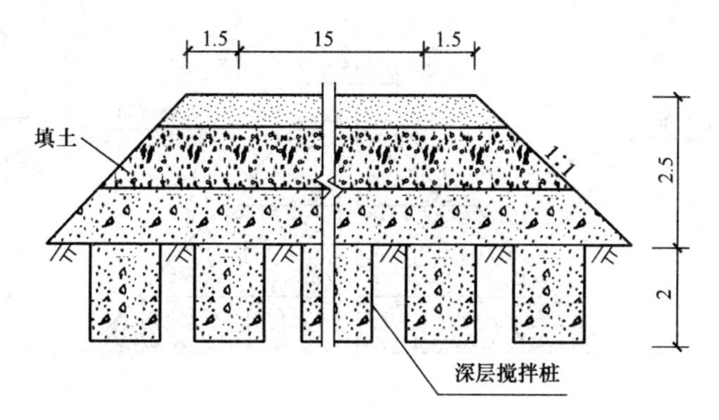

图 1-2-6　深层水泥搅拌桩道路横断面示意图(单位:m)

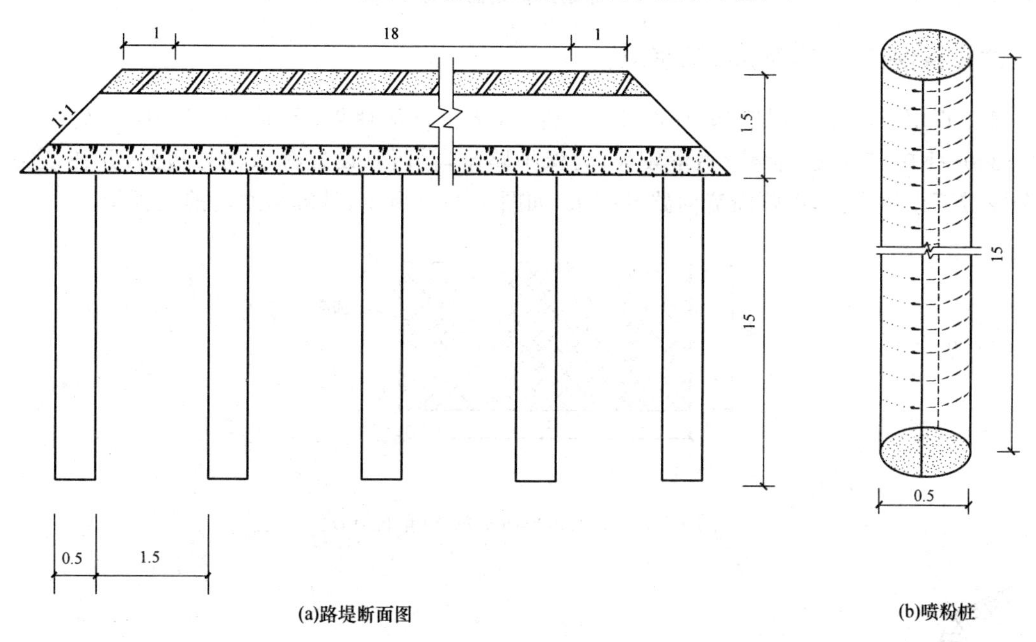

图 1-2-7　喷粉桩路堤示意图(单位:m)

工程量计算过程及结果

喷粉桩的工程量=[1 500/(1.5+0.5)+1]×[(18+1×2)/(1.5+0.5)+1]×15

=751×11×15

=123 915.00(m)

计算实例 10　土工合成材料

某软弱土采用铺装土工合成材料地基处理方法,如图 1-2-8 所示,道路长 2 000 m,路面宽 15 m,计算土工合成材料工程量。

工程量计算过程及结果

土工合成材料的工程量=2 000×[(15+0.8×1×2)+(15+0.8×1×2×2)]

=2 000×(16.6+18.2)

=69 600.00(m^2)

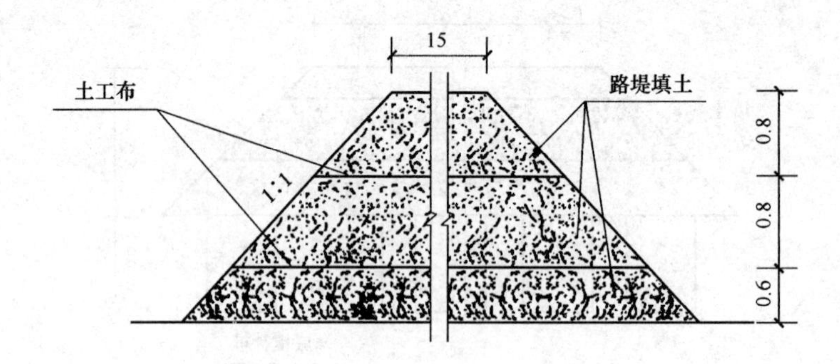

图 1-2-8　土工布道路横断面示意图(单位:m)

计算实例 11　排水沟、截水沟

某工程用土工布处理地基,如图 1-2-9 所示,防止路基翻浆、下沉,土工布厚 250 mm,在 K0＋300～K0＋500 之间路段雨量较大,为保护路基,在两侧设置截水沟与边沟,并在该路中央分隔带下设置盲沟,以隔断流向路基的水,如图 1-2-10 所示,计算截水沟的工程量。

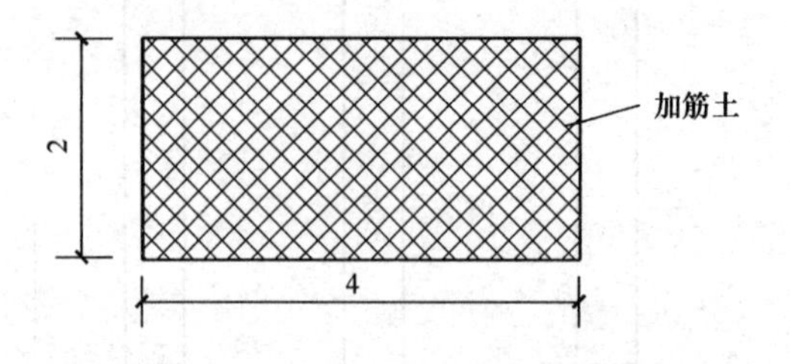

图 1-2-9　土工布平面示意图(单位:m)

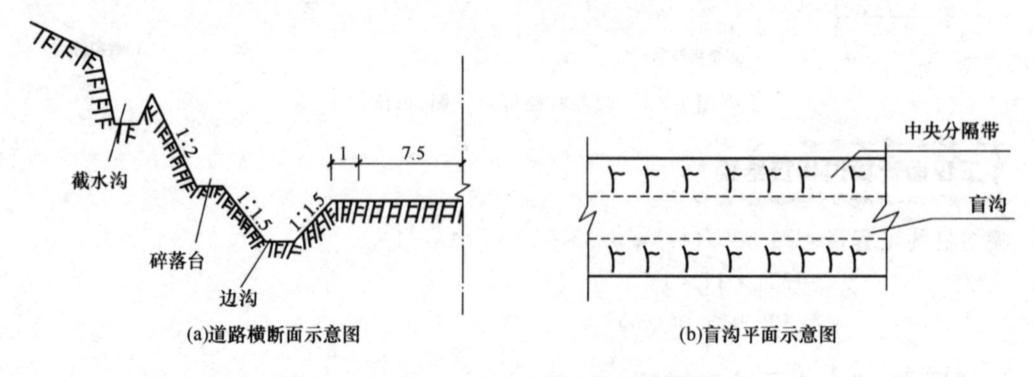

图 1-2-10　截水沟、边沟和盲沟示意图(单位:m)

工程量计算过程及结果

截水沟的工程量＝(500－300)×2＝400.00(m)

计算实例 12　盲沟

某 1 000 m 长道路路基两侧设置纵向盲沟,如图 1-2-11 所示,该盲沟可以隔断或截流流向路基的泉水和地下集中水流,计算盲沟的工程量。

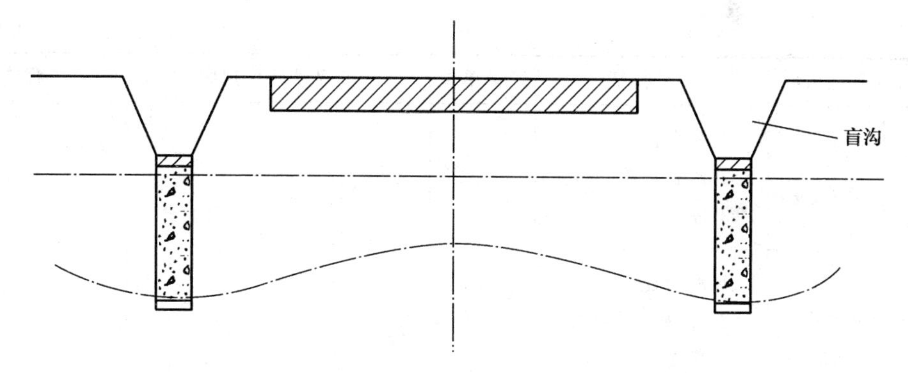

(a)路基纵向盲沟（双列式）

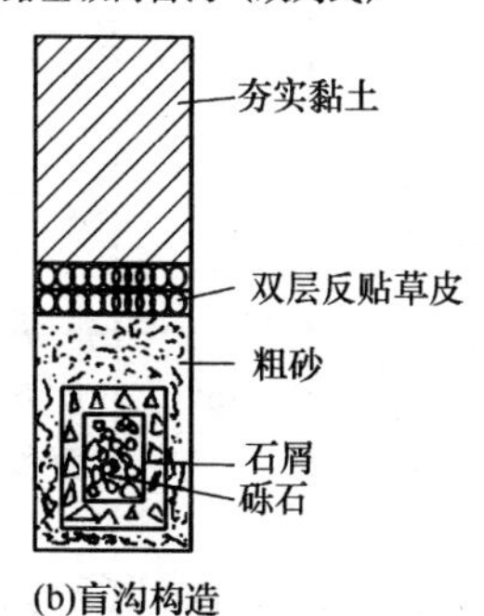

(b)盲沟构造

图 1-2-11 某路基盲沟示意图

工程量计算过程及结果

盲沟的工程量＝1 000×2＝2 000.00(m)

第二节 道路基层

一、清单工程量计算规则(表 1-2-2)

表 1-2-2 道路基层工程量计算规则

项目编码	项目名称	项目特征	计量单位	工程量计算规则	工程内容
040202001	路床(槽)整形	1.部位 2.范围	m^2	按设计道路底基层图示尺寸以面积计算，不扣除各类井所占面积	1.放样 2.整修路拱 3.碾压成型
040202002	石灰稳定土	1.含灰量 2.厚度		按设计图示尺寸以面积计算，不扣除各类井所占面积	1.拌和 2.运输 3.铺筑 4.找平 5.碾压 6.养护
040202003	水泥稳定土	1.水泥含量 2.厚度			
040202004	石灰、粉煤灰、土	1.配合比 2.厚度			

续上表

项目编码	项目名称	项目特征	计量单位	工程量计算规则	工程内容
040202005	石灰、碎石、土	1.配合比 2.碎石规格 3.厚度	m^2	按设计图示尺寸以面积计算，不扣除各类井所占面积	1.拌和 2.运输 3.铺筑 4.找平 5.碾压 6.养护
040202006	石灰、粉煤灰、碎(砾)石	1.配合比 2.碎(砾)石规格 3.厚度			
040202007	粉煤灰	厚度			
040202008	矿渣				
040202009	砂砾石	1.石料规格 2.厚度			
040202010	卵石				
040202011	碎石				
040202012	块石				
040202013	山皮石				
040202014	粉煤灰三渣	1.配合比 2.厚度			
040202015	水泥稳定土(砾)石	1.水泥含量 2.石料规格 3.厚度			
040202016	沥青稳定碎石	1.沥青品种 2.石料规格 3.厚度			

二、清单工程量计算

计算实例1 石灰稳定土

某1 000 m长道路人行道结构图如图1-2-12所示，其面层为混凝土步道砖，基层为石灰土，宽度每边均为3 m，中有车行道宽9 m，缘石宽30 cm，路面共宽15.6 m，计算石灰稳定土的工程量。

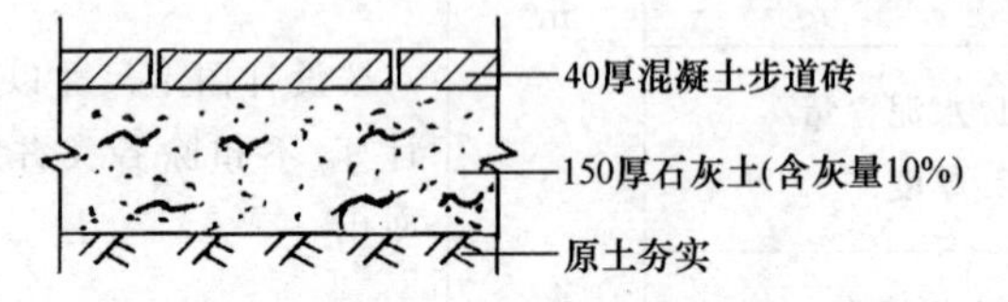

图1-2-12 某道路人行道结构图(单位：mm)

工程量计算过程及结果

石灰土稳定的工程量＝3×2×1 000＝6 000.00(m^2)

计算实例 2　水泥稳定土

某一级道路 K0＋120～K0＋750 段为沥青混凝土结构如图 1-2-13 所示，路面宽度为 18 m，路肩宽度为 2 m。为保证路基压实，路基两侧各加宽 50 cm，试计算水泥稳定土的工程量。

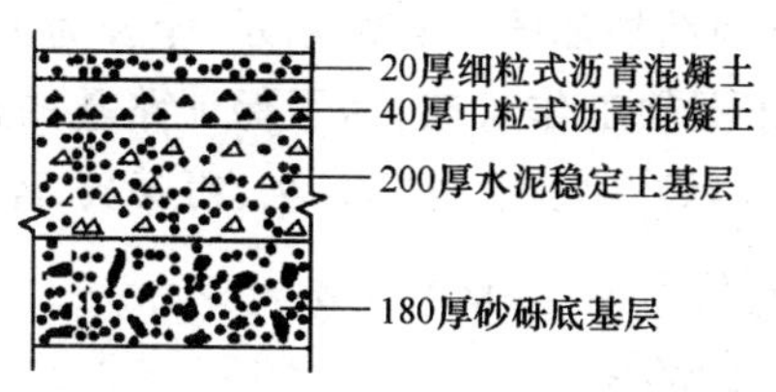

图 1-2-13　某一级道路结构图(单位:mm)

工程量计算过程及结果

水泥稳定土的工程量＝(750－120)×18＝11 340.00(m^2)

计算实例 3　石灰、粉煤灰

某市区道路结构如图 1-2-14 所示，在 K1＋857～K2＋401 段上为沥青混凝土，路面宽度为 15 m，路肩宽度为 1.5 m。为保证压实，两侧各加宽 0.3 m，路面两边铺路缘石，计算石灰、粉煤灰的工程量。

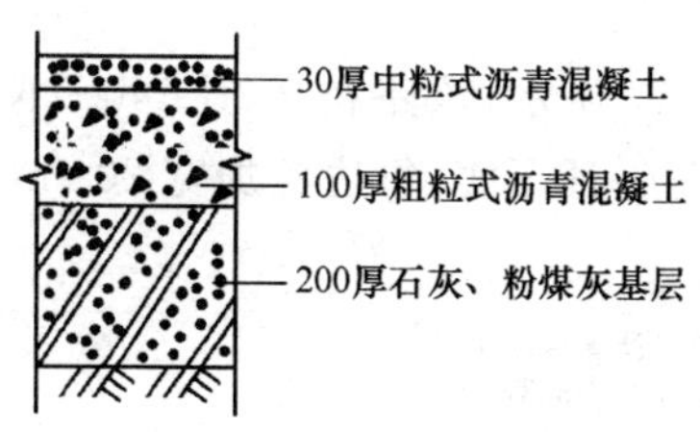

图 1-2-14　某市区道路结构图(单位:mm)

工程量计算过程及结果

石灰、粉煤灰基层的工程量＝(2 401－1 857)×15＝8 160.00(m^2)

计算实例 4　石灰、碎石、土

某改建工程路面结构如图 1-2-15 所示，该道路原为黑色碎石，现用水泥混凝土作为面层。该段道路长 250 m，宽 18 m，改建后路幅宽度不变，计算石灰、碎石、土的工程量。

工程量计算过程及结果

石灰、碎石、土的工程量＝250×18＝4 500.00(m^2)

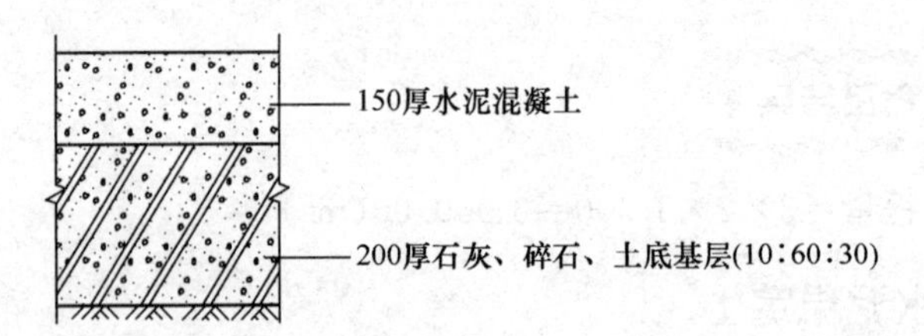

图 1-2-15　某改建工程路面结构图(单位:mm)

计算实例 5　石灰、粉煤灰、碎(砾)石

某山区道路为黑色碎石路面结构如图 1-2-16 所示，全长为 1 250 m，路面宽度为 9 m，路肩宽度为 1.5 m，该路段路基处于湿软工作状态，为了保证路基的稳定性以及道路的使用年限，对路基进行掺石灰、粉煤灰、碎(砾)石处理，计算石灰、粉煤灰、碎(砾)石工程量。

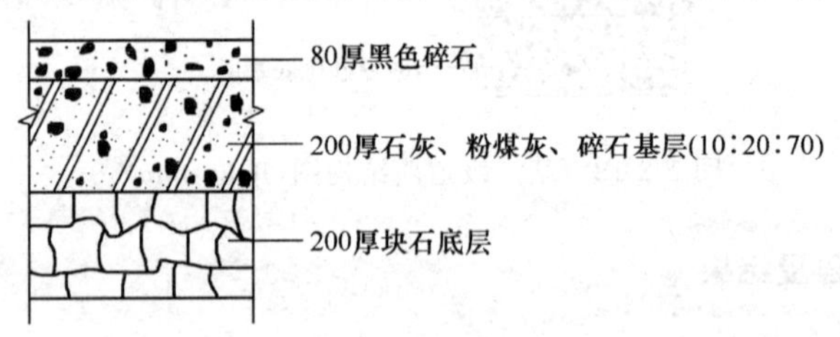

图 1-2-16　某山区道路结构图(单位:mm)

工程量计算过程及结果

石灰、粉煤灰、碎石的工程量＝1 250×9＝11 250.00(m^2)

计算实例 6　砂砾石

某城市道路结构图如图 1-2-17 所示，该路在 K2＋140～K2＋760 段为混凝土结构，路面宽度为 12 m，路肩各宽 1.5 m，为保证压实，每边各加宽 20 cm，路面两边铺设缘石，计算砂砾石的工程量。

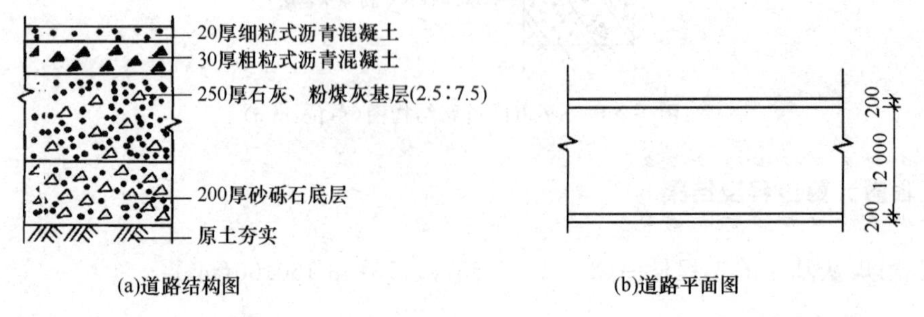

图 1-2-17　某城市道路示意图(单位:mm)

工程量计算过程及结果

砂砾石的工程量＝(2 760－2 140)×12＝7 440.00(m^2)

计算实例 7　卵石

某市水泥混凝土结构道路如图 1-2-18 所示，道路在 K0＋150～K3＋000 段为该结构，且

路面宽度为 12 m，路肩各宽 1 m。由于该路段雨水量较大，两侧设置边沟以利于排水，计算卵石底层的工程量。

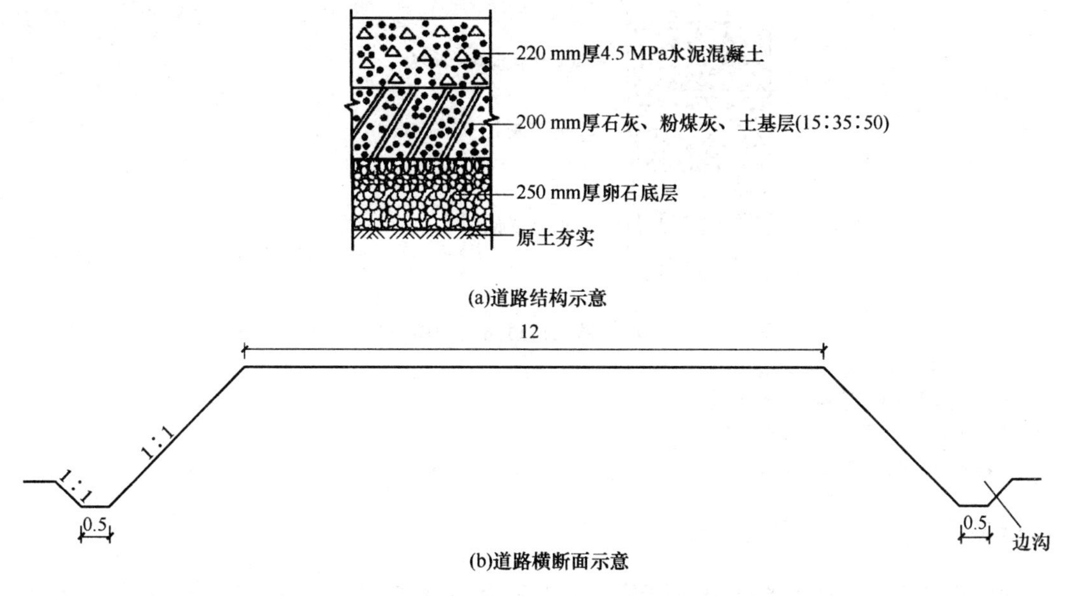

图 1-2-18　某市水泥混凝土结构道路(单位：m)

工程量计算过程及结果

卵石底层的工程量＝(3 000－150)×12＝34 200.00(m²)

计算实例 8　碎石

某碎石底基层道路如图 1-2-19 所示，道路全长 560 m，路面宽度为 15 m，路肩宽度为 1 m。计算碎石工程量。

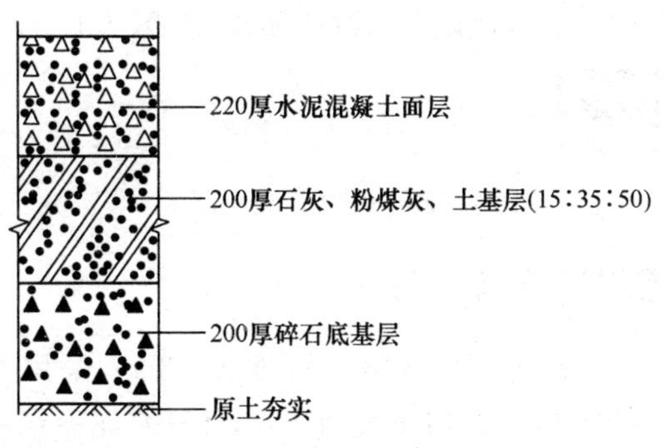

图 1-2-19　某碎石底基层道路结构图(单位：mm)

工程量计算过程及结果

碎石底基层的工程量＝560×15＝8 400.00(m²)

计算实例 9　块石

某块石基底层道路结构如图 1-2-20 所示，在 K0＋000～K1＋250 段路为该结构，路面宽度为 12 m,路肩宽度为 1 m。由于该路段土较湿,为了保证路基的稳定以及满足道路的使用年限要求,需要对路基进行抛石挤淤处理,计算块石底层的工程量。

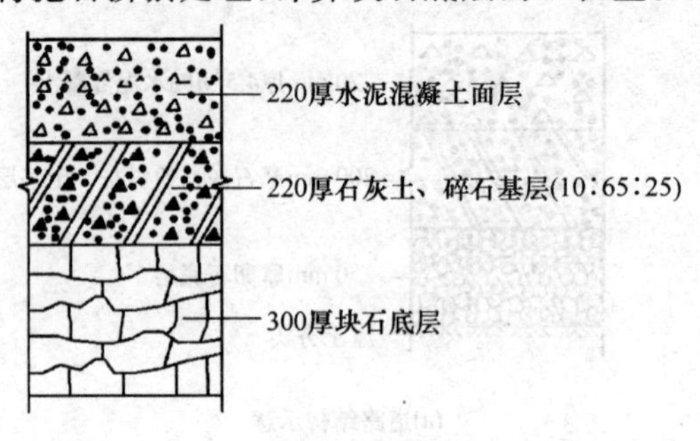

图1-2-20　某块石基底层道路结构图(单位:mm)

工程量计算过程及结果

块石底层的工程量=(1 250−0)×12=15 000.00(m^2)

计算实例 10　粉煤灰三渣

某沥青贯入式路面道路结构图如图 1-2-21 所示,道路在 K0+000～K0+710 标段为该结构,路面修筑宽度为 12 m,路肩各宽 1 m。为保证路面边缘的稳定性,在路基两边各加宽 0.3 m,路面两边铺设缘石,计算粉煤灰三渣基层的工程量。

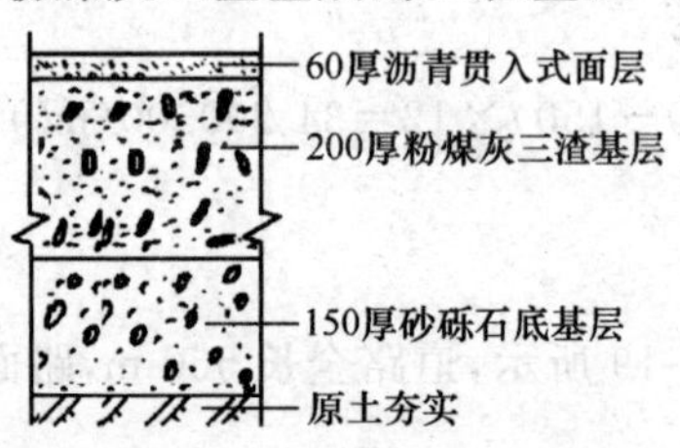

图 1-2-21　某沥青贯入式路面道路结构图(单位:mm)

工程量计算过程及结果

粉煤灰三渣基层的工程量=710×12=8 520.00(m^2)

计算实例 11　水泥稳定碎(砾)石

某山区道路结构如图 1-2-22 所示,该路面宽度为 18 m,采用沥青表面处治,道路长为 1 500 m,采用水泥稳定碎石作基层,路肩宽度为 1 m,计算水泥稳定碎石基层的工程量。

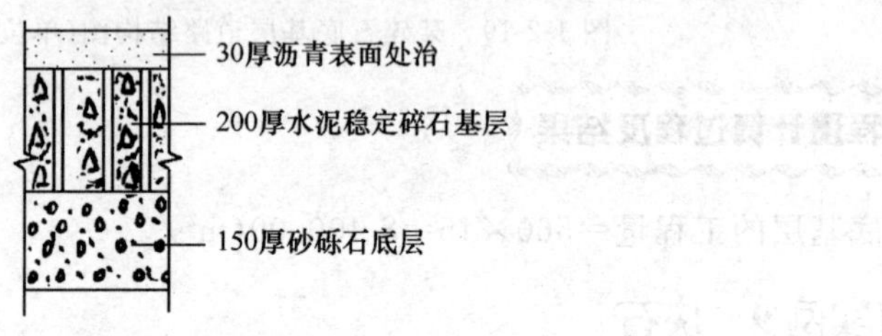

图 1-2-22　某山区道路结构图(单位:mm)

水泥稳定碎石基层的工程量＝1 500×18＝27 000.00(m^2)

计算实例 12　沥青稳定碎石

某城市郊区道路结构图如图 1-2-23 所示，道路路长为 2 000 m，路面宽度为 15 m，路肩宽度为 1 m，路基加宽值为 30 cm。路面采用沥青混凝土，路基采用沥青稳定碎石，计算沥青稳定碎石基层的工程量。

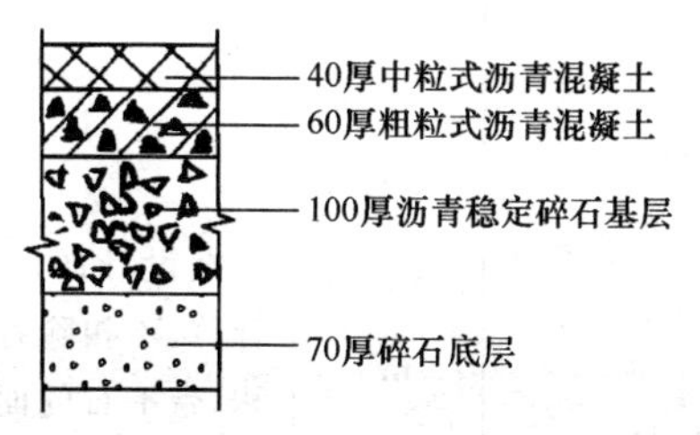

图 1-2-23　某城市郊区道路结构图(单位：mm)

沥青稳定碎石的工程量＝2 000×15＝30 000.00(m^2)

第三节　道路面层

一、清单工程量计算规则(表 1-2-3)

表 1-2-3　道路面层工程量计算规则

项目编码	项目名称	项目特征	计量单位	工程量计算规则	工程内容
040203001	沥青表面处治	1. 沥青品种 2. 层数	m^2	按设计图示尺寸以面积计算，不扣除各种井所占面积，带平石的面层应扣除平石所占面积	1. 喷油、布料 2. 碾压
040203002	沥青贯入式	1. 沥青品种 2. 石料规格 3. 厚度			1. 摊铺碎石 2. 喷油、布料 3. 碾压
040203003	透层、粘层	1. 材料品种 2. 喷油量			1. 清理下承面 2. 喷油、布料
040203004	封层	1. 材料品种 2. 喷油量 3. 厚度			1. 清理下承面 2. 喷油、布料 3. 压实
040203005	黑色碎石	1. 材料品种 2. 石料规格 3. 厚度			1. 清理下承面 2. 拌和、运输 3. 摊铺、整型 4. 压实

续上表

项目编码	项目名称	项目特征	计量单位	工程量计算规则	工程内容
040203006	沥青混凝土	1. 沥青品种 2. 沥青混凝土种类 3. 石料粒径 4. 掺和料 5. 厚度	m^2	按设计图示尺寸以面积计算，不扣除各种井所占面积，带平石的面层应扣除平石所占面积	1. 清理下承面 2. 拌和、运输 3. 摊铺、整型 4. 压实
040203007	水泥混凝土	1. 混凝土强度等级 2. 掺和料 3. 厚度 4. 嵌缝材料			1. 模板制作、安装、拆除 2. 混凝土拌和、运输、浇筑 3. 拉毛 4. 压痕或刻防滑槽 5. 伸缝 6. 缩缝 7. 锯缝、嵌缝 8. 路面养护
040203008	块料面层	1. 块料品种、规格 2. 垫层：材料品种、厚度、强度等级			1. 铺筑垫层 2. 铺砌块料 3. 嵌缝、勾缝
040203009	橡胶、塑料弹性面层	1. 材料品种 2. 厚度			1. 配料 2. 铺贴

二、清单工程量计算

计算实例 1　沥青表面处治

某郊区道路路面结构示意图如图 1-2-24 所示，该道路全长为 1 000 m，路面宽度为 15 m，路肩宽度为 1.5 m，路面两侧铺设缘石，路面喷洒沥青油料，该路面面层不带平石，计算沥青表面处治的工程量。

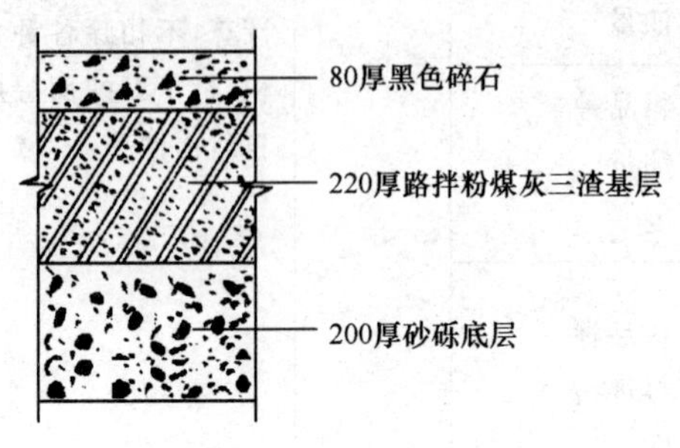

图 1-2-24　路面结构示意图(单位：mm)

的工程量。

工程量计算过程及结果

块料面层工程量＝150×12＝1 800.00(m^2)

计算实例 7　橡胶、塑料弹性面层

某运动场为橡胶、塑料弹性面层，路宽 12 m，长 800 m，该路面面层为不带平石的面层，计算该橡胶、塑料弹性面层的工程量。

工程量计算过程及结果

橡胶、塑料弹性面层的工程量＝12×800＝9 600.00(m^2)

第四节　人行道及其他

一、清单工程量计算规则(表 1-2-4)

表 1-2-4　人行道及其他工程量计算规则

项目编码	项目名称	项目特征	计量单位	工程量计算规则	工程内容
040204001	人行道整形碾压	1. 部位 2. 范围	m^2	按设计人行道图示尺寸以面积计算，不扣除侧石、树池和各类井所占面积	1. 放样 2. 碾压
040204002	人行道块料铺设	1. 块料品种、规格 2. 基础、垫层：材料品种、厚度 3. 图形			1. 基础、垫层铺筑 2. 块料铺设
040204003	现浇混凝土人行道及进口坡	1. 混凝土强度等级 2. 厚度 3. 基础、垫层：材料品种、厚度		按设计图示尺寸以面积计算，不扣除各类井所占面积，但应扣除侧石、树池所占面积	1. 模板制作、安装、拆除 2. 基础、垫层铺筑 3. 混凝土拌和、运输、浇筑
040204004	安砌侧(平、缘)石	1. 材料品种、规格 2. 基础、垫层：材料品种、厚度	m	按设计图示中心线长度计算	1. 开槽 2. 基础、垫层铺筑 3. 侧(平、缘)石安砌

续上表

项目编码	项目名称	项目特征	计量单位	工程量计算规则	工程内容
040204005	现浇侧(平、缘)石	1. 材料品种 2. 尺寸 3. 形状 4. 混凝土强度等级 5. 基础、垫层:材料品种、厚度	m	按设计图示中心线长度计算	1. 模板制作、安装、拆除 2. 开槽 3. 基础、垫层铺筑 4. 混凝土拌和、运输、浇筑
040204006	检查井升降	1. 材料品种 2. 检查井规格 3. 平均升(降)高度	座	按设计图示路面标高与原有的检查井发生正负高差的检查井的数量计算	1. 提升 2. 降低
040204007	树池砌筑	1. 材料品种、规格 2. 树池尺寸 3. 树池盖面材料品种	个	按设计图示数量计算	1. 基础、垫层铺筑 2. 树池砌筑 3. 盖面材料运输、安装
040204008	预制电缆沟铺设	1. 材料品种 2. 规格尺寸 3. 基础、垫层:材料品种、厚度 4. 盖板品种、规格	m	按设计图示中心线长度计算	1. 基础、垫层铺筑 2. 预制电缆沟安装 3. 盖板安装

二、清单工程量计算

计算实例1　人行道块料铺设

某桩号为 K1＋080～K1＋895 的道路横断面图如图 1-2-29 所示，路幅宽度为 30 m，人行道路宽度各为 6 m(人行道宽不包括侧石，且人行道上无树池)，路肩各宽 1.5 m，道路车行道横坡为 2%，人行道横坡为 1.5%，人行道用块料铺设，计算人行道块料铺设的工程量。

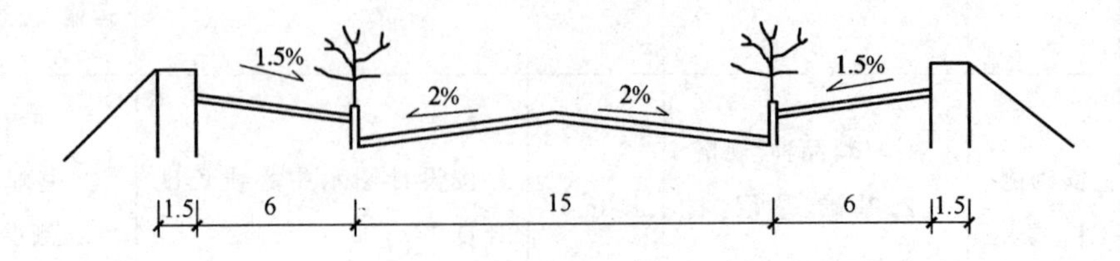

图 1-2-29　道路横断面图(单位:m)

工程量计算过程及结果

人行道块料铺设的工程量＝(1 895－1 080)×6×2＝9 780.00(m^2)

计算实例2 现浇混凝土人行道及进口坡

某市长3 500 m四幅路横断面如图1-2-30所示，两侧为宽3 m的人行道路(人行道宽不包括侧石，且人行道上无树池)，结构如图1-2-31所示，计算现浇混凝土人行道的工程量。

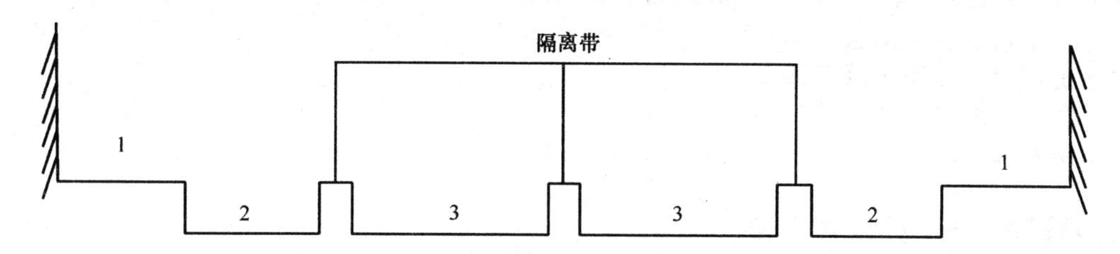

图1-2-30 四幅路横断面示意图

1—人行道；2—非机动车道；3—机动车道

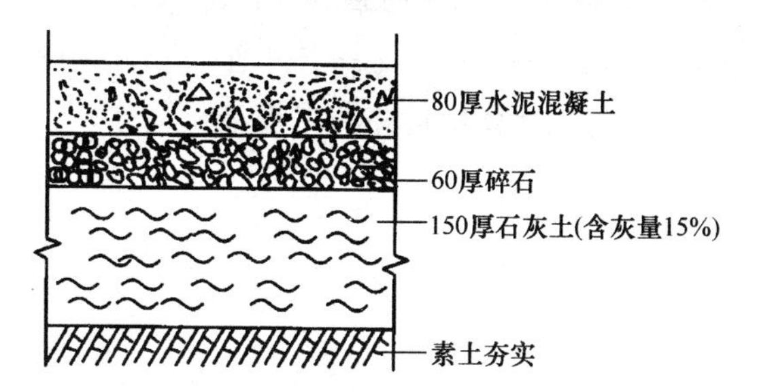

图1-2-31 人行道结构图(单位：mm)

工程量计算过程及结果

现浇混凝土人行道的工程量＝3 500×3.0×2＝21 000.00(m^2)

计算实例3 安砌侧(平、缘)石

某锯缝断面示意图如图1-2-32所示，该条道路全长为1 100 m，路面宽度为12 m。为保证路基压实，路基两侧各加宽30 cm，并设路缘石，且路面每隔6 m用切缝机锯缝，计算路缘石工程量。

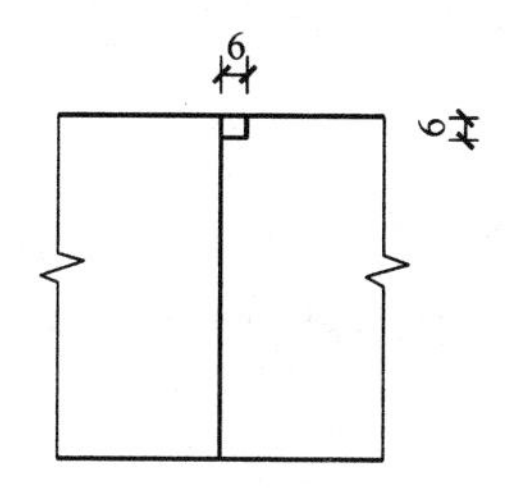

图1-2-32 锯缝断面示意图(单位：m)

工程量计算过程及结果

路缘石的工程量＝1 100×2＝2 200.00(m)

计算实例 4　现浇侧(平、缘)石

某条道路全长为 820 m,路面宽度为 12 m。为保证路基压实,路基两侧各加宽 30 cm,并设现浇缘石,且路面每隔 6 m 用切缝机锯缝,计算路缘石工程量。

工程量计算过程及结果

路缘石的工程量＝820×2＝1 640.00(m)

计算实例 5　检查井升降

某新建道路长 1 500 m,其横断面图如图 1-2-33 所示,路面为混凝土路面,路面宽度为 21.4 m,其中快车道为 8 m,慢车道为 7 m,人行道为 6 m,快车道设有一条伸缩缝,伸缩缝横断面图如图 1-2-34 所示。在人行道边缘每 6 m 设一个树池,每 50 m 设一检查井,且每一座检查井均与设计路面高程发生正负高差,计算检查井的工程量。

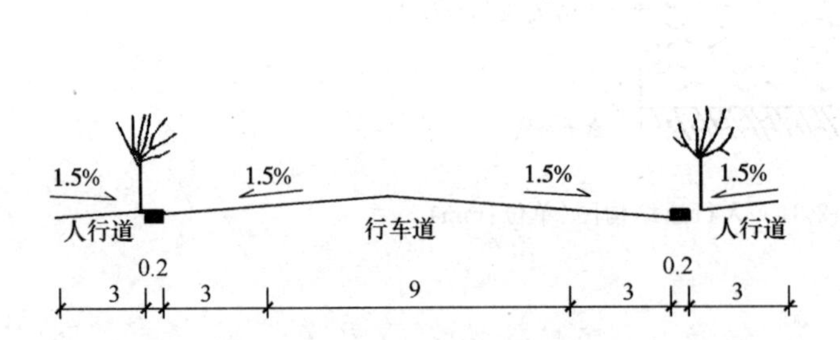

图 1-2-33　道路横断面图(单位:m)

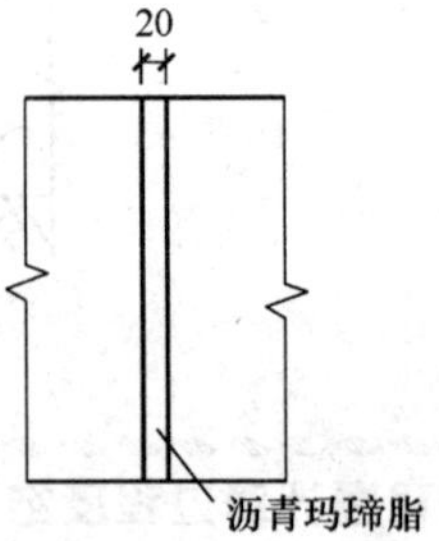

20

沥青玛琋脂

图 1-2-34　伸缩缝横断面图(单位:mm)

工程量计算过程及结果

检查井的工程量＝(1 500/50＋1)×2＝62(座)

计算实例 6　树池砌筑

某城市道路树池砌筑示意图如图 1-2-35 所示,人行道与车行道之间种植树木,每个树池间距为 5 m,该段道路全长 1 500 m,计算树池砌筑的工程量。

工程量计算过程及结果

树池砌筑的工程量＝(1 500/5＋1)×2＝602(个)

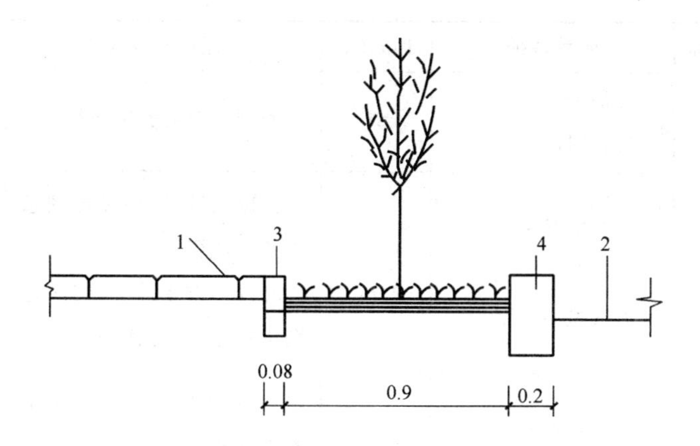

图 1-2-35　树池砌筑示意图(单位:m)

1—人行道;2—车行道;3—树池石;4—侧石

第五节　交通管理设施

一、清单工程量计算规则(表 1-2-5)

表 1-2-5　交通管理设施工程量计算规则

项目编码	项目名称	项目特征	计量单位	工程量计算规则	工程内容
040205001	人(手)孔井	1. 材料品种 2. 规格尺寸 3. 盖板材质、规格 4. 基础、垫层:材料品种、厚度	座	按设计图示数量计算	1. 基础、垫层铺筑 2. 井身砌筑 3. 勾缝(抹面) 4. 井盖安装
040205002	电缆保护管	1. 材料品种 2. 规格	m	按设计图示以长度计算	敷设
040205003	标杆	1. 类型 2. 材质 3. 规格尺寸 4. 基础、垫层:材料品种、厚度 5. 油漆品种	根	按设计图示数量计算	1. 基础、垫层铺筑 2. 制作 3. 喷漆或镀锌 4. 底盘、拉盘、卡盘及杆件安装
040205004	标志板	1. 类型 2. 材质、规格尺寸 3. 板面反光膜等级	块		制作、安装

续上表

项目编码	项目名称	项目特征	计量单位	工程量计算规则	工程内容
040205005	视线诱导器	1.类型 2.材料品种	只	按设计图示数量计算	安装
040205006	标线	1.材料品种 2.工艺 3.线型	1.m 2.m^2	1.以米计量,按设计图示以长度计算 2.以平方米计量,按设计图示尺寸以面积计算	1.清扫 2.放样 3.画线 4.护线
040205007	标记	1.材料品种 2.类型 3.规格尺寸	1.个 2.m^2	1.以个计量,按设计图示数量计算 2.以平方米计量,按设计图示尺寸以面积计算	
040205008	横道线	1.材料品种 2.形式	m^2	按设计图示尺寸以面积计算	
040205009	清除标线	清除方法			清除
040205010	环形检测线圈	1.类型 2.规格、型号	个	按设计图示数量计算	1.安装 2.调试
040205011	值警亭	1.类型 2.规格 3.基础、垫层:材料品种、厚度	座		1.基础、垫层铺筑 2.安装
040205012	隔离护栏	1.类型 2.规格、型号 3.材料品种 4.基础、垫层:材料品种、厚度	m	按设计图示以长度计算	1.基础、垫层铺筑 2.制作、安装
040205013	架空走线	1.类型 2.规格、型号			架线
040205014	信号灯	1.类型 2.灯架材质、规格 3.基础、垫层:材料品种、厚度 4.信号灯规格、型号、组数	套	按设计图示数量计算	1.基础、垫层铺筑 2.灯架制作、镀锌、喷漆 3.底盘、拉盘、卡盘及杆件安装 4.信号灯安装、调试

续上表

项目编码	项目名称	项目特征	计量单位	工程量计算规则	工程内容
040205015	设备控制机箱	1.类型 2.材质、规格尺寸 3.基础、垫层:材料品种、厚度 4.配置要求	台	按设计图示数量计算	1.基础、垫层铺筑 2.安装 3.调试
040205016	管内配线	1.类型 2.材质 3.规格、型号	m	按设计图示以长度计算	配线
040205017	防撞筒（墩）	1.材料品种 2.规格、型号	个	按设计图示数量计算	制作、安装
040205018	警示柱	1.类型 2.材料品种 3.规格、型号	根		
040205019	减速垄	1.材料品种 2.规格、型号	m	按设计图示以长度计算	
040205020	监控摄像机	1.类型 2.规格、型号 3.支架形式 4.防护罩要求	台	按设计图示数量计算	1.安装 2.调试
040205021	数码相机	1.规格、型号 2.立杆材质、形式 3.基础、垫层:材料品种、厚度	套		1.基础、垫层铺筑 2.安装 3.调试
040205022	道闸机	1.类型 2.规格、型号 3.基础、垫层:材料品种、厚度			
040205023	可变信息情报板	1.类型 2.规格、型号 3.立(横)杆材质、形式 4.配置要求 5.基础、垫层:材料品种、厚度			
040205024	交通智能系统调试	系统类别	系统		系统调试

二、清单工程量计算

计算实例1　人(手)孔井

某城市道路人孔井示意图如图1-2-36所示，其便于地下管线的装拆，道路总长1 800 m，且只在一边设置工作井，每30 m设一座工作井，计算人孔井的工程量。

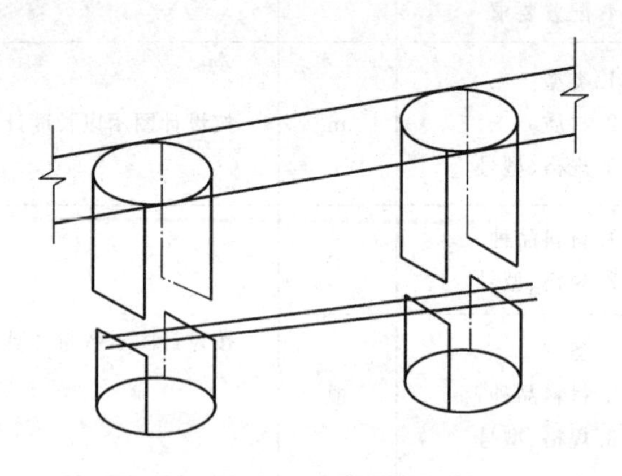

图1-2-36　人孔作井示意图

工程量计算过程及结果

人孔井的工程量＝1 800/30＋1＝61(座)

计算实例2　电缆保护管

某改建道路人行道下设管线的横断面图如图1-2-37所示。已知该改建道路长350 m，人行道设有11座接线工作井，电缆保护设施随路建设，该电缆管道为7孔梅花管，管内穿线预留长度共24 m，计算电缆保护管工程量。

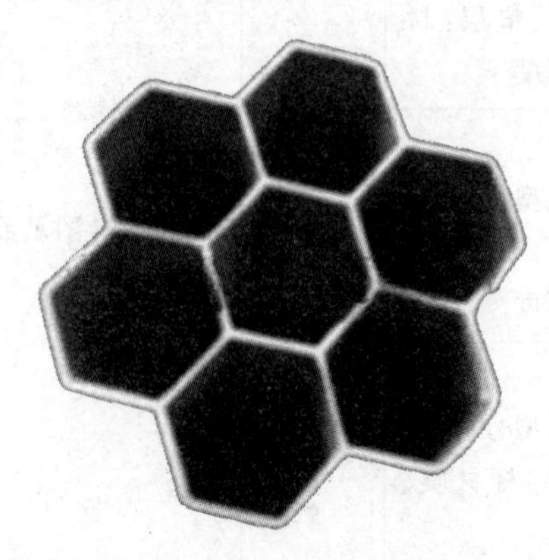

图1-2-37　管线横断面图

工程量计算过程及结果

电缆保护管的工程量＝350.00(m)

计算实例 3 标杆

某公路标杆如图 1-2-38 所示，该公路全长为 2 000 m，宽为 27 m，路面为混凝土结构，每 50 m 设一根标杆，计算标杆的工程量。

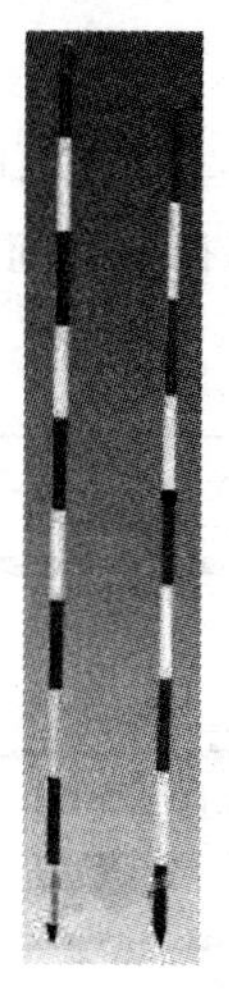

图 1-2-38 标杆

工程量计算过程及结果

标杆的工程量＝2 000/50＋1＝41(根)

计算实例 4 标志板

某城市道路设置悬臂式标志板如图 1-1-39 所示，在道路两侧共设置 8 组该标志板，提醒行驶在道路上的车辆和行人避免危险，计算标志牌的工程量。

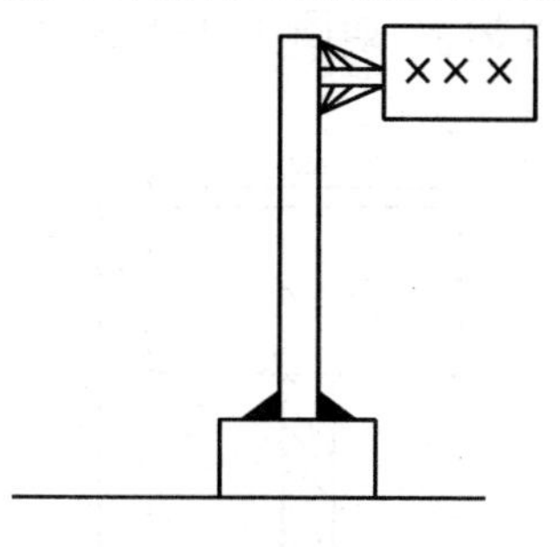

图 1-2-39 悬臂式标志牌

工程量计算过程及结果

标志牌的工程量＝8×2＝16(块)

计算实例 5 视线诱导器

某新建道路全长为 1 800 m，宽为 18 m，路面结构为水泥混凝土路面，在该路段安装视线诱导器，每 100 m 安装一只视线诱导器，计算视线诱导器的工程量。

工程量计算过程及结果

视线诱导器的工程量＝1 800/100＋1＝19(只)

计算实例6　标线

某全长860 m的道路平面图如图1-2-40所示，路面宽度为24.4 m，车行道为18 m，设为双向四车道，人行道为6 m，在人行道与车行道之间设有缘石，缘石宽度为20 cm，计算标线的工程量。

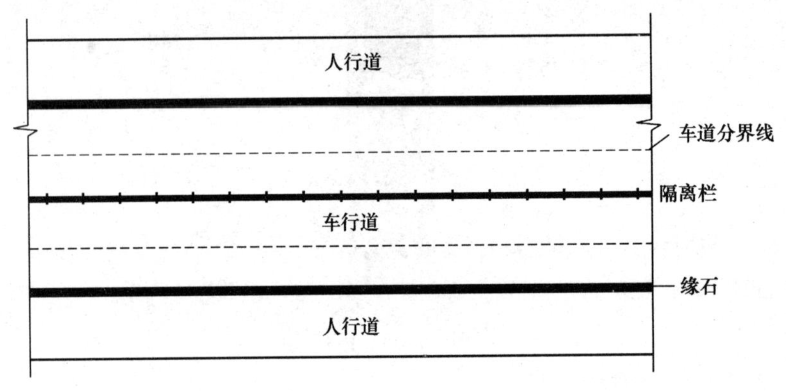

图1-2-40　道路平面图

工程量计算过程及结果

标线的工程量＝860×2＝1 720(m)

计算实例7　标记

某城市干道与辅路交叉时设置标记，如图1-2-41所示，该道路上此类标记共有12个，计算标记工程量。

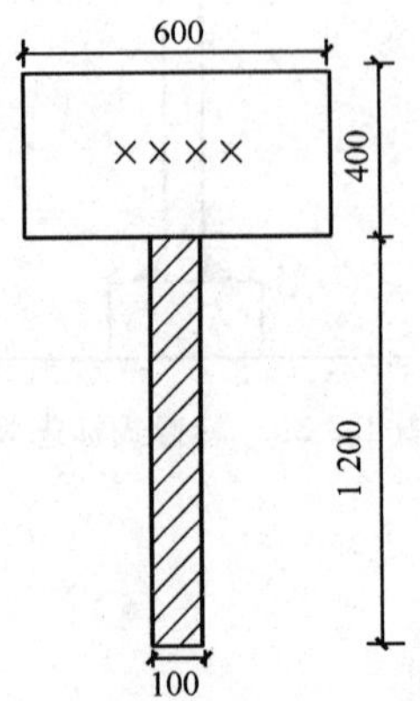

图1-2-41　标记示意图(单位：mm)

工程量计算过程及结果

标记的工程量＝12(个)

计算实例 8　横道线

某干道交叉口平面图如图 1-2-42 所示，人行道横道线宽 25 cm，长度均为 1.2 m，计算人行道横道线的工程量。

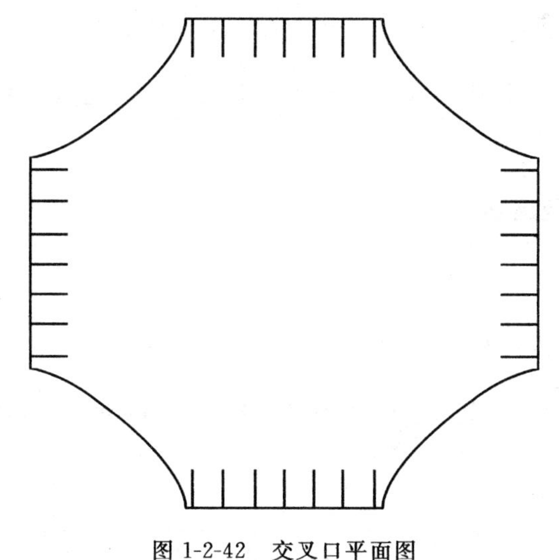

图 1-2-42　交叉口平面图

工程量计算过程及结果

人行道横道线的工程量＝0.25×1.2×(2×7＋2×7)＝8.40(m^2)

计算实例 9　清除标线

某改建道路要清除原路面上的标线，如图 1-2-43 所示。已知该道路全长 980 m，路面宽 9 m，车道中心线宽 20 cm，计算清除标线的工程量。

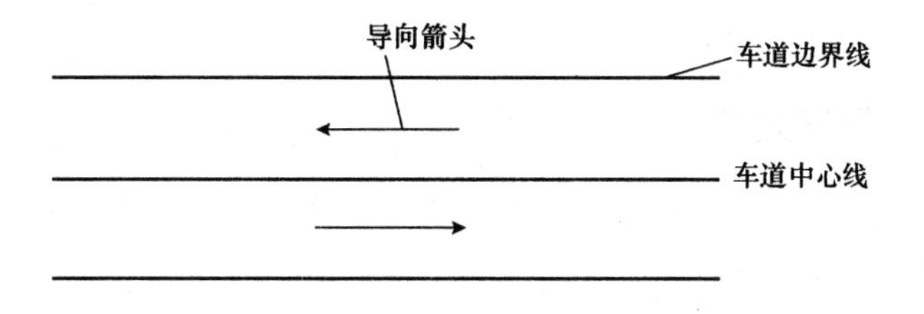

图 1-2-43　某改建道路路面标线示意图

工程量计算过程及结果

清除标线的工程量＝980×0.2＝196.00(m^2)

计算实例 10　环形检测线圈

某城市道路交叉口做交通量调查，每个车道下面安装一个环形电流线圈，每当车辆通过，线圈便产生电流，以此计量车辆通过数量。此道路交叉口共有 4 个出口道，计算检测线的工程量。

工程量计算过程及结果

环形检测线的工程量＝4(个)

计算实例 11　值警亭

某道路，为了便于交通管理，在每个道路交叉口处安装一座值警亭，已知该道路共有 7 个交叉口，计算值警亭工程量。

工程量计算过程及结果

值警亭安装的工程量＝7(座)

计算实例 12　隔离护栏

某新建道路由于人口较密集设置隔离护栏，如图 1-2-44 所示，道路全长 900 m，两侧连续设置该护栏，计算隔离护栏工程量。

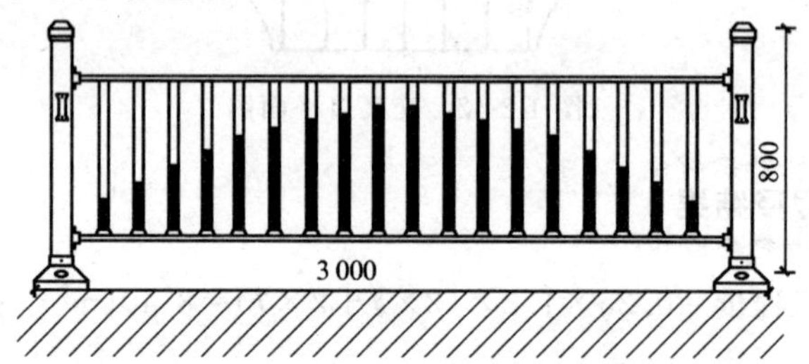

图 1-2-44　某新建道路隔离护栏示意图(单位：mm)

工程量计算过程及结果

隔离护栏的工程量＝900×2＝1 800.00(m)

计算实例 13　架空走线

某地区道路全长为 1 500 m，路面为混凝土路面，在人行道两侧均安装信号灯架空走线，计算信号灯的架空走线的工程量。

工程量计算过程及结果

架空走线的工程量＝1 500×2＝3 000(m)

计算实例 14　信号灯

某道路在桩号为 K0＋000～K5＋500 间，有 9 个道路交叉口，每个交叉口设有一座值警亭，安装 4 套信号灯，计算信号灯的安装工程量。

工程量计算过程及结果

交通信号灯的安装工程量＝9×4＝36(套)

计算实例 15 管内配线

某条新建道路全长为 1 650 m，行车道的宽度为 9 m，人行道宽度为 3 m，在人行道下设有 18 座接线工作井，其邮电设施随路建设。已知邮电管道为 6 孔 PVC 管，小号直通井 9 座，小号四通井 1 座，管内配线的预留长度共为 35 m，计算管内配线的工程量。

工程量计算过程及结果

管内穿线的工程量＝1 650×6＋35＝9 935(m)

第三章　桥涵工程

第一节　桩　基

一、清单工程量计算规则（表 1-3-1）

表 1-3-1　桩基工程量计算规则

项目编码	项目名称	项目特征	计量单位	工程量计算规则	工程内容
040301001	预制钢筋混凝土方桩	1. 地层情况 2. 送桩深度、桩长 3. 桩截面 4. 桩倾斜度 5. 混凝土强度等级	1. m 2. m^3 3. 根	1. 以米计量，按设计图示尺寸以桩长（包括桩尖）计算 2. 以立方米计量，按设计图示桩长（包括桩尖）乘以桩的断面积计算 3. 以根计量，按设计图示数量计算	1. 工作平台搭拆 2. 桩就位 3. 桩机移位 4. 沉桩 5. 接桩 6. 送桩
040301002	预制钢筋混凝土管桩	1. 地层情况 2. 送桩深度、桩长 3. 桩外径、壁厚 4. 桩倾斜度 5. 桩尖设置及类型 6. 混凝土强度等级 7. 填充材料种类			1. 工作平台搭拆 2. 桩就位 3. 桩机移位 4. 桩尖安装 5. 沉桩 6. 接桩 7. 送桩 8. 桩芯填充
040301003	钢管桩	1. 地层情况 2. 送桩深度、桩长 3. 材质 4. 管径、壁厚 5. 桩倾斜度 6. 填充材料种类 7. 防护材料种类	1. t 2. 根	1. 以吨计量，按设计图示尺寸以质量计算 2. 以根计量，按设计图示数量计算	1. 工作平台搭拆 2. 桩就位 3. 桩机移位 4. 沉桩 5. 接桩 6. 送桩 7. 切割钢管、精割盖帽 8. 管内取土、余土弃置 9. 管内填芯、刷防护材料

续上表

<table>
<tr><th>项目编码</th><th>项目名称</th><th>项目特征</th><th>计量单位</th><th>工程量计算规则</th><th>工程内容</th></tr>
<tr><td>040301004</td><td>泥浆护壁成孔灌注桩</td><td>1.地层情况
2.空桩长度、桩长
3.桩径
4.成孔方法
5.混凝土种类、强度等级</td><td rowspan="3">1.m
2.m^3
3.根</td><td>1.以米计量，按设计图示尺寸以桩长（包括桩尖）计算
2.以立方米计量，按不同截面在桩长范围内以体积计算
3.以根计量，按设计图示数量计算</td><td>1.工作平台搭拆
2.桩机移位
3.护筒埋设
4.成孔、固壁
5.混凝土制作、运输、灌注、养护
6.土方、废浆外运
7.打桩场地硬化及泥浆池、泥浆沟</td></tr>
<tr><td>040301005</td><td>沉管灌注桩</td><td>1.地层情况
2.空桩长度、桩长
3.复打长度
4.桩径
5.沉管方法
6.桩尖类型
7.混凝土种类、强度等级</td><td rowspan="2">1.以米计量，按设计图示尺寸以桩长（包括桩尖）计算
2.以立方米计量，按设计图示桩长（包括桩尖）乘以桩的断面积计算
3.以根计量，按设计图示数量计算</td><td>1.工作平台搭拆
2.桩机移位
3.打(沉)拔钢管
4.桩尖安装
5.混凝土制作、运输、灌注、养护</td></tr>
<tr><td>040301006</td><td>干作业成孔灌注桩</td><td>1.地层情况
2.空桩长度、桩长
3.桩径
4.扩孔直径、高度
5.成孔方法
6.混凝土种类、强度等级</td><td>1.工作平台搭拆
2.桩机移位
3.成孔、扩孔
4.混凝土制作、运输、灌注、振捣、养护</td></tr>
<tr><td>040301007</td><td>挖孔桩土(石)方</td><td>1.土(石)类别
2.挖孔深度
3.弃土(石)运距</td><td>m^3</td><td>按设计图示尺寸（含护壁）截面积乘以挖孔深度以立方米计算</td><td>1.排地表水
2.挖土、凿石
3.基底钎探
4.土(石)方外运</td></tr>
<tr><td>040301008</td><td>人工挖孔灌注桩</td><td>1.桩芯长度
2.桩芯直径、扩底直径、扩底高度
3.护壁厚度、高度
4.护壁材料种类、强度等级
5.桩芯混凝土种类、强度等级</td><td>1.m^3
2.根</td><td>1.以立方米计量，按桩芯混凝土体积计算
2.以根计量，按设计图示数量计算</td><td>1.护壁制作、安装
2.混凝土制作、运输、灌注、振捣、养护</td></tr>
</table>

续上表

项目编码	项目名称	项目特征	计量单位	工程量计算规则	工程内容
040301009	钻孔压浆桩	1. 地层情况 2. 桩长 3. 钻孔直径 4. 骨料品种、规格 5. 水泥强度等级	1. m 2. 根	1. 以米计量，按设计图示尺寸以桩长计算 2. 以根计量，按设计图示数量计算	1. 钻孔、下注浆管、投放骨料 2. 浆液制作、运输、压浆
040301010	灌注桩后注浆	1. 注浆导管材料、规格 2. 注浆导管长度 3. 单孔注浆量 4. 水泥强度等级	孔	按设计图示以注浆孔数计算	1. 注浆导管制作、安装 2. 浆液制作、运输、压浆
040301011	截桩头	1. 桩类型 2. 桩头截面、高度 3. 混凝土强度等级 4. 有无钢筋	1. m^3 2. 根	1. 以立方米计量，按设计桩截面乘以桩头长度以体积计算 2. 以根计量，按设计图示数量计算	1. 截桩头 2. 凿平 3. 废料外运
040301012	声测管	1. 材质 2. 规格型号	1. t 2. m	1. 按设计图示尺寸以质量计算 2. 按设计图示尺寸以长度计算	1. 检测管截断、封头 2. 套管制作、焊接 3. 定位、固定

二、清单工程量计算

计算实例 1　预制钢筋混凝土方桩

预制钢筋混凝土方桩截面尺寸为 250 mm×250 mm，设计全长 10 m，桩顶至自然地面高度为 2 m，计算预制钢筋混凝土方桩的工程量。

工程量计算过程及结果

预制钢筋混凝土方桩的工程量＝10(m)

计算实例 2　钢管桩

某钢管桩如图 1-3-1 所示，设计桩长 22 m(设计桩顶至桩底标高)，钢管外径为 1.2 m，管壁厚 5 cm，某工程共有 5 根这样的钢桩，计算这种钢管桩的工程量。

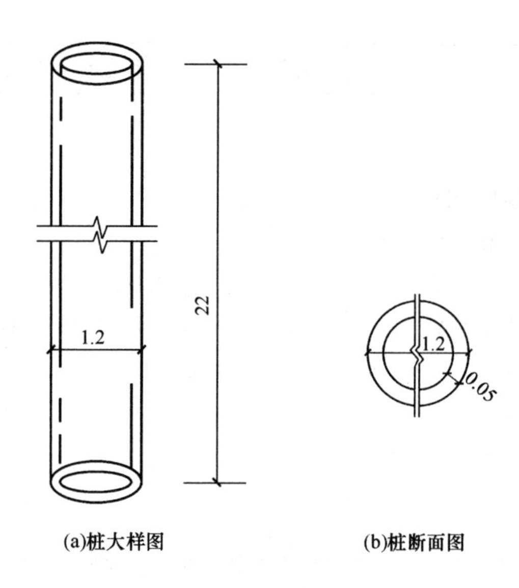

图 1-3-1 钢管桩示意图(单位:m)

钢管桩的工程量=5(根)

第二节 基坑与边坡支护

一、清单工程量计算规则(表 1-3-2)

表 1-3-2 基坑与边坡支护工程量计算规则

项目编码	项目名称	项目特征	计量单位	工程量计算规则	工程内容
040302001	圆木桩	1. 地层情况 2. 桩长 3. 材质 4. 尾径 5. 桩倾斜度	1. m 2. 根	1. 以米计量,按设计图示尺寸以桩长(包括桩尖)计算 2. 以根计量,按设计图示数量计算	1. 工作平台搭拆 2. 桩机移位 3. 桩制作、运输、就位 4. 桩靴安装 5. 沉桩
040302002	预制钢筋混凝土板桩	1. 地层情况 2. 送桩深度、桩长 3. 桩截面 4. 混凝土强度等级	1. m^3 2. 根	1. 以立方米计量,按设计图示桩长(包括桩尖)乘以桩的断面积计算 2. 以根计量,按设计图示数量计算	1. 工作平台搭拆 2. 桩就位 3. 桩机移位 4. 沉桩 5. 接桩 6. 送桩

续上表

项目编码	项目名称	项目特征	计量单位	工程量计算规则	工程内容
040302003	地下连续墙	1. 地层情况 2. 导墙类型、截面 3. 墙体厚度 4. 成槽深度 5. 混凝土种类、强度等级 6. 接头形式	m^3	按设计图示墙中心线长乘以厚度乘以槽深,以体积计算	1. 导墙挖填、制作、安装、拆除 2. 挖土成槽、固壁、清底置换 3. 混凝土制作、运输、灌注、养护 4. 接头处理 5. 土方、废浆外运 6. 打桩场地硬化及泥浆池、泥浆沟
040302004	咬合灌注桩	1. 地层情况 2. 桩长 3. 桩径 4. 混凝土种类、强度等级 5. 部位	1. m 2. 根	1. 以米计量,按设计图示尺寸以桩长计算 2. 以根计量,按设计图示数量计算	1. 桩机移位 2. 成孔、固壁 3. 混凝土制作、运输、灌注、养护 4. 套管压拔 5. 土方、废浆外运 6. 打桩场地硬化及泥浆池、泥浆沟
040302005	型钢水泥土搅拌墙	1. 深度 2. 桩径 3. 水泥掺量 4. 型钢材质、规格 5. 是否拔出	m^3	按设计图示尺寸以体积计算	1. 钻机移位 2. 钻进 3. 浆液制作、运输、压浆 4. 搅拌、成桩 5. 型钢插拔 6. 土方、废浆外运
040302006	锚杆(索)	1. 地层情况 2. 锚杆(索)类型、部位 3. 钻孔直径、深度 4. 杆体材料品种、规格、数量 5. 是否预应力 6. 浆液种类、强度等级	1. m 2. 根	1. 以米计量,按设计图示尺寸以钻孔深度计算 2. 以根计量,按设计图示数量计算	1. 钻孔、浆液制作、运输、压浆 2. 锚杆(索)制作、安装 3. 张拉锚固 4. 锚杆(索)施工平台搭设、拆除

续上表

项目编码	项目名称	项目特征	计量单位	工程量计算规则	工程内容
040302007	土钉	1. 地层情况 2. 钻孔直径、深度 3. 置入方法 4. 杆体材料品种、规格、数量 5. 浆液种类、强度等级	1. m 2. 根	1. 以米计量，按设计图示尺寸以钻孔深度计算 2. 以根计量，按设计图示数量计算	1. 钻孔、浆液制作、运输、压浆 2. 土钉制作、安装 3. 土钉施工平台搭设、拆除
040302008	喷射混凝土	1. 部位 2. 厚度 3. 材料种类 4. 混凝土类别、强度等级	m^2	按设计图示尺寸以面积计算	1. 修整边坡 2. 混凝土制作、运输、喷射、养护 3. 钻排水孔、安装排水管 4. 喷射施工平台搭设、拆除

二、清单工程量计算

计算实例 1　圆木桩

某圆木桩如图 1-3-2 所示，桩身长 600 mm，桩尖长 50 mm，外径 200 mm，计算打桩的工程量。

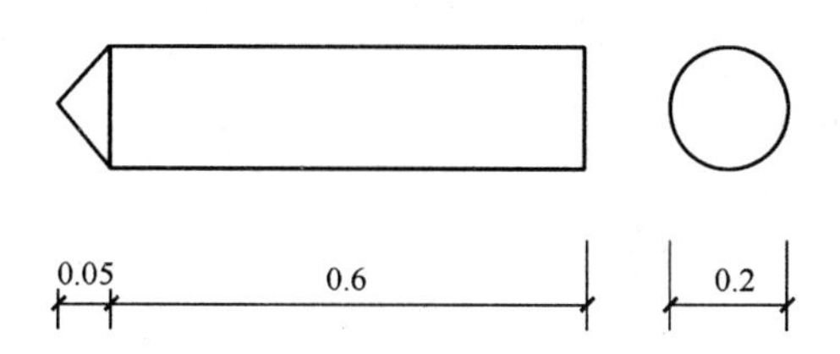

图 1-3-2　圆木桩(单位:m)

工程量计算过程及结果

圆木桩的工程量＝0.05＋0.6＝0.65(m)

计算实例 2　预制钢筋混凝土板桩

某工程采用柴油机打桩机打预制钢筋混凝土板桩，如图 1-3-3 所示，桩长为 15 m(包括桩尖)，截面为 500 mm×250 mm，计算打桩机打预制钢筋混凝土板桩的工程量。

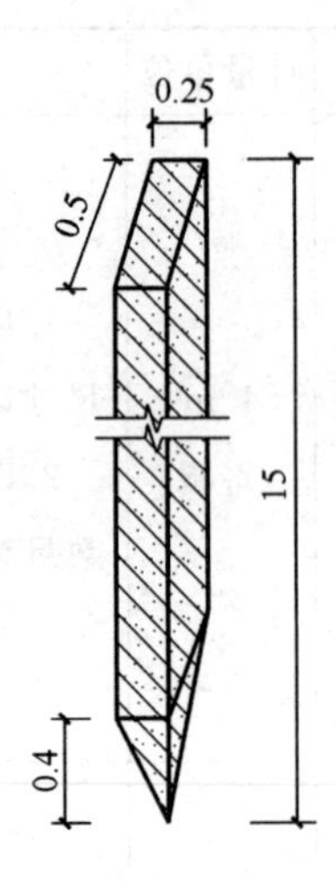

图 1-3-3 钢筋混凝土板桩(单位:m)

工程量计算过程及结果

打桩机打钢筋混凝土板桩的工程量=(0.25×0.5)×15=1.88(m^3)

第三节 现浇混凝土构件

一、清单工程量计算规则(表 1-3-3)

表 1-3-3 现浇混凝土构件工程量计算规则

项目编码	项目名称	项目特征	计量单位	工程量计算规则	工程内容
040303001	混凝土垫层	混凝土强度等级	m^3	按设计图示尺寸以体积计算	1. 模板制作、安装、拆除 2. 混凝土拌和、运输、浇筑 3. 养护
040303002	混凝土基础	1. 混凝土强度等级 2. 嵌料(毛石)比例			
040303003	混凝土承台	混凝土强度等级			
040303004	混凝土墩(台)帽	1. 部位 2. 混凝土强度等级			
040303005	混凝土墩(台)身				
040303006	混凝土支撑梁及横梁				

续上表

项目编码	项目名称	项目特征	计量单位	工程量计算规则	工程内容
040303007	混凝土墩(台)盖梁	1. 部位 2. 混凝土强度等级	m^3	按设计图示尺寸以体积计算	1. 模板制作、安装、拆除 2. 混凝土拌和、运输、浇筑 3. 养护
040303008	混凝土拱桥拱座	混凝土强度等级			
040303009	混凝土拱桥拱肋	混凝土拱上构件			
040303010	混凝土拱上构件	1. 部位 2. 混凝土强度等级			
040303011	混凝土箱梁				
040303012	混凝土连续板	1. 部位 2. 结构形式 3. 混凝土强度等级			
040303013	混凝土板梁				
040303014	混凝土板拱	1. 部位 2. 混凝土强度等级			
040303015	混凝土挡墙墙身	1. 混凝土强度等级 2. 泄水孔材料品种、规格 3. 滤水层要求 4. 沉降缝要求			1. 模板制作、安装、拆除 2. 混凝土拌和、运输、浇筑 3. 养护 4. 抹灰 5. 泄水孔制作、安装 6. 滤水层铺筑 7. 沉降缝
040303016	混凝土挡墙压顶	1. 混凝土强度等级 2. 沉降缝要求			

续上表

项目编码	项目名称	项目特征	计量单位	工程量计算规则	工程内容
040303017	混凝土楼梯	1.结构形式 2.底板厚度 3.混凝土强度等级	1. m^2 2. m^3	1.以平方米计量，按设计图示尺寸以水平投影面积计算 2.以立方米计量，按设计图示尺寸以体积计算	1.模板制作、安装、拆除 2.混凝土拌和、运输、浇筑 3.养护
040303018	混凝土防撞护栏	1.断面 2.混凝土强度等级	m	按设计图示尺寸以长度计算	
040303019	桥面铺装	1.混凝土强度等级 2.沥青品种 3.沥青混凝土种类 4.厚度 5.配合比	m^2	按设计图示尺寸以面积计算	1.模板制作、安装、拆除 2.混凝土拌和、运输、浇筑 3.养护 4.沥青混凝土铺装 5.碾压
040303020	混凝土桥头搭板	混凝土强度等级	m^3	按设计图示尺寸以体积计算	1.模板制作、安装、拆除 2.混凝土拌和、运输、浇筑 3.养护
040303021	混凝土搭板枕梁				
040303022	混凝土桥塔身	1.形状 2.混凝土强度等级			
040303023	混凝土连系梁				
040303024	混凝土其他构件	1.名称、部位 2.混凝土强度等级			
040303025	钢管拱混凝土	混凝土强度等级			

二、清单工程量计算

计算实例1　混凝土基础

某矩形三层台阶式桥梁基础如图1-3-4所示，采用C20混凝土，石子最大粒径20 mm，计算该基础的工程量。

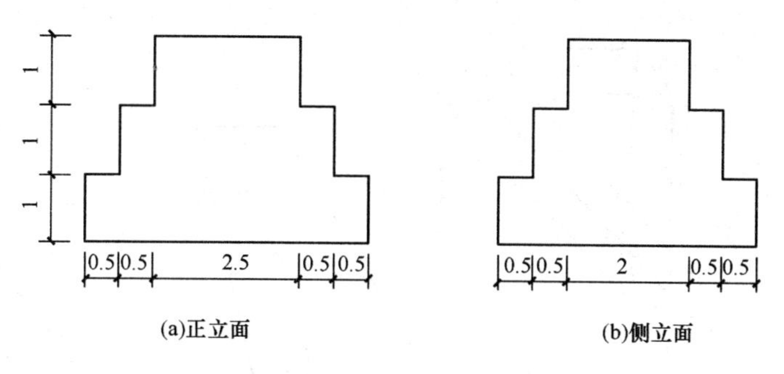

图 1-3-4 矩形桥梁基础(单位:m)

工程量计算过程及结果

混凝土基础的工程量$=2.5\times2\times1+3.5\times3\times1+4.5\times4\times1=33.50(m^3)$

计算实例 2 混凝土墩(台)帽

某桥梁混凝土墩帽如图 1-3-5 所示,计算该桥墩混凝土墩帽的工程量。

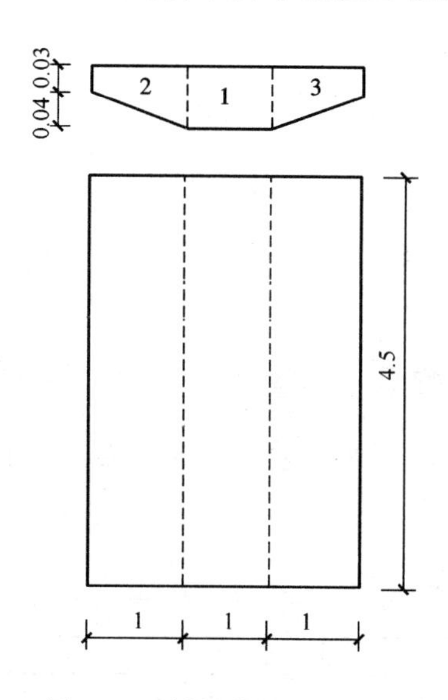

图 1-3-5 桥梁墩帽(单位:m)

工程量计算过程及结果

$V_1=1\times4.5\times(0.03+0.04)=0.32(m^3)$

$V_2=V_3=\frac{1}{2}\times(0.03+0.07)\times1\times4.5=0.23(m^3)$

桥梁混凝土墩帽的工程量$=V_1+V_2+V_3=0.32+0.23+0.23=0.78(m^3)$

计算实例 3 混凝土墩(台)身

某桥梁桥台如图 1-3-6 所示,该桥台为 U 形桥台,与桥台台帽为一体,现场浇筑施工,计算该桥梁桥台工程量。

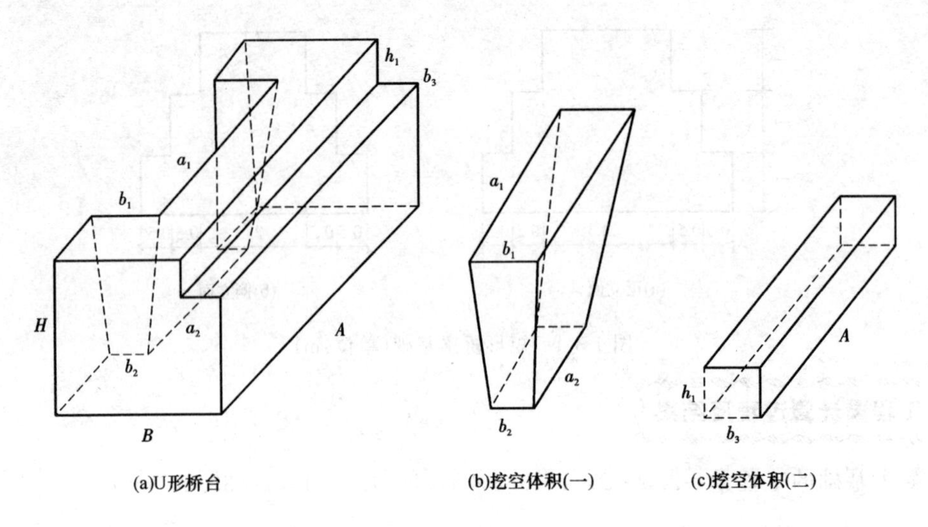

图 1-3-6　桥台示意图

$H=2.0$ m, $B=3.0$ m, $A=8$ m, $a_1=7$ m, $a_2=5$ m, $b_1=1.5$ m, $b_2=1$ m, $h_1=0.8$ m, $b_3=1.0$ m

工程量计算过程及结果

大长方体体积 $V_1=2.0\times3.0\times8=48.00(m^3)$

截头方锥体体积 $V_2=\frac{2.0}{6}\times[7\times1.5+5\times1+(7+5)\times(1.5+1)]=15.17(m^3)$

台帽处的长方体体积 $V_3=0.8\times1\times8=6.40(m^3)$

桥台混凝土的工程量 $=V_1-V_2-V_3=48-15.17-6.40=26.43(m^3)$

计算实例 4　混凝土支撑梁及横梁

某 T 型支撑梁如图 1-3-7 所示，现场浇筑混凝土施工，计算该 T 型混凝土支撑梁的工程量。

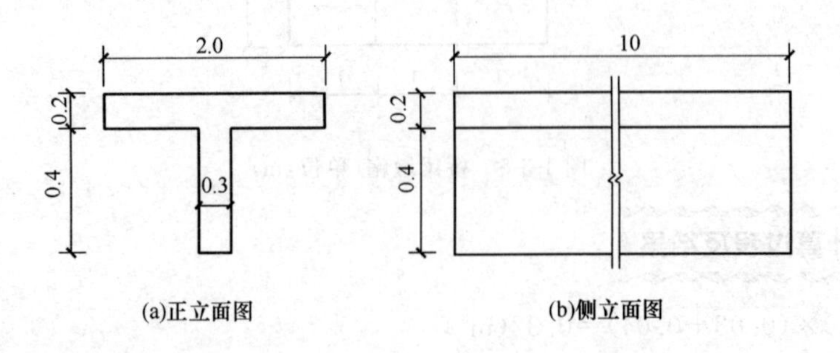

图 1-3-7　T 型支撑梁示意图(单位：m)

工程量计算过程及结果

T 型混凝土支撑梁的工程量 $=(0.2\times2.0+0.4\times0.3)\times10=5.20(m^3)$

计算实例 5　混凝土墩(台)盖梁

某桥墩盖梁如图 1-3-8 所示，现场浇筑混凝土施工，计算该混凝土墩盖梁的工程量。

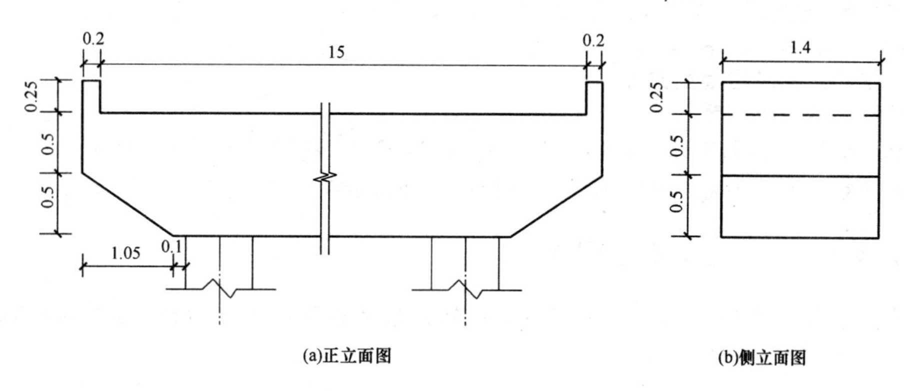

图 1-3-8　桥墩盖梁示意图(单位:m)

工程量计算过程及结果

混凝土墩盖梁的工程量$=V_{大长方体}-2V_{三棱柱}-V_{小长方体}$

$V_{大长方体}=(15+0.2\times2)\times(0.25+0.5+0.5)\times1.4=26.95(m^3)$

$2V_{三棱柱}=2\times1.05\times0.5\times1.4\times\frac{1}{2}=0.74(m^3)$

$V_{小长方体}=15\times0.25\times1.4=5.25(m^3)$

盖梁混凝土的工程量$=26.95-0.74-5.25=20.96(m^3)$

计算实例 6　混凝土拱桥拱座

某拱桥如图 1-3-9 所示，现场浇筑混凝土施工，其中拱肋轴线长度为 55 m，截面形式为 40 cm×40 cm，该桥共设 5 道拱肋，计算拱座混凝土工程量。

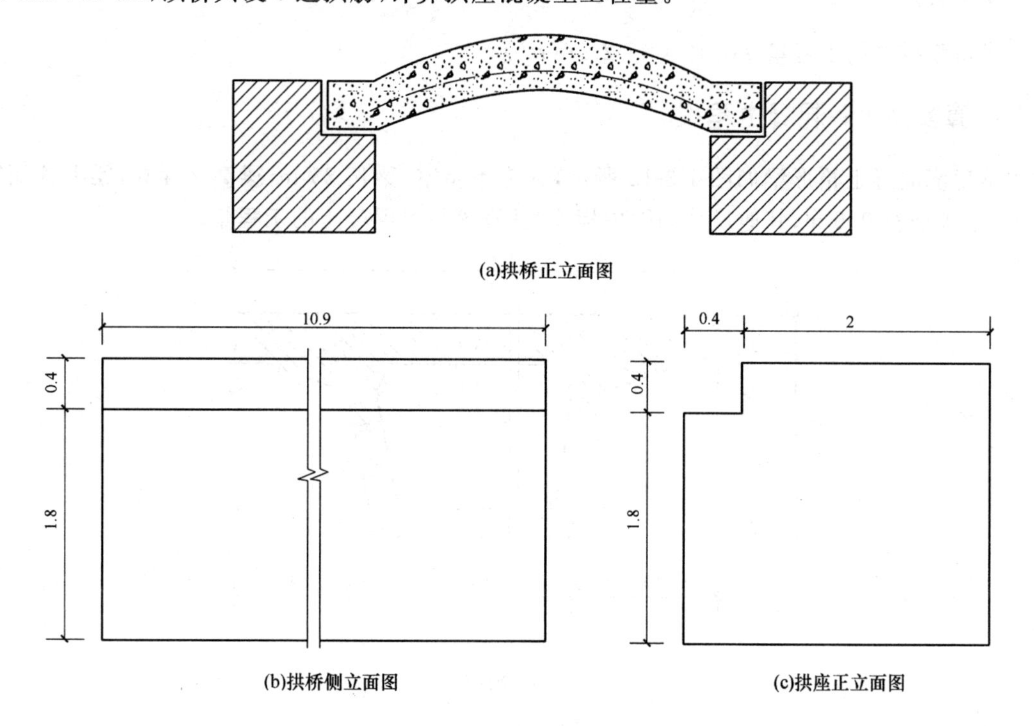

图 1-3-9　拱桥示意图(单位:m)

工程量计算过程及结果

单个拱座 $V_1=[(1.8+0.4)\times(0.4+2)-0.4\times0.4]\times10.9=55.81(m^3)$

拱座混凝土的工程量 $=2V_1=2\times55.81=111.62(m^3)$

计算实例 7 混凝土拱上构件

某单孔空腹式拱桥如图 1-3-10 所示，拱圈上部对称布置 6 孔腹拱，腹拱横向宽度取为 9 m，计算该拱桥腹拱的工程量。

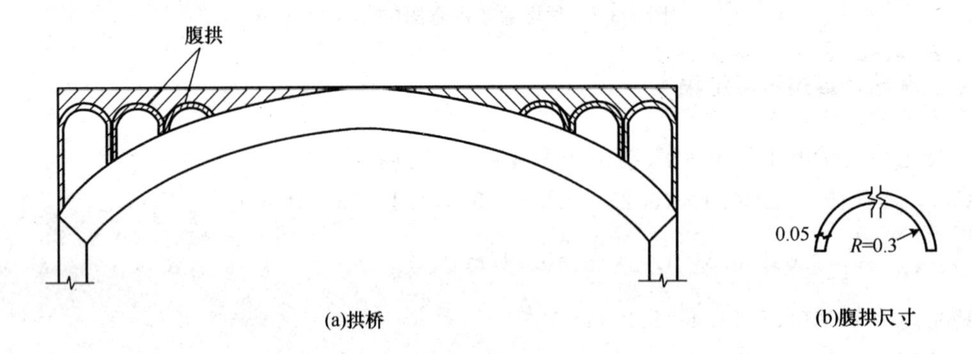

图 1-3-10 某单孔空腹式拱桥(单位：m)

工程量计算过程及结果

单个腹拱的工程量 $=\frac{1}{2}\times3.14\times(0.35^2-0.3^2)\times9=0.46(m^3)$

拱桥腹拱总的工程量 $=0.46\times6=2.76(m^3)$

计算实例 8 混凝土箱梁

某现浇混凝土箱形梁如图 1-3-11 所示，其为单箱室，梁长 25 m，梁高 2.4 m，梁上顶面宽 15 m，下顶面宽 9.6 m，其他尺寸如图中标注，计算该箱梁混凝土的工程量。

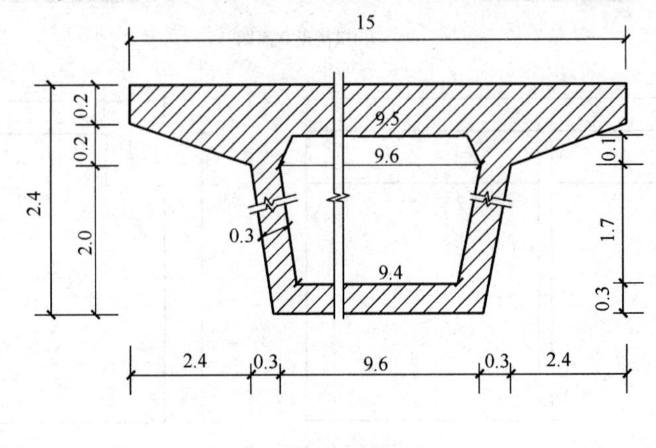

图 1-3-11

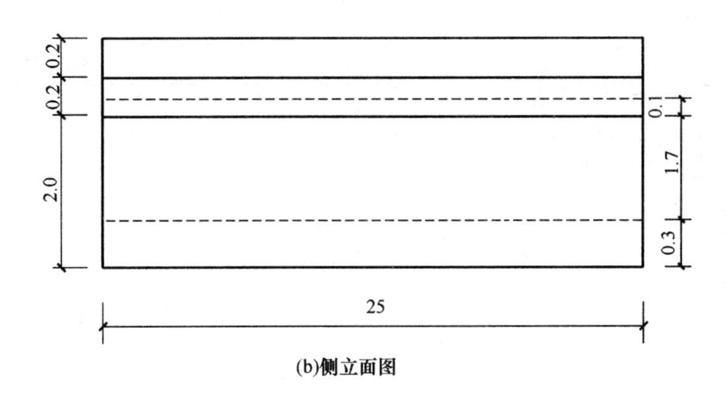

(b)侧立面图

图 1-3-11　混凝土箱形梁示意图(单位:m)

工程量计算过程及结果

大矩形面积:$S_1=15\times2.4=36.00(m^2)$

两翼下空心面积:$S_2=2\times\frac{1}{2}\times0.2\times2.4+2\times\frac{1}{2}[2.4+(2.4+0.3)]\times2=10.68(m^2)$

箱梁箱室面积:$S_3=\frac{9.5+9.6}{2}\times0.1+\frac{9.4+9.6}{2}\times1.7=17.11(m^2)$

箱梁横截面面积:$S=S_1-S_2-S_3=36.00-10.68-17.11=8.21(m^2)$

箱梁混凝土的工程量$=SL=8.21\times25=205.25(m^3)$

计算实例 9　混凝土连续板

某桥为整体式连续板梁桥,如图 1-3-12 所示,桥长为 33 m,计算该连续板的工程量。

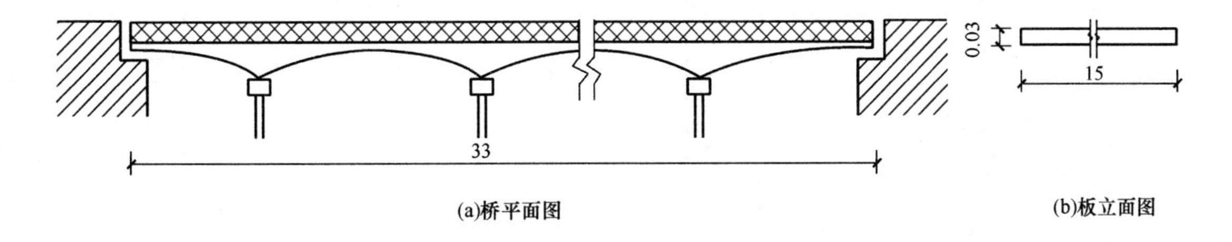

(a)桥平面图　(b)板立面图

图 1-3-12　整体式连续板梁桥(单位:m)

工程量计算过程及结果

混凝土连续板的工程量$=33\times15\times0.03=14.85(m^3)$

计算实例 10　混凝土板梁

某混凝土空心板梁如图 1-3-13 所示,现浇混凝土施工,板内设一直径为 67 cm 的圆孔,截面形式和相关尺寸在图中已标注,计算该混凝土空心板梁工程量。

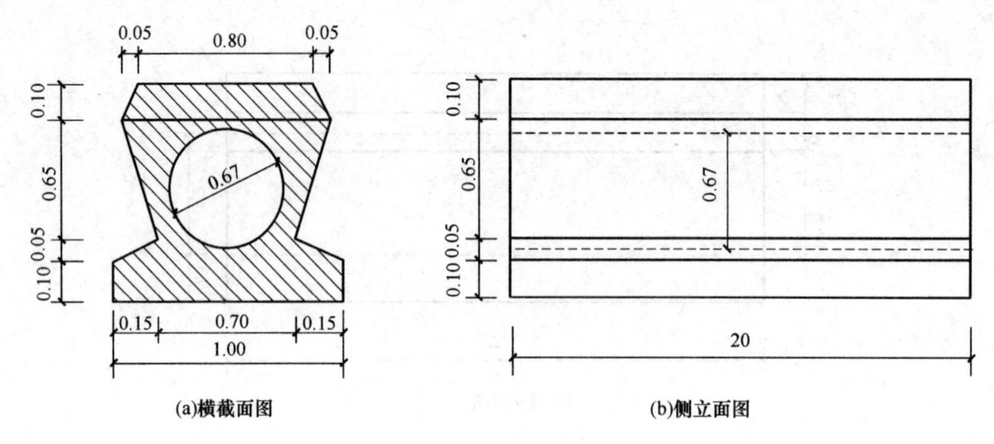

(a)横截面图　　(b)侧立面图

图 1-3-13　混凝土空心板梁示意图(单位:m)

工程量计算过程及结果

空心板梁横截面面积 $S=(0.80+0.90)\times0.10/2+(0.90+0.70)\times0.65/2+(0.70+1.00)\times0.05/2+1.00\times0.10-\frac{\pi\times0.67^2}{4}$

$=0.085+0.52+0.043+0.10-0.352$

$=0.396(m^2)$

混凝土空心板梁的工程量 $=SL=0.396\times20=7.92(m^3)$

计算实例 11　混凝土挡墙墙身

某现浇混凝土挡墙如图 1-3-14 所示，挡墙长 21 m，计算该挡墙混凝土工程量。

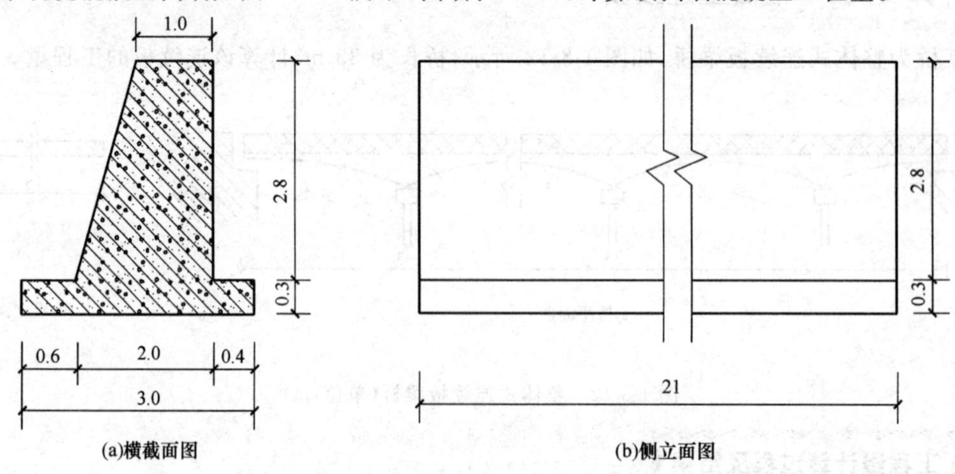

(a)横截面图　　(b)侧立面图

图 1-3-14　混凝土挡墙示意图(单位:m)

注：挡墙墙身背面为竖直面，另一面倾斜

工程量计算过程及结果

挡墙截面面积 $S=\frac{(1.0+2.0)\times2.8}{2}+0.3\times3.0=5.10(m^2)$

挡墙混凝土的工程量 $=Sl=5.10\times21=107.10(m^3)$

计算实例 12 混凝土楼梯

某城市天桥采用混凝土楼梯，如图 1-3-15 所示，其宽度为 3.0 m，计算混凝土楼梯的工程量。

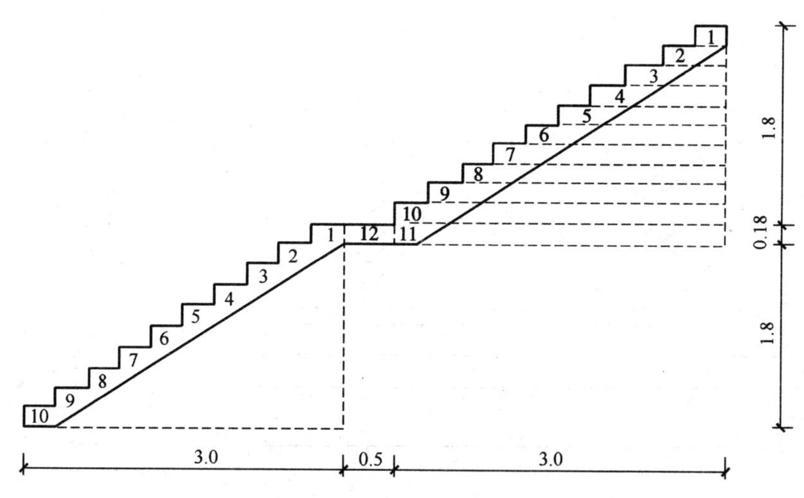

图 1-3-15 某城市天桥台阶(单位：m)

工程量计算过程及结果

$S_1=0.18\times0.3=0.054(m^2)$

$S_2=0.18\times0.3\times2=0.108(m^2)$

$S_3=0.18\times0.3\times3=0.162(m^2)$

$S_4=0.18\times0.3\times4=0.216(m^2)$

$S_5=0.18\times0.3\times5=0.270(m^2)$

$S_6=0.18\times0.3\times6=0.324(m^2)$

$S_7=0.18\times0.3\times7=0.378(m^2)$

$S_8=0.18\times0.3\times8=0.432(m^2)$

$S_9=0.18\times0.3\times9=0.486(m^2)$

$S_{10}=0.18\times0.3\times10=0.540(m^2)$

$S_{11}=$ S10 $=0.540(m^2)$

$S_{12}=0.18\times0.5=0.090(m^2)$

$S_{三角形}=1.8\times(3-0.3)\times\frac{1}{2}=2.43(m^2)$

$S_{楼梯}=(S_1+S_2+S_3+S_4+S_5+S_6+S_7+S_8+S_9+S_{10}-S_{三角形})\times2+S_{11}+S_{12}$

$=(0.054+0.108+0.162+0.216+0.270+0.324+0.378+0.432+0.486+0.540-2.43)\times2+0.540+0.090$

$=0.54\times2+0.54+0.090$

$=1.08+0.54+0.090$

$=1.71(m^2)$

混凝土楼梯的工程量$=S_{楼梯}\times d=1.71\times3=5.12(m^3)$

计算实例 13　混凝土防撞护栏

某城市桥梁护栏如图 1-3-16 所示，其长 50 m，上有双棱形花纹图样，计算该护栏的工程量。

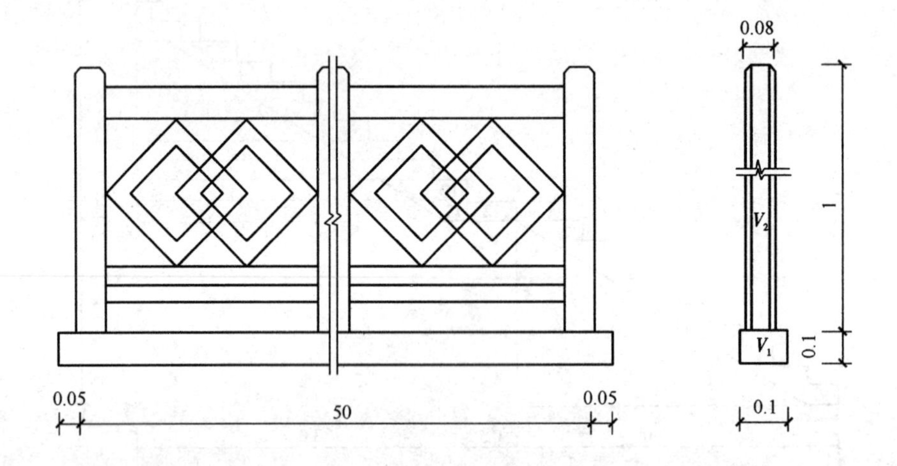

图 1-3-16　双棱形花纹栏杆(单位：m)

工程量计算过程及结果

混凝土防撞护栏的工程量＝50.00(m)

计算实例 14　桥面铺装

某桥面的铺装构造如图 1-3-17 所示，计算桥面铺装的工程量。

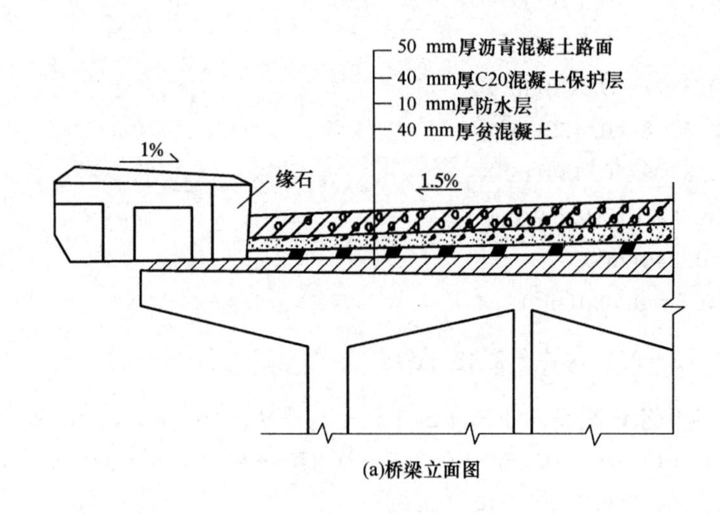

图　1-3-17

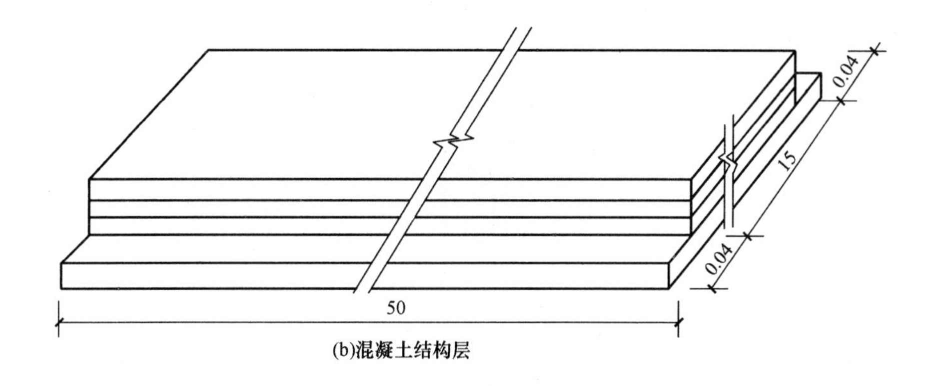

(b)混凝土结构层

图 1-3-17　桥面铺装构造(单位:m)

工程量计算过程及结果

沥青混凝土路面的工程量=50×15=750.00(m^2)

C20 混凝土保护层的工程量=50×15=750.00(m^2)

防水层的工程量=50×15=750.00(m^2)

贫混凝土层的工程量=50×(15+0.04×2)=754.00(m^2)

计算实例 15　混凝土桥头搭板

某混凝土桥头搭板横截面如图 1-3-18 所示,采用 C20 混凝土浇筑,石子最大粒径 18 mm,计算该混凝土桥头搭板工程量(取板长为 25 m)。

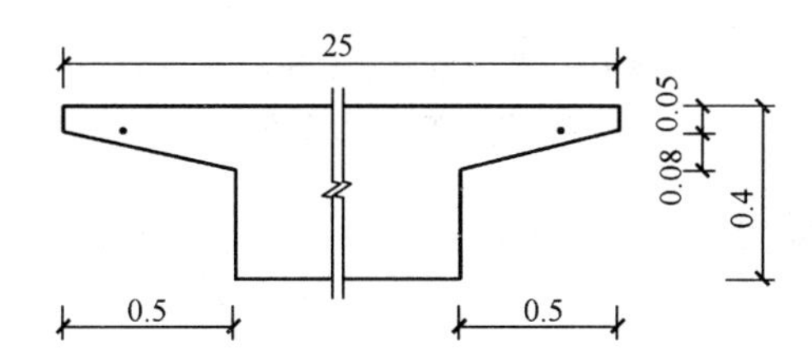

图 1-3-18　某桥头搭板横截面(单位:m)

工程量计算过程及结果

横断面面积$=\frac{1}{2}\times(0.05+0.13)\times0.5\times2+(25-2\times0.5)\times0.4=0.09+9.6=9.69$($m^2$)

混凝土桥头搭板的工程量=9.69×25=242.25(m^3)

计算实例 16　混凝土桥塔身

某斜拉桥的索塔截面设计如图 1-3-19 所示,其采用现浇混凝土制作,塔厚 2.2 m,计算该索塔的工程量。

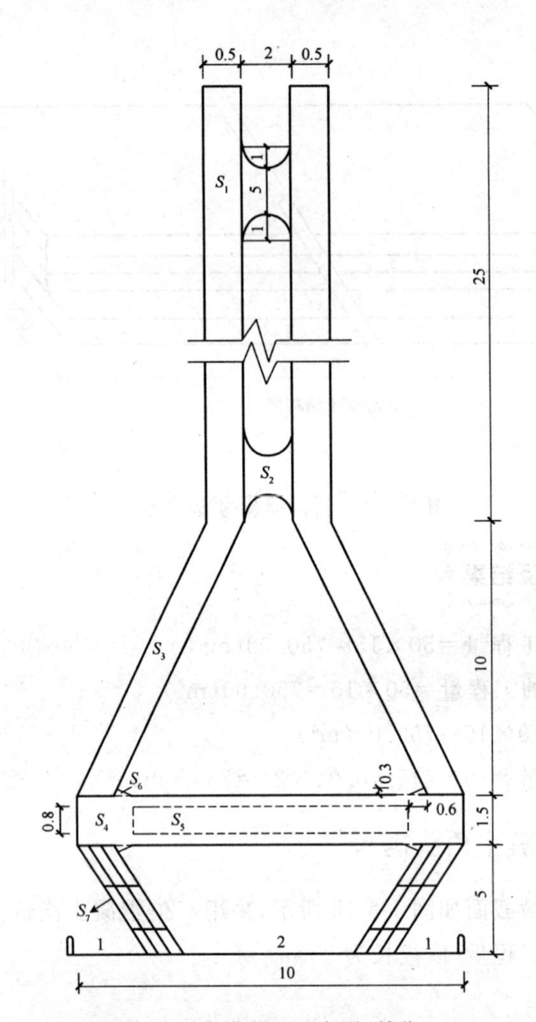

图 1-3-19　索塔截面示意图(单位:m)

1—人行道;2—行车道

工程量计算过程及结果

$S_1=0.5\times25=12.50(m^2)$

$S_2=(5+2)\times2-3.14\times1^2=14-3.14=10.86(m^2)$

$S_3=0.5\times10=5.00(m^2)$

$S_4=1.5\times10=15.00(m^2)$

$S_5=0.8\times(10-0.5\times2-0.6\times2)=6.24(m^2)$

$S_6=\frac{1}{2}\times0.6\times0.3=0.09(m^2)$

$S_7=0.5\times5=2.5(m^2)$

$S=2S_1+2S_2+2S_3+S_4-S_5+4S_6+2S_7$

$=2\times12.50+2\times10.86+2\times5+15-6.24+4\times0.09+2\times2.5=70.84(m^2)$

桥塔身的工程量$=Sd=70.84\times2.2=155.85(m^3)$

第四节　预制混凝土构件

一、清单工程量计算规则(表 1-3-4)

表 1-3-4　预制混凝土构件工程量计算规则

项目编码	项目名称	项目特征	计量单位	工程量计算规则	工程内容
040304001	预制混凝土梁	1.部位 2.图集、图纸名称 3.构件代号、名称 4.混凝土强度等级 5.砂浆强度等级	m^3	按设计图示尺寸以体积计算	1.模板制作、安装、拆除 2.混凝土拌和、运输、浇筑 3.养护 4.构件安装 5.接头灌缝 6.砂浆制作 7.运输
040304002	预制混凝土柱				
040304003	预制混凝土板				
040304004	预制混凝土挡土墙墙身	1.图集、图纸名称 2.构件代号、名称 3.结构形式 4.混凝土强度等级 5.泄水孔材料种类、规格 6.滤水层要求 7.砂浆强度等级			1.模板制作、安装、拆除 2.混凝土拌和、运输、浇筑 3.养护 4.构件安装 5.接头灌缝 6.泄水孔制作、安装 7.滤水层铺设 8.砂浆制作 9.运输
040304005	预制混凝土其他构件	1.部位 2.图集、图纸名称 3.构件代号、名称 4.混凝土强度等级 5.砂浆强度等级			1.模板制作、安装、拆除 2.混凝土拌和、运输、浇筑 3.养护 4.构件安装 5.接头灌浆 6.砂浆制作 7.运输

二、清单工程量计算

计算实例1 预制混凝土梁

某T型预应力混凝土预制梁如图1-3-20所示，梁下部做成马蹄形，梁高100 cm，翼缘宽度1.6 m，梁长20.96 m，计算该T型梁混凝土工程量。

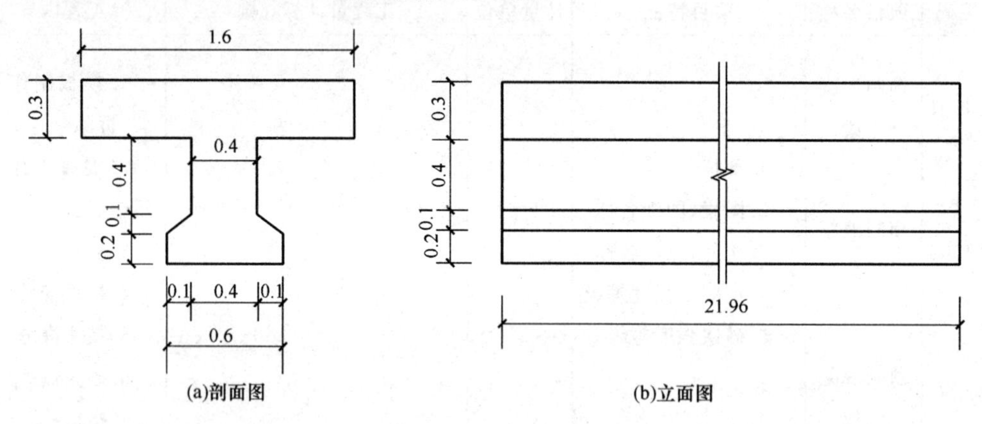

图1-3-20 T型预应力混凝土预制梁示意图(单位：m)

工程量计算过程及结果

T型梁横截面面积 $S=0.3\times1.6+0.4\times0.4+\frac{1}{2}\times(0.4+0.6)\times0.1+0.2\times0.6$

$=0.48+0.16+0.05+0.12$

$=0.81(m^2)$

T型梁混凝土的工程量 $=Sl=0.81\times21.96=17.79(m^3)$

计算实例2 预制混凝土柱

某桥梁桥墩处设3根直径为2.5 m的预制混凝土圆立柱，如图1-3-21所示，立柱设在盖梁与承台之间，圆柱高4.0 m，工厂预制生产，计算该桥墩预制混凝土圆立柱的工程量。

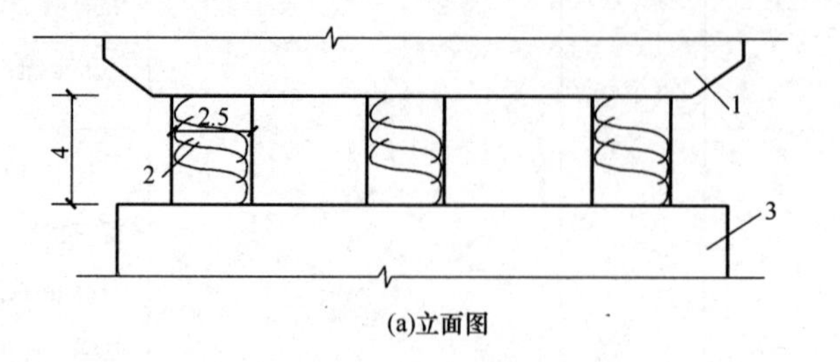

图1-3-21 立柱示意图(单位：m)

1—盖深；2—立柱；3—承台

工程量计算过程及结果

混凝土圆立柱体积 $V=3.14\times\left(\frac{2.5}{2}\right)^2\times4=19.63(m^3)$

3 根混凝土圆立柱的工程量=3×19.63=58.89(m^3)

计算实例 3　预制混凝土板

某预制空心桥板的横截面如图 1-3-22 所示，跨径为 15 m，计算单梁预制混凝土板的工程量。

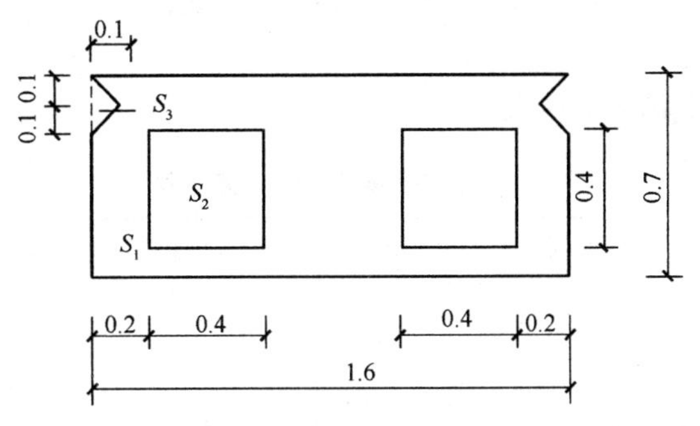

图 1-3-22　空心桥板横截面(单位:m)

工程量计算过程及结果

$S_1=1.6\times0.7=1.12(m^2)$

$S_2=0.4\times0.4=0.16(m^2)$

$S_3=\frac{1}{2}\times0.1\times(0.1+0.1)=0.01(m^2)$

预制混凝土板的截面积 $S=S_1-2(S_2+S_3)=1.12-2\times(0.16+0.01)$

$=1.12-2\times0.17=0.78(m^2)$

预制混凝土板的工程量=$0.78\times15=11.70(m^3)$

计算实例 4　预制混凝土挡土墙墙身

某桥梁工程挡土墙如图 1-3-23 所示，桥下边坡挡土墙采用仰斜式预制混凝土，墙厚 2.5 m，计算该挡土墙墙身工程量。

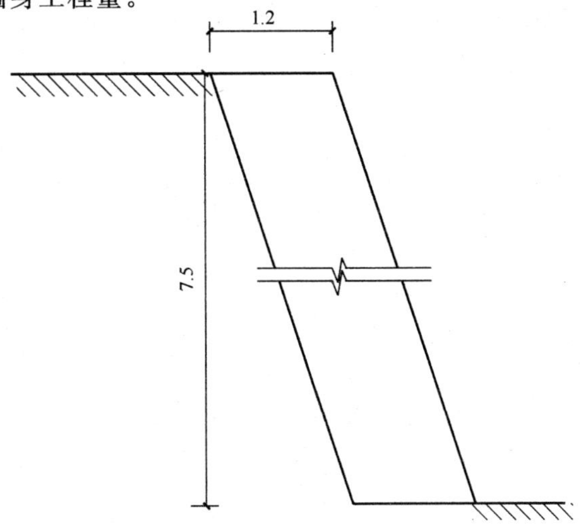

图 1-3-23　挡土墙(单位:m)

工程量计算过程及结果

挡土墙的工程量＝1.2×7.5×2.5＝22.50(m^3)

第五节　砌　　筑

一、清单工程量计算规则(表 1-3-5)

表 1-3-5　砌筑工程量计算规则

项目编码	项目名称	项目特征	计量单位	工程量计算规则	工程内容
040305001	垫层	1.材料品种、规格 2.厚度	m^3	按设计图示尺寸以体积计算	垫层铺筑
040305002	干砌块料	1.部位 2.材料品种、规格 3.泄水孔材料品种、规格 4.滤水层要求 5.沉降缝要求			1.砌筑 2.砌体勾缝 3.砌体抹面 4.泄水孔制作、安装 5.滤层铺设 6.沉降缝
040305003	浆砌块料	1.部位 2.材料品种、规格 3.砂浆强度等级 4.泄水孔材料品种、规格 5.滤水层要求 6.沉降缝要求			
040305004	砖砌体				
040305005	护坡	1.材料品种 2.结构形式 3.厚度 4.砂浆强度等级	m^2	按设计图示尺寸以面积计算	1.修整边坡 2.砌筑 3.砌体勾缝 4.砌体抹面

二、清单工程量计算

计算实例 1　干砌块料

某桥梁工程采用干砌块石锥形护坡,如图 1-3-24 所示,厚 40 cm,计算干砌块石工程量。

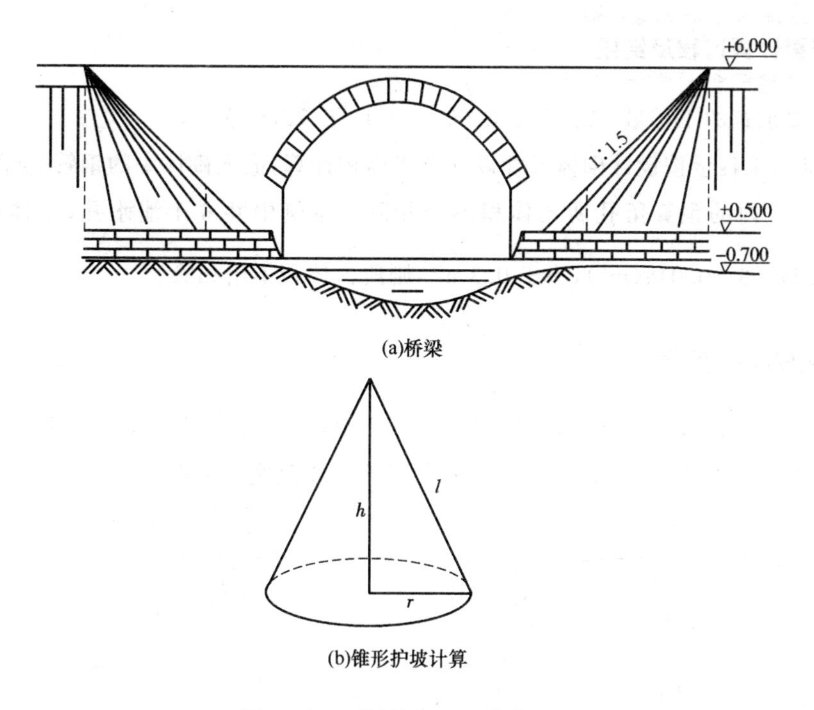

(a)桥梁

(b)锥形护坡计算

图 1-3-24　某桥梁工程(单位:m)

工程量计算过程及结果

$h=6.00-0.50=5.50(\text{m})$　　　$r=5.50\times1.5=8.25(\text{m})$

$l=\sqrt{8.25^2+5.50^2}=\sqrt{68.0625+30.25}=9.92(\text{m})$

锥形护坡干砌块石的工程量$=2\times\frac{1}{2}\times\pi rl\times0.4$

$=2\times\frac{1}{2}\times3.14\times8.25\times9.92\times0.4$

$=102.79(\text{m}^3)$

计算实例 2　浆砌块料

某桥梁桥头引道两侧护坡采用砖护墙形式,如图 1-3-25 所示,砌筑长度为 3.5 m,砌成 24 墙,高度约 2.0 m,总共 4 段,且墙体上有直径为 200 mm 的泄水孔,计算该桥梁护墙砌筑工程量。

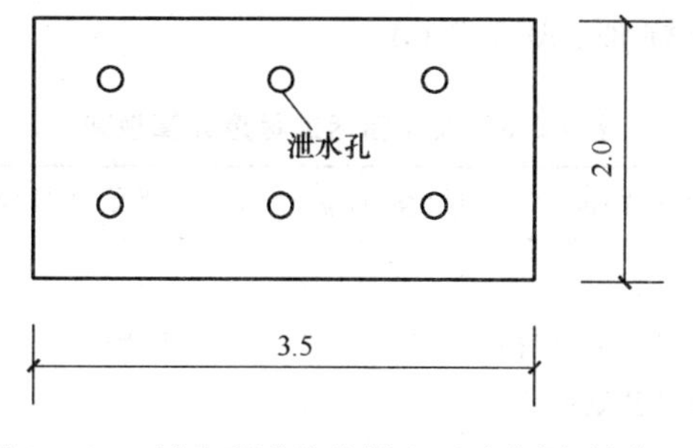

图 1-3-25　桥头引道护坡侧立面示意图(单位:m)

工程量计算过程及结果

桥梁护墙砌筑的工程量=2.0×3.5×0.24×4=6.72(m^3)

说明：砌筑工程量按设计砌体尺寸以立方米体积计算，嵌入砌体中的钢管、沉降缝、伸缩缝以及0.3 m^2 以内的预算留孔所占体积不予扣除。本例中共6个泄水孔，且体积=3.14×$\left(\frac{0.2}{2}\right)^2$×0.24×6=0.045($m^2$)，小于0.3 m^2，则所占体积不用扣除。

计算实例3　护坡

某桥梁桥台处设置混凝土护坡，如图1-3-26所示，该护坡呈圆锥形，底边弧长6 m，锥尖到底边的径向距离为2.5 m，混凝土厚20 cm，计算该护坡混凝土工程量。

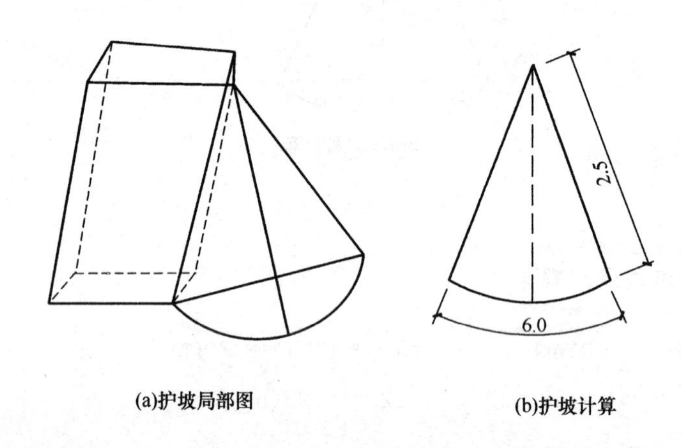

图1-3-26　混凝土护坡示意图(单位：m)

工程量计算过程及结果

混凝土护坡的工程量为$=\frac{1}{2}lR=\frac{1}{2}$×6×2.5=7.5($m^2$)

第六节　立交箱涵

一、清单工程量计算规则(表1-3-6)

表1-3-6　立交箱涵工程量计算规则

项目编码	项目名称	项目特征	计量单位	工程量计算规则	工程内容
040306001	透水管	1.材料品种、规格 2.管道基础形式	m	按设计图示尺寸以长度计算	1.基础铺筑 2.管道铺设、安装

续上表

项目编码	项目名称	项目特征	计量单位	工程量计算规则	工程内容
040306002	滑板	1. 混凝土强度等级 2. 石蜡层要求 3. 塑料薄膜品种、规格	m^3	按设计图示尺寸以体积计算	1. 模板制作、安装、拆除 2. 混凝土拌和、运输、浇筑 3. 养护 4. 涂石蜡层 5. 铺塑料薄膜
040306003	箱涵底板	1. 混凝土强度等级 2. 混凝土抗渗要求 3. 防水层工艺要求			1. 模板制作、安装、拆除 2. 混凝土拌和、运输、浇筑 3. 养护 4. 防水层铺涂
040306004	箱涵侧墙				1. 模板制作、安装、拆除 2. 混凝土拌和、运输、浇筑 3. 养护 4. 防水砂浆 5. 防水层铺涂
040306005	箱涵顶板				
040306006	箱涵顶进	1. 断面 2. 长度 3. 弃土运距	kt·m	按设计图示尺寸以被顶箱涵的质量，乘以箱涵的位移距离分节累计计算	1. 顶进设备安装、拆除 2. 气垫安装、拆除 3. 气垫使用 4. 钢刃角制作、安装、拆除 5. 挖土实顶 6. 土方场内外运输 7. 中继间安装、拆除
040306007	箱涵接缝	1. 材质 2. 工艺要求	m	按设计图示止水带长度计算	接缝

二、清单工程量计算

计算实例1 滑板

某箱涵顶进法施工的道桥滑板结构示意图如图 1-3-27 所示，在设计滑板时，为增加滑板底部与土层的摩擦阻力，防止箱体移动时带动滑板，在滑板底部每隔 7.0 m 设置一个反梁，同时为减少移动阻力的增加，在滑板施工过程中埋入带孔的寸管，滑板长 20 m，宽 3.8 m，计算该滑板的工程量。

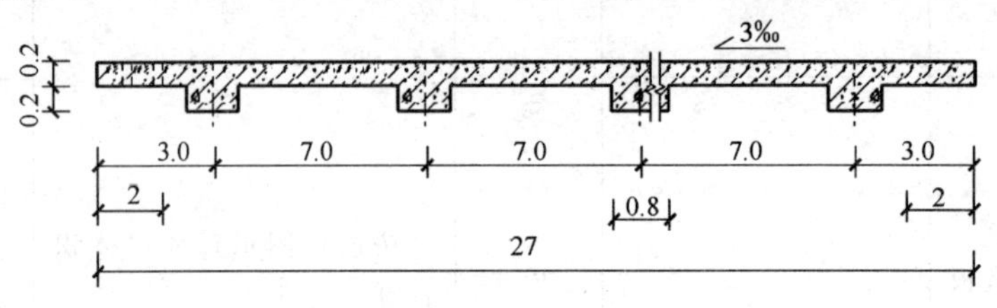

图 1-3-27 滑板结构示意图(单位：m)

工程量计算过程及结果

滑板的工程量＝(27×0.2＋0.8×0.2×4)×3.8＝22.95(m^3)

计算实例2 箱涵底板、侧墙和顶板

某涵洞为箱涵形式，如图 1-3-28 所示，其箱涵底板表面为水泥混凝土板，厚度为 25 cm，C20 混凝土箱涵侧墙厚 50 cm，C20 混凝土顶板厚 30 cm，涵洞长为 20 m，计算箱涵底板、箱涵侧墙和箱涵顶板的工程量。

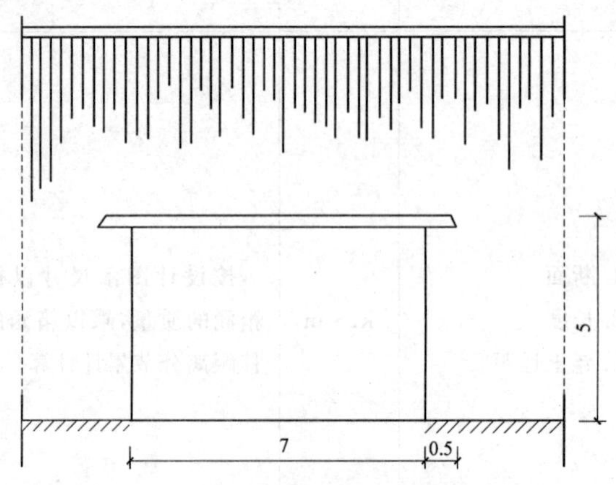

图 1-3-28 箱涵洞(单位：m)

工程量计算过程及结果

箱涵底板的工程量＝7×20×0.25＝35.00(m^3)

箱涵侧墙的工程量＝2×20×5×0.5＝100.00(m^3)

箱涵顶板的工程量＝(7＋0.5×2)×0.3×20＝48.00(m^3)

第七节 钢结构

一、清单工程量计算规则(表 1-3-7)

表 1-3-7 钢结构工程量计算规则

项目编码	项目名称	项目特征	计量单位	工程量计算规则	工程内容
040307001	钢箱梁	1. 材料品种、规格 2. 部位 3. 探伤要求 4. 防火要求 5. 补刷油漆品种、色彩、工艺要求	t	按设计图示尺寸以质量计算。不扣除孔眼的质量，焊条、铆钉、螺栓等不另增加质量	1. 拼装 2. 安装 3. 探伤 4. 涂刷防火涂料 5. 补刷油漆
040307002	钢板梁				
040307003	钢桁梁				
040307004	钢拱				
040307005	劲性钢结构				
040307006	钢结构叠合梁				
040307007	其他钢结构				
040307008	悬(斜拉)索	1. 材料品种、规格 2. 直径 3. 抗拉强度 4. 防护方式		按设计图示尺寸以质量计算	1. 拉索安装 2. 张拉、索力调整、锚固 3. 防护壳制作、安装
040307009	钢拉杆				1. 连接、紧锁件安装 2. 钢拉杆安装 3. 钢拉杆防腐 4. 钢拉杆防护壳制作、安装

二、清单工程量计算

计算实例 1 钢箱梁

某桥梁工程采用钢箱梁，如图 1-3-29 所示，箱两端过檐为 150 mm，箱长 30 m，两端竖板厚 50 mm，计算单个钢箱梁工程量。

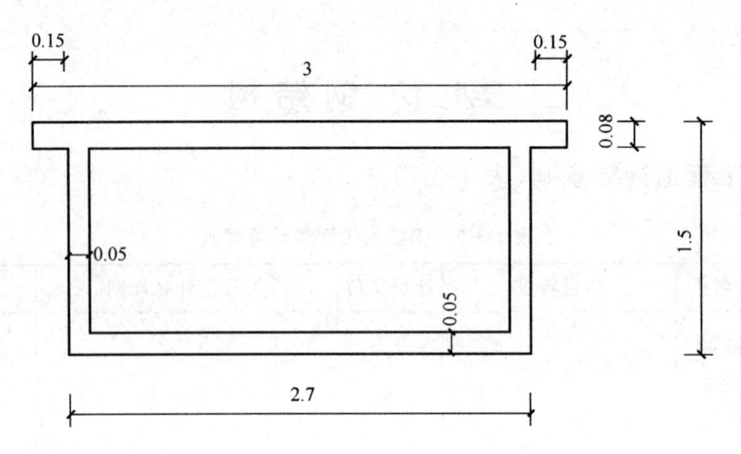

图 1-3-29　钢箱梁截面(单位:m)

工程量计算过程及结果

钢箱梁体积＝3×0.08×30＋(1.5－0.05－0.08)×0.05×30×2＋2.7×0.05×30
＝7.2＋4.11＋4.05
＝15.36(m^3)

钢箱梁的工程量＝15.36×7.85×10^3＝120.576×10^3＝120.576(t)

说明:该钢箱梁每立方米理论质量为 7.85×10^3 kg/m^3。

计算实例 2　钢板梁

某市政板梁桥的上承板梁如图 1-3-30 所示,全桥长为 80 m,其中加劲角钢长 3.0 m,计算钢板梁工程量。

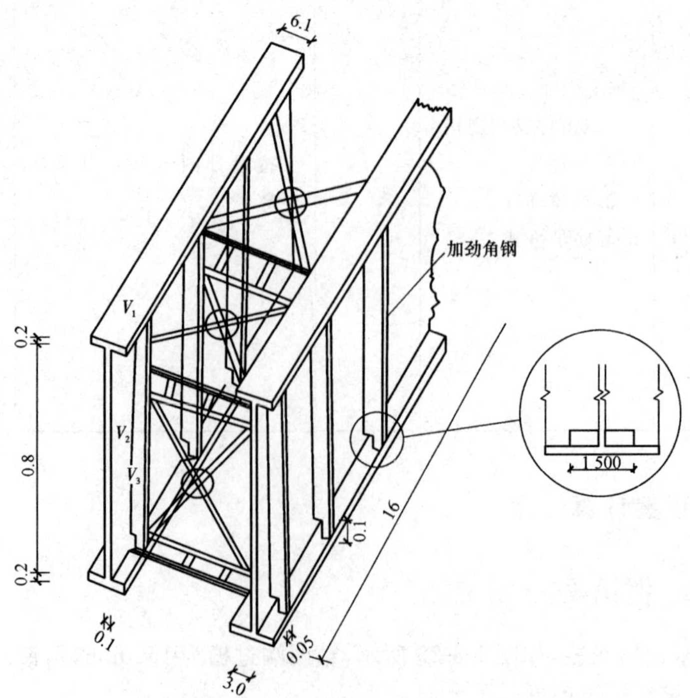

图 1-3-30　梁桥上承板梁(单位:m)

工程量计算过程及结果

$V_1=6.1\times0.2\times16=19.52(m^3)$

$V_2=0.1\times0.8\times16=1.28(m^3)$

$V_3=3\times0.05\times0.8-1.5\times0.1\times0.05\times2=0.11(m^3)$

钢板梁的体积 $V=(4V_1+2V_2+6V_3)\times(80\div16)$

$=(4\times19.52+2\times1.28+6\times0.11)\times5$

$=81.3\times5$

$=406.50(m^3)$

钢的密度 $\rho=7.85\times10^3$ kg/m^3

钢板梁的工程量 $=7.85\times10^3\times406.50=3\,191.025\times10^3(kg)=3\,191.025(t)$

计算实例 3　钢桁梁

某钢桁架梁如图 1-3-31 所示，其中前表面有 6 根斜杆、5 根直杆，上表面有 8 根斜杆、5 根直杆，该桥共三跨。当跨度增大时，梁的高度也要增大，如仍用板梁，则腹板、盖板、加劲角钢及接头等就显得尺寸巨大而笨重；若采用腹杆代替腹板组成桁梁，则重量大为减轻，故在某一跨度为 51 m 的桥梁中采用这种结构形式，计算该钢桁梁的工程量（采用宽 400 mm，厚 120 mm 的钢板）。

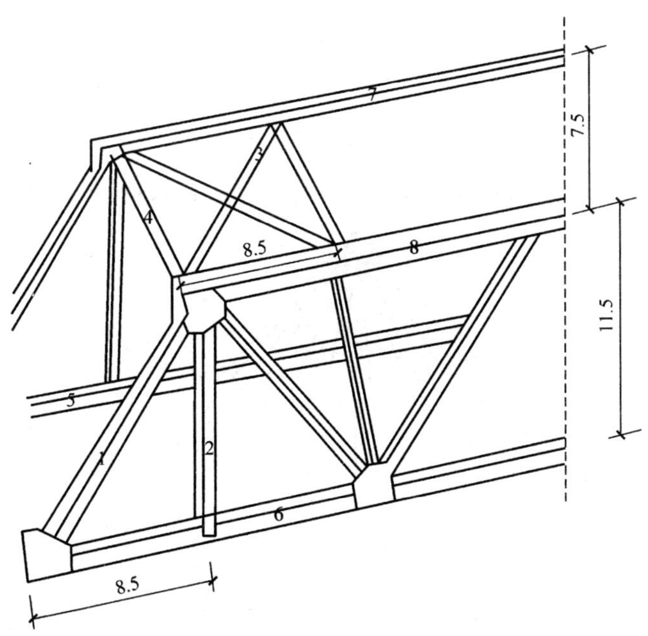

图 1-3-31　钢桁架(单位：m)

工程量计算过程及结果

前表面的杆件：

$L_1=\sqrt{8.5^2+11.5^2}=14.300(m)$

$V_1=14.300\times0.4\times0.12=0.686(m^3)$

$V_2=11.5\times0.4\times0.12=0.552(m^3)$

上表面的杆件：

$L_3=\sqrt{7.5^2+8.5^2}=11.336(m)$

$V_3=11.336\times0.4\times0.12=0.544(m^3)$

$V_4=7.5\times0.4\times0.12=0.360(m^3)$

贯通桥长的杆件：

$V_5=V_6=51\times0.4\times0.12=2.448(m^3)$

$V_7=V_8=(51-8.5\times2)\times0.4\times0.12=1.632(m^3)$

由图 1-3-31 钢桁架的一跨示意图可知，其前面有 6 根斜杆，5 根直杆，后表面与前面一样，上表面有 8 根斜杆，5 根直杆，则可推知下表面有 12 根斜杆，7 根直杆。

故单跨钢桁架的体积 $V'=(6V_1+5V_2)\times2+(8V_3+5V_4)+(12V_3+7V_4)+2\times(V_5+V_6+V_7+V_8)$

$=(6\times0.686+5\times0.552)\times2+(8\times0.544+5\times0.360)+(12\times0.544+7\times0.360)+2\times(2.448\times2+1.632\times2)$

$=13.752+6.152+9.048+16.32$

$=45.272(m^3)$

由于该桥共有 3 跨，则，

桥梁钢桁架的体积 $V=3V'=3\times45.272=135.816(m^3)$

钢的密度 $\rho=7.85\times10^3\ kg/m^3$

钢桁梁的工程量$=135.816\times7.85\times10^3=1\,066.156\times10^3(kg)=1\,066.156(t)$

计算实例 4　悬(斜拉)索

某斜拉桥有六个相同的索塔，如图 1-3-32 所示，计算其索塔工程量。

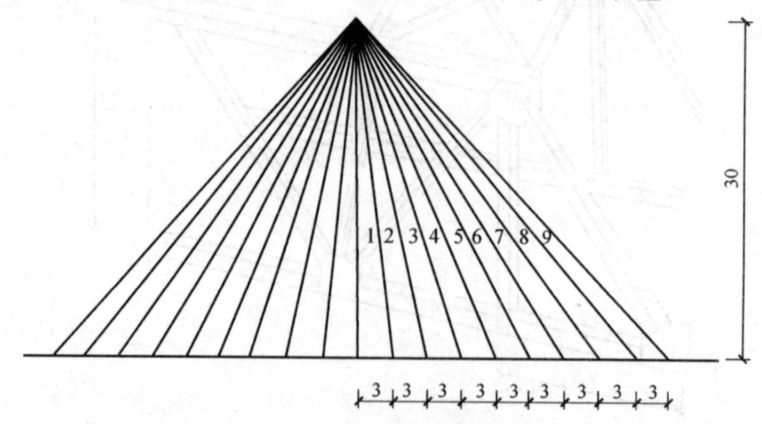

图 1-3-32　斜拉桥(单位:m)

注：每根斜索采用直径为 50 mm 的钢筋。

工程量计算过程及结果

由勾股定理知，各斜索长度分别为：

$L_1=\sqrt{30^2+3^2}=30.15(m)$

$L_2=\sqrt{30^2+6^2}=30.59(\text{m})$

$L_3=\sqrt{30^2+9^2}=31.32(\text{m})$

$L_4=\sqrt{30^2+12^2}=32.31(\text{m})$

同理可得：$L_5=33.54(\text{m})$　$L_6=34.99(\text{m})$　$L_7=36.62(\text{m})$

$L_8=38.42(\text{m})$　$L_9=40.36(\text{m})$

斜索总长 $L=(L_1+L_2+L_3+L_4+L_5+L_6+L_7+L_8+L_9)\times 2$

$=(30.15+30.59+31.32+32.31+33.54+34.99+36.62+38.42+40.36)\times 2$

$=308.3\times 2$

$=616.6(\text{m})$

直径为 50 mm 的钢筋，其每米理论质量为 15.425 kg/m，故有

斜索质量 $m'=616.6\times 15.425=9\ 511.055(\text{kg})=9.511(\text{t})$

由于该桥有六个相同索塔，则索塔的工程量$=9.511\times 6=57.066(\text{t})$。

第八节　装　　饰

一、清单工程量计算规则(表 1-3-8)

表 1-3-8　装饰工程量计算规则

项目编码	项目名称	项目特征	计量单位	工程量计算规则	工程内容
040308001	水泥砂浆抹面	1. 砂浆配合比 2. 部位 3. 厚度	m^2	按设计图示尺寸以面积计算	1. 基层清理 2. 砂浆抹面
040308002	剁斧石饰面	1. 材料 2. 部位 3. 形式 4. 厚度			1. 基层清理 2. 饰面
040308003	镶贴面层	1. 材质 2. 规格 3. 厚度 4. 部位			1. 基层清理 2. 镶贴面层 3. 勾缝
040308004	涂料	1. 材料品种 2. 部位			1. 基层清理 2. 涂料涂刷
040308005	油漆	1. 材料品种 2. 部位 3. 工艺要求			1. 除锈 2. 刷油漆

二、清单工程量计算

计算实例 1　水泥砂浆抹面

某城市桥梁进行桥梁装饰，如图 1-3-33 所示，其行车道采用水泥砂浆抹面，护栏采用镶贴面层，计算水泥砂浆抹面的工程量。

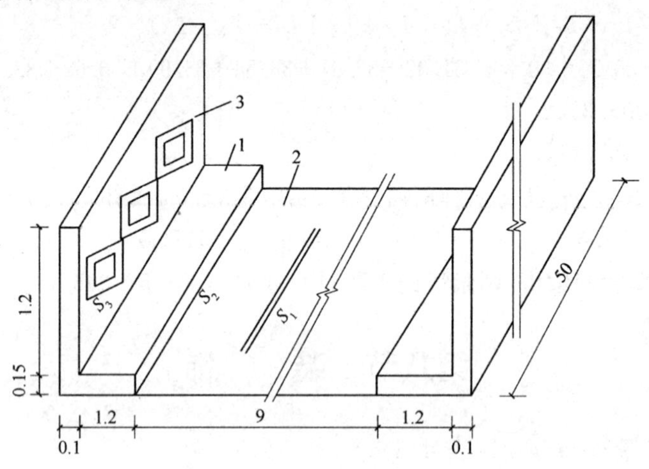

图 1-3-33　桥梁装饰(单位：m)

1—人行道；2—车行道；3—护栏

工程量计算过程及结果

水泥砂浆抹面的工程量＝9×50＝450.00(m^2)

计算实例 2　剁斧石饰面

某城市对长 20 m 的桥梁进行装饰，如图 1-3-34 所示，板厚 40 mm，栏板的花纹部分和柱子采用拉毛，剩余部分用剁斧石饰面(不包括地衣伏)，计算剁斧石饰面的工程量。

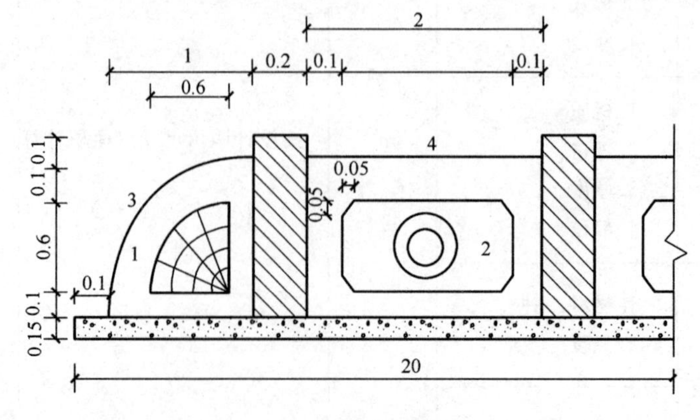

图 1-3-34　桥梁栏杆(单位：m)

工程量计算过程及结果

由(20－0.1×2－1×2－0.2)÷(2＋0.2)＋1＝8＋1＝9 可知，一面栏杆共 9 根柱子，中间

8 块带有相同的圆形花纹，两边各有一块带半圆花纹的栏板。

半圆形栏板除图案外的面积 $S_1=(3.14\times1\ 2-3.14\times0.62)\times\frac{1}{4}=0.50(\text{m}^2)$

一块矩形板除图案外的面积 $S_2=2\times(0.1\times2+0.6)-(2-2\times0.1)\times0.6+4\times0.05\times0.05\times\frac{1}{2}$

$=1.6-1.08+0.005$

$=0.525(\text{m}^2)$

半圆上表面积 $S_3=\frac{1}{4}\times3.14\times2\times1\times0.04=0.063(\text{m}^2)$

一块矩形板上表面积 $S_4=2\times0.04=0.08(\text{m}^2)$

剁斧石饰面的工程量 $=2\times(4S_1+8S_2\times2+2S_3+8S_4)$

$=2\times(4\times0.50+8\times0.525\times2+2\times0.063+8\times0.08)$

$=22.33(\text{m}^2)$

计算实例 3　镶贴面层

某城市桥梁进行桥梁装饰，详细尺寸参见前面图 1-3-33，其行车道采用水泥砂浆抹面，护栏采用镶贴面层，计算镶贴面层的工程量。

工程量计算过程及结果

镶贴面层的工程量 $=[(1.2+0.15)\times50+0.1\times50+2\times0.1\times(1.2+0.15)]\times2$

$=(67.5+5+0.27)\times2$

$=72.77\times2$

$=145.54(\text{m}^2)$

计算实例 4　涂料

某桥梁灯柱截面如图 1-3-35 所示，其用涂料涂抹，灯柱高 5 m，每侧有 16 根，计算该桥梁上灯柱涂料工程量。

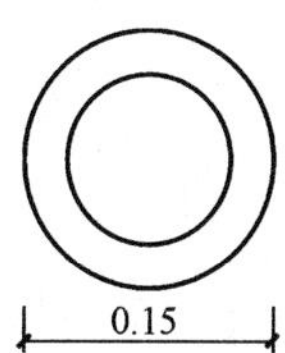

图 1-3-35　某桥梁灯柱截面(单位：m)

工程量计算过程及结果

单根灯柱涂料的工程量 $=3.14\times0.15\times5=2.355(\text{m}^2)$

涂料的总工程量 $=2\times16\times2.355=75.36(\text{m}^2)$

计算实例 5　油漆

某桥梁的防撞栏杆如图 1-3-36 所示，其中横栏采用直径为 25 mm 的钢筋，竖栏为直径为 45 mm 的钢筋，布设桥梁两边。为使桥梁更美观，将栏杆用油漆刷为白色，假设 1 m² 需 3 kg

油漆，计算油漆的工程量。

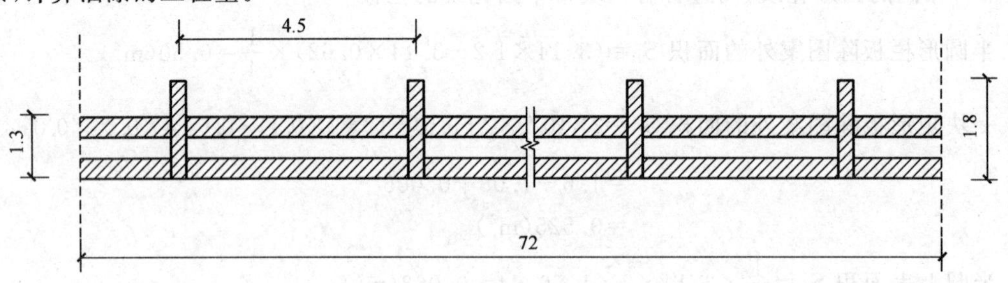

图 1-3-36 防撞栏杆(单位:m)

工程量计算过程及结果

$S_{横}=72\times3.14\times0.025\times2=11.30(m^2)$

$S_{竖}=1.8\times3.14\times0.045\times(\frac{72}{4.5}+1)=4.32(m^2)$

油漆的工程量$=(S_{横}+S_{竖})\times2=(11.30+4.32)\times2=15.62\times2=31.24(m^2)$

说明:由于横栏与竖栏相接处面积小,因此在计算中未扣除。

第九节 其 他

一、清单工程量计算规则(表 1-3-9)

表 1-3-9 其他工程量计算规则

项目编码	项目名称	项目特征	计量单位	工程量计算规则	工程内容
040309001	金属栏杆	1.栏杆材质、规格 2.油漆品种、工艺要求	1.t 2.m	1.按设计图示尺寸以质量计算 2.按设计图示尺寸以延长米计算	1.制作、运输、安装 2.除锈、刷油漆
040309002	石质栏杆	材料品种、规格	m	按设计图示尺寸以长度计算	制作、运输、安装
040309003	混凝土栏杆	1.混凝土强度等级 2.规格尺寸			
040309004	橡胶支座	1.材质 2.规格、型号 3.形式	个	按设计图示数量计算	支座安装
040309005	钢支座	1.规格、型号 2.形式			
040309006	盆式支座	1.材质 2.承载力			

续上表

项目编码	项目名称	项目特征	计量单位	工程量计算规则	工程内容
040309007	桥梁伸缩装置	1. 材料品种 2. 规格、型号 3. 混凝土种类 4. 混凝土强度等级	m	以米计量，按设计图示尺寸以延长米计算	1. 制作、安装 2. 混凝土拌和、运输、浇筑
040309008	隔声屏障	1. 材料品种 2. 结构形式 3. 油漆品种、工艺要求	m^2	按设计图示尺寸以面积计算	1. 制作、安装 2. 除锈、刷油漆
040309009	桥面排(泄)水管	1. 材料品种 2. 管径	m	按设计图示以长度计算	进水口、排(泄)水管制作、安装
040309010	防水层	1. 部位 2. 材料品种、规格 3. 工艺要求	m^2	按设计图示尺寸以面积计算	防水层铺涂

二、清单工程量计算

计算实例 1　金属栏杆

某桥梁钢筋栏杆如图 1-3-37 所示，采用 $\phi20$ 的钢筋，布设在 50 m 长的桥梁两边缘，每两根栏杆间有 5 根钢筋，计算该栏杆中钢筋的工程量(每米 $\phi20$ 钢筋质量为 2.47 kg)。

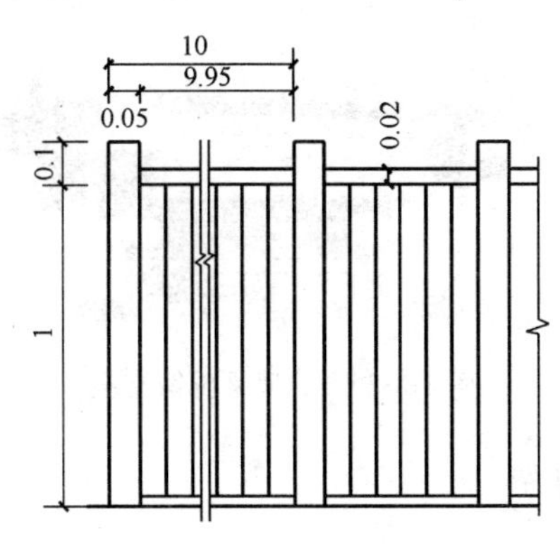

图1-3-37　某桥梁钢筋栏杆(单位:m)

工程量计算过程及结果

金属栏杆的工程量$=2\times\frac{50}{10}\times5\times1\times2.47=123.50(kg)=0.124(t)$

计算实例 2　橡胶支座

某桥梁用 35 个板式橡胶支座，该橡胶支座尺寸如图 1-3-38 所示。试计算该支座的工程量。

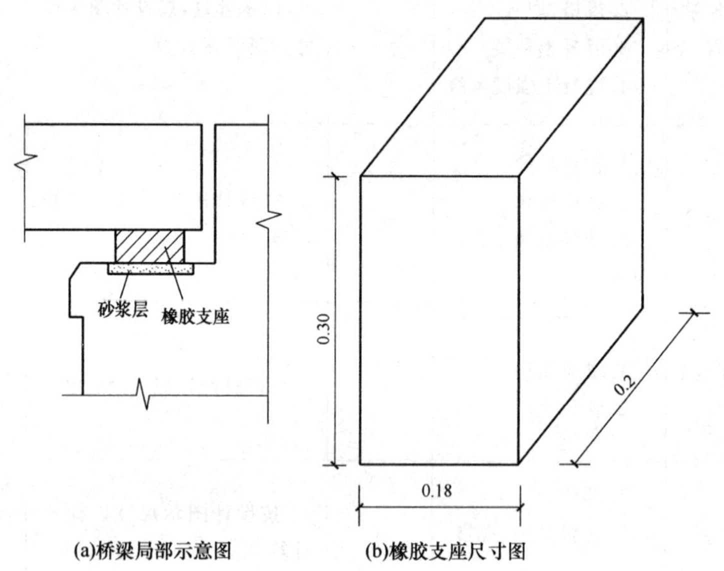

图 1-3-38　板式橡胶支座(单位：m)

工程量计算过程及结果

橡胶支座的工程量＝35(个)

计算实例 3　钢支座

某标准跨径为 20 m 的钢筋混凝土 T 型梁桥采用钢板支座，如图 1-3-39 所示，该桥采用了 18 个该支座，计算支座工程量。

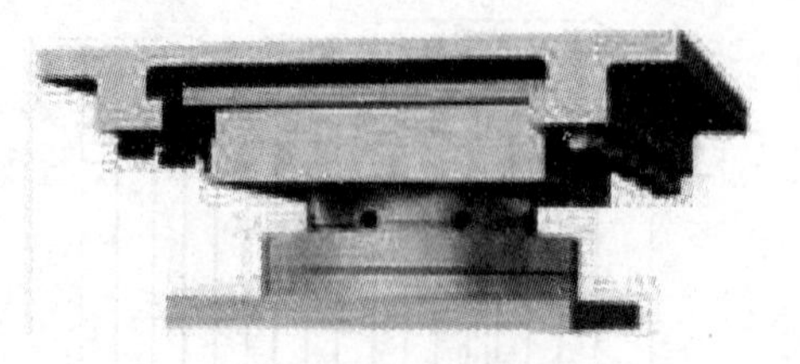

图 1-3-39　T 型梁桥钢支座

工程量计算过程及结果

钢支座的工程量＝18(个)

计算实例 4　盆式支座

某盆式橡胶支座，如图 1-3-40 所示，其竖向承载力分 12 级，从 1 000～20 000 kN，有效纵向位移量从±40～±200 mm。支座的容许转角为 40′，设计摩擦系数为 0.045。在某桥梁工程中，采用 22 个这种支座，计算支座工程量。

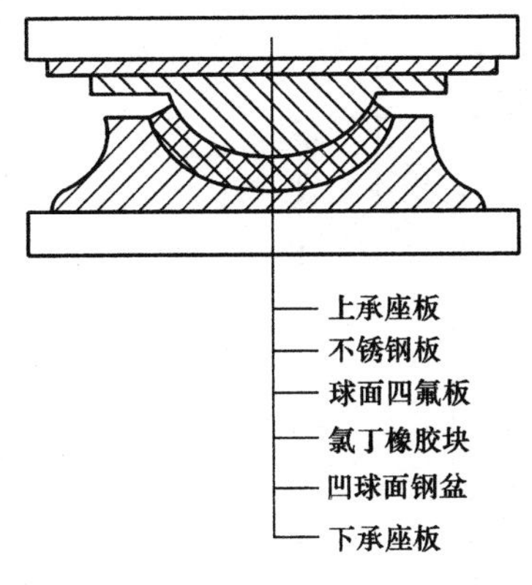

图 1-3-40　支座

工程量计算过程及结果

盆式支座的工程量＝22(个)

计算实例 5　桥梁伸缩装置

某桥梁工程人行道 U 形镀锌铁皮式伸缩缝，如图 1-3-41 所示，计算伸缩缝工程量。

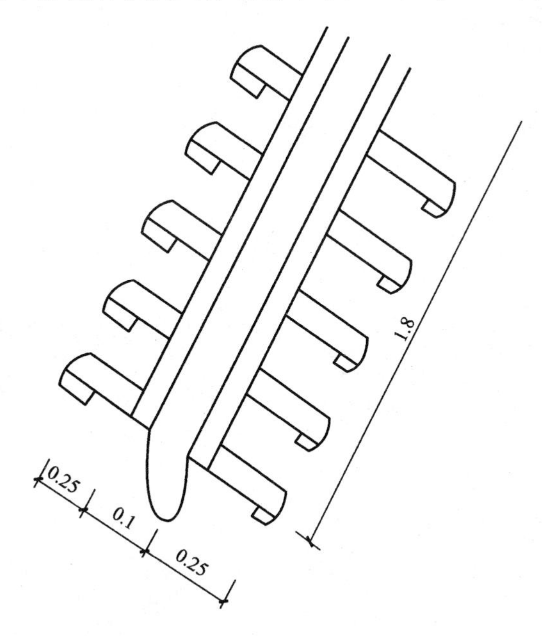

图 1-3-41　某桥梁工程人行道 U 形桥梁伸缩缝(单位：m)

工程量计算过程及结果

桥梁伸缩缝的工程量＝1.8(m)(按其长度计算)。

计算实例 6　桥面排(泄)水管

某桥梁上钢筋混凝土泄水管，如图 1-3-42 所示，计算泄水管的工程量。

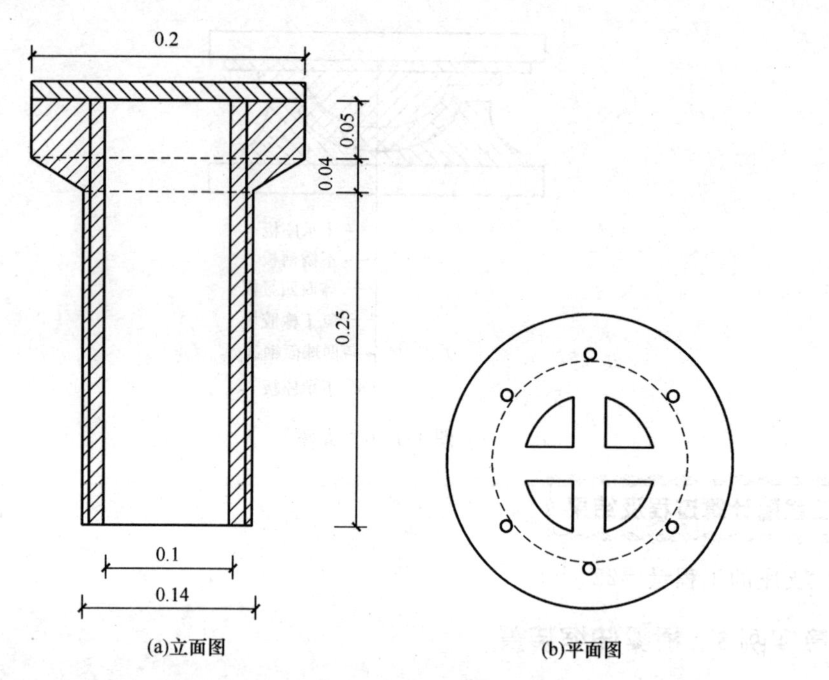

图 1-3-42　泄水管示意图(单位:m)

工程量计算过程及结果

桥面泄水管的工程量＝0.25＋0.04＋0.05＝0.34(m)

第四章　隧道工程

第一节　隧道岩石开挖

一、清单工程量计算规则(表 1-4-1)

表 1-4-1　隧道岩石开挖工程量计算规则

项目编码	项目名称	项目特征	计量单位	工程量计算规则	工程内容
040401001	平洞开挖	1. 岩石类别 2. 开挖断面 3. 爆破要求 4. 弃渣运距	m^3	按设计图示结构断面尺寸乘以长度以体积计算	1. 爆破或机械开挖 2. 施工面排水 3. 出渣 4. 弃渣场内堆放、运输 5. 弃渣外运
040401002	斜井开挖				
040401003	竖井开挖				
040401004	地沟开挖	1. 断面尺寸 2. 岩石类别 3. 爆破要求 4. 弃渣运距			
040401005	小导管	1. 类型 2. 材料品种 3. 管径、长度	m	按设计图示尺寸以长度计算	1. 制作 2. 布眼 3. 钻孔 4. 安装
040401006	管棚				
040401007	注浆	1. 浆液种类 2. 配合比	m^3	按设计注浆量以体积计算	1. 浆液制作 2. 钻孔注浆 3. 堵孔

二、清单工程量计算

计算实例 1　平洞开挖

某隧道工程断面如图 1-4-1 所示，该隧道为平洞开挖，光面爆破，长 450 m，施工段无地下水，岩石类别为特坚石，线路纵坡为 2.0%，设计开挖断面面积为 68.84 m^2。要求挖出的石渣运至洞口外 1 200 m 处，计算该隧道平洞开挖的工程量。

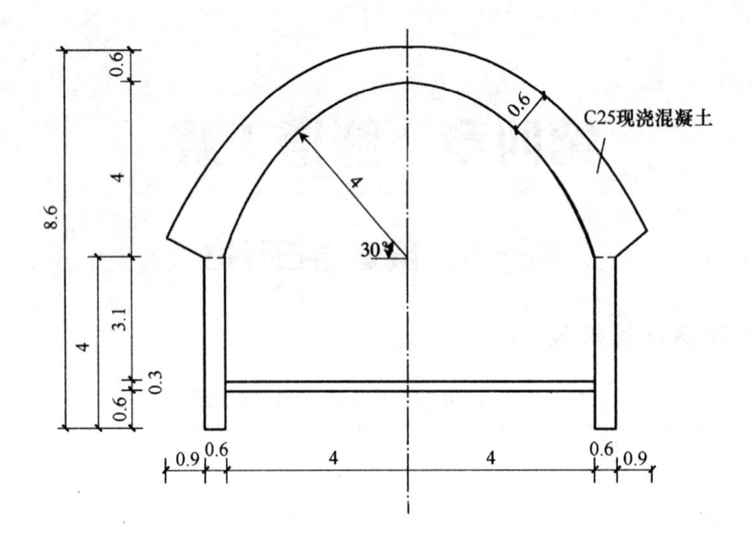

图 1-4-1 隧道断面图(单位:m)

工程量计算过程及结果

平洞开挖的工程量＝68.84×450＝30 978.00(m^3)

计算实例 2 斜井开挖

某隧道工程斜井示意图如图 1-4-2 所示，采用一般爆破，此隧道全长 300 m，计算该隧道斜井开挖的工程量。

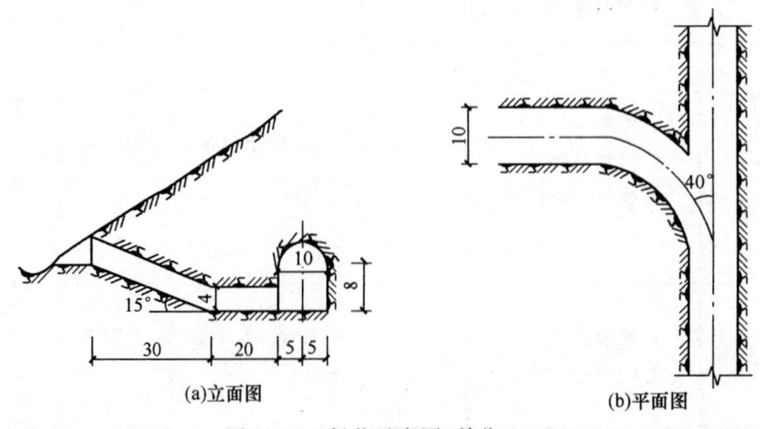

图 1-4-2 斜井示意图(单位:m)

工程量计算过程及结果

(1)正井的工程量＝$\left(\frac{1}{2}\times3.14\times5^2+8\times10\right)\times300$＝35 775.00($m^3$)

(2)井底平道的工程量＝20×4×10＝800.00(m^3)

(3)井底斜道的工程量＝30×4×10＝1 200.00(m^3)

计算实例 3　竖井开挖

某隧道工程在 K2＋150～K2＋340 段设有竖井开挖，如图 1-4-3 所示，此段无地下水，采用一般爆破开挖，岩石类别为普坚石，出渣运输用挖掘机装渣，自卸汽车运输，将废渣运至距洞口 300 m 处的废弃场。计算该竖井开挖的工程量。

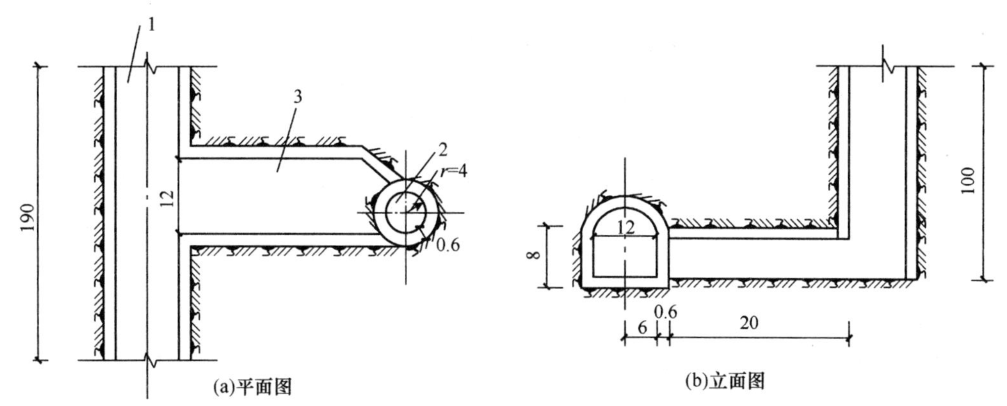

图 1-4-3　竖井平面及立面图(单位：m)

1—隧道；2—竖井；3—通道

工程量计算过程及结果

(1)隧道的工程量＝ $[(6+0.6)\times 2\times 8+(6+0.6)^2\times 3.14\times \frac{1}{2}]\times 190$

$=(105.6+68.39)\times 190$

$=33\ 058.10(\text{m}^3)$

(2)通道的工程量＝$12\times 4\times [20-(4.0+0.6)]=739.20(\text{m}^3)$

(3)竖井的工程量＝$3.14\times (4+0.6)^2\times 100=6\ 644.24(\text{m}^3)$

计算实例 4　地沟开挖

某隧道地沟如图 1-4-4 所示，长为 350 m，土壤类别为三类土，底宽 1.5 m，挖深 3.0 m，采用光面爆破，计算地沟开挖工程量。

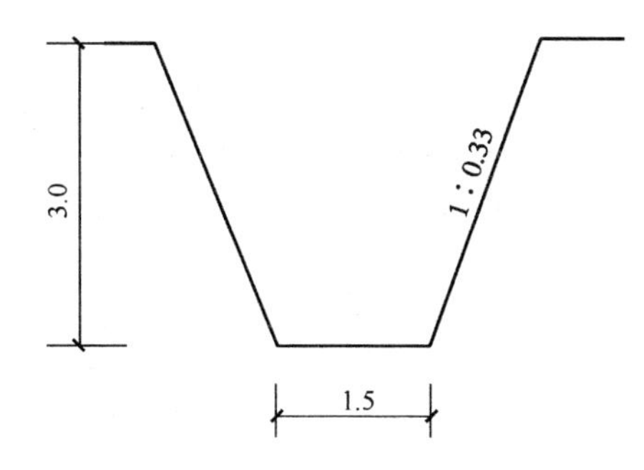

图 1-4-4　地沟断面示意图(单位：m)

工程量计算过程及结果

隧道地沟截面面积＝(1.5＋1.5＋2×3.0×0.33)×$\frac{1}{2}$×3＝7.47(m^2)

隧道地沟开挖的工程量＝7.47×350＝2 614.50(m^3)

第二节 岩石隧道衬砌

一、清单工程量计算规则(表1-4-1)

表1-4-1 岩石隧道衬砌工程量计算规则

项目编码	项目名称	项目特征	计量单位	工程量计算规则	工程内容
040402001	混凝土仰拱衬砌	1.拱跨径 2.部位 3.厚度 4.混凝土强度等级	m^3	按设计图示尺寸以体积计算	1.模板制作、安装、拆除 2.混凝土拌和、运输、浇筑 3.养护
040402002	混凝土顶拱衬砌				
040402003	混凝土边墙衬砌	1.部位 2.厚度 3.混凝土强度等级			
040402004	混凝土竖井衬砌	1.厚度 2.混凝土强度等级			
040402005	混凝土沟道	1.断面尺寸 2.混凝土强度等级			
040402006	拱部喷射混凝土	1.结构形式 2.厚度 3.混凝土强度等级 4.掺加材料品种、用量	m^2	按设计图示尺寸以面积计算	1.清洗基层 2.混凝土拌和、运输、浇筑、喷射 3.收回弹料 4.喷射施工平台搭设、拆除
040402007	边墙喷射混凝土				
040402008	拱圈砌筑	1.断面尺寸 2.材料品种、规格 3.砂浆强度等级	m^3	按设计图示尺寸以体积计算	1.砌筑 2.勾缝 3.抹灰

续上表

项目编码	项目名称	项目特征	计量单位	工程量计算规则	工程内容
040402009	边墙砌筑	1. 厚度 2. 材料品种、规格 3. 砂浆强度等级	m^3	按设计图示尺寸以体积计算	1. 砌筑 2. 勾缝 3. 抹灰
040402010	砌筑沟道	1. 断面尺寸 2. 材料品种、规格 3. 砂浆强度等级			
040402011	洞门砌筑	1. 形状 2. 材料品种、规格 3. 砂浆强度等级			
040402012	锚杆	1. 直径 2. 长度 3. 锚杆类型 4. 砂浆强度等级	t	按设计图示尺寸以质量计算	1. 钻孔 2. 锚杆制作、安装 3. 压浆
040402013	充填压浆	1. 部位 2. 浆液成分强度	m^3	按设计图示尺寸以体积计算	1. 打孔、安装 2. 压浆
040402014	仰拱填充	1. 填充材料 2. 规格 3. 强度等级		按设计图示回填尺寸以体积计算	1. 配料 2. 填充
040402015	透水管	1. 材质 2. 规格	m	按设计图示尺寸以长度计算	安装
040402016	沟道盖板	1. 材质 2. 规格尺寸 3. 强度等级			制作、安装
040402017	变形缝	1. 材质 2. 材料品种、规格 3. 工艺要求			
040402018	施工缝				
040402019	柔性防水层	材料品种、规格	m^2	按设计图示尺寸以面积计算	铺设

二、清单工程量计算

计算实例 1 混凝土边墙衬砌

某隧道施工段长 40 m，如图 1-4-5 所示，石料最大粒径 18 mm，混凝土强度等级为 C20，计算混凝土边墙衬砌的工程量。

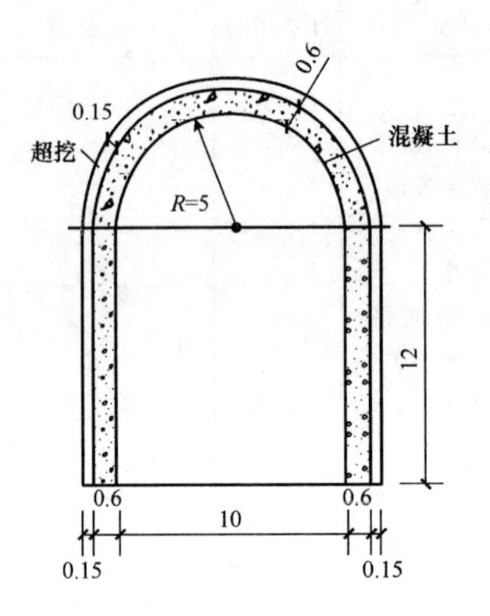

图 1-4-5　混凝土隧道示意图(单位:m)

工程量计算过程及结果

混凝土边墙衬砌的工程量＝40×0.6×12×2＝576.00(m^3)

计算实例 2　混凝土竖井衬砌

某隧道 K2＋080～K2＋150 施工段竖井衬砌，如图 1-4-6 所示，混凝土强度等级 C20，石料最大粒径 18 mm，计算混凝土竖井衬砌的工程量。

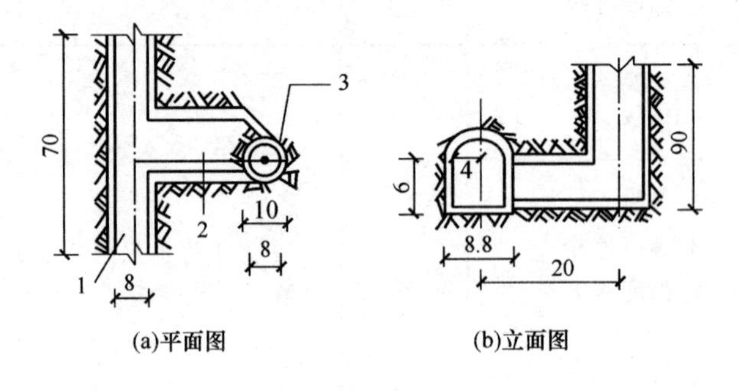

图 1-4-6　竖井衬砌示意图(单位:m)

1—隧道;2—通道;3—竖井

工程量计算过程及结果

混凝土竖井衬砌的工程量＝3.14×(5^2－4^2)×90＝2 543.40(m^3)

计算实例 3　混凝土沟道

某隧道工程需进行沟道衬砌，如图 1-4-7 所示，其全长 60 m，混凝土强度等级 C20，石料最大粒径 18 mm，计算混凝土沟道工程量。

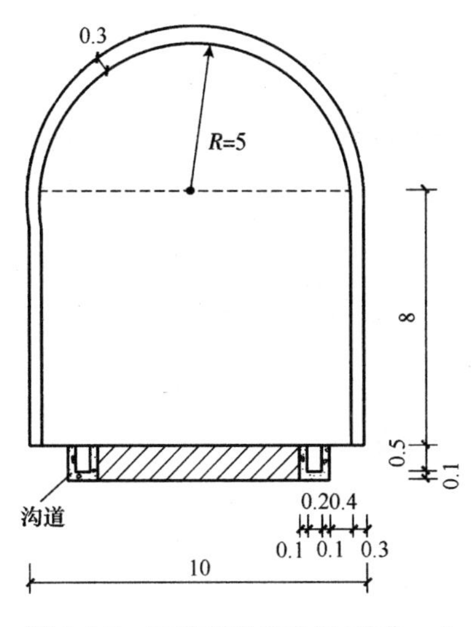

图 1-4-7 沟道砌筑示意图(单位:m)

工程量计算过程及结果

混凝土沟道工程量$=60\times2\times[(0.1+0.2+0.1)\times(0.1+0.5)-0.2\times0.5]=16.80(m^3)$

计算实例 4 拱部喷射混凝土、边墙喷射混凝土

某隧道工程喷射混凝土施工图如图 1-4-8 所示,该遂道长 50 m,拱部半径为 5 m,厚 0.6 m,高 7 m,初喷 4 cm,混凝土强度等级为 C25,石料最大粒径 20 mm,计算拱部喷射混凝土的工程量及边墙喷射混凝土的工程量。

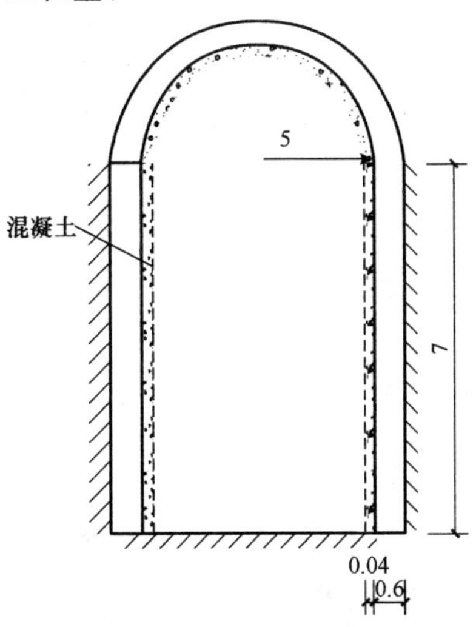

图 1-4-8 某隧道工程喷射混凝土施工图(单位:m)

工程量计算过程及结果

(1)拱部喷射混凝土的工程量$=2\times3.14\times5\times50\times\frac{1}{2}=785.00(m^2)$

(2)边墙喷射混凝土的工程量$=50\times7\times2=700.00(m^2)$

计算实例5　拱圈砌筑、边墙砌筑

某隧道工程砌筑混凝土示意图如图1-4-9所示，采用先拱后墙法施工，隧道长为300 m，混凝土强度等级C15，碎石最大粒径15 mm，养护时间7～14 d，计算拱圈砌筑工程量及边墙砌筑工程量。

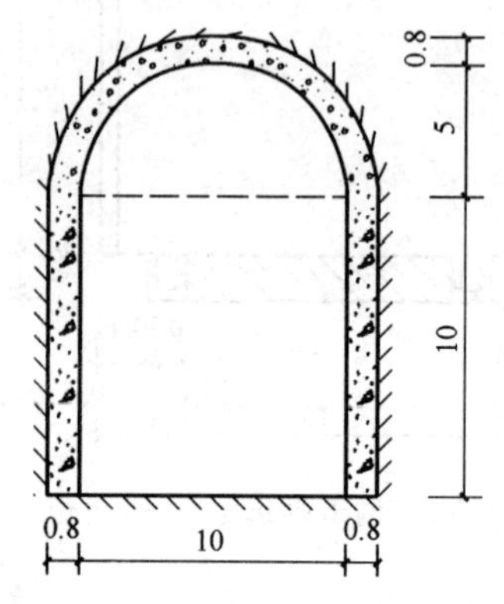

图1-4-9　某隧道工程砌筑混凝土示意图(单位:m)

工程量计算过程及结果

(1)拱圈砌筑工程量$=\frac{1}{2}\times3.14\times(5.8^2-5.0^2)\times300=4\ 069.44(m^3)$

(2)边墙砌筑工程量$=2\times0.8\times10\times300=4\ 800.00(m^3)$

计算实例6　洞门砌筑

某隧道工程采用端墙式洞口，如图1-4-10所示，隧道长为300 m，端墙采用M10水泥砂浆砌片石，翼墙采用M7.5水泥砂浆砌片石，外露面用片石镶面并勾平缝，衬砌水泥砂浆砌片石厚6 cm，计算洞门砌筑工程量。

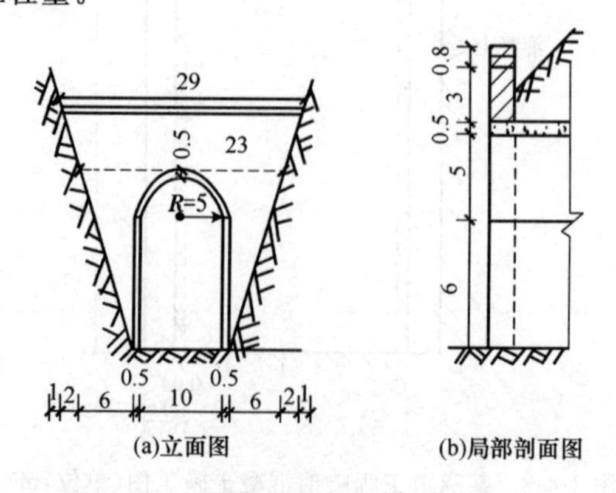

图1-4-10　端墙式洞门示意图(单位:m)

工程量计算过程及结果

(1)端墙的工程量$=3.8\times(29+23)\times\frac{1}{2}\times0.06=5.93(m^3)$

(2)翼墙的工程量$=[(6+5+0.5)\times\frac{1}{2}\times(11+23)-6\times11-5.5^2\times3.14\div2]\times0.06$

$=(195.5-66-47.49)\times0.06$

$=4.92(m^3)$

(3)洞门砌筑的工程量$=5.93+4.92=10.85(m^3)$

计算实例7　锚杆

某垂直岩石的锚杆布置示意图如图1-4-11所示，采用$\phi20$钢筋，每根钢筋长2.5 m，计算锚杆工程量。(已知$\phi20$的单根钢筋理论质量为2.47 kg/m)

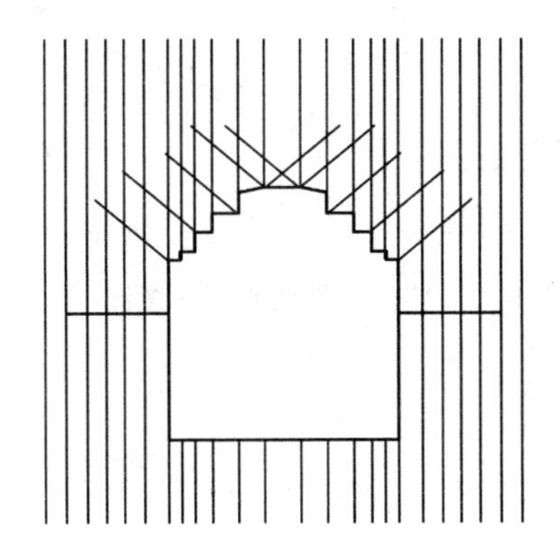

图1-4-11　某垂直岩层的锚杆布置示意图

工程量计算过程及结果

锚杆的工程量$=10\times2.5\times2.47=61.75(kg)=0.062(t)$

计算实例8　充填压浆

某隧道工程在施工过程中进行钻孔预压浆，如图1-4-12所示，计算充填压浆工程量。

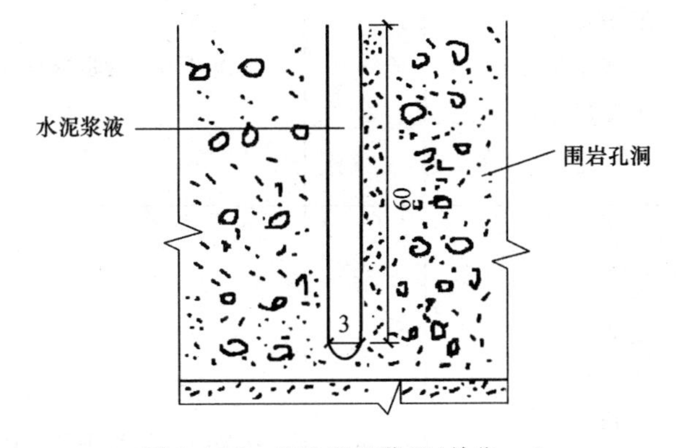

图1-4-12　钻孔预压浆图(单位:m)

工程量计算过程及结果

充填压浆的工程量$=3.14\times\left(\frac{3}{2}\right)^2\times60=423.90(m^3)$

计算实例9　柔性防水层

某隧道工程在路的垫层设置柔性防水层，如图1-4-13所示，防水层采用环氧树脂，长100 m，宽12 m，计算柔性防水层的工程量。

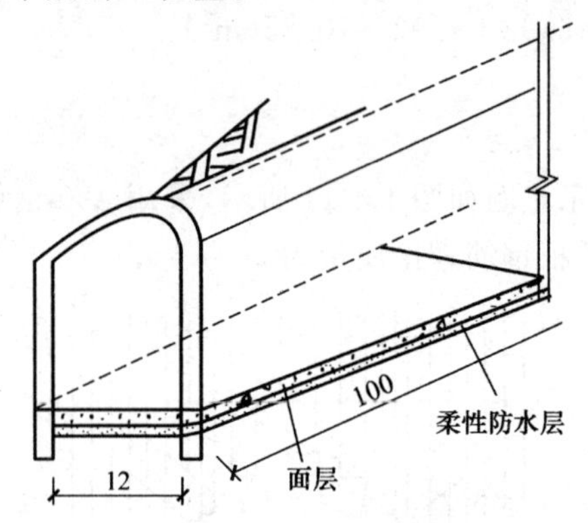

图1-4-13　隧道柔性防水层示意图(单位：m)

工程量计算过程及结果

柔性防水层的工程量＝12×100＝1 200.00(m^2)

第三节　盾构掘进

一、清单工程量计算规则(表1-4-3)

表1-4-3　盾构掘进工程量计算规则

项目编码	项目名称	项目特征	计量单位	工程量计算规则	工程内容
040403001	盾构吊装及吊拆	1.直径 2.规格型号 3.始发方式	台・次	按设计图示数量计算	1.盾构机安装、拆除 2.车架安装、拆除 3.管线连接、调试、拆除
040403002	盾构掘进	1.直径 2.规格 3.形式 4.掘进施工段类别 5.密封舱材料品种 6.弃土(浆)运距	m	按设计图示掘进长度计算	1.掘进 2.管片拼装 3.密封舱添加材料 4.负环管片拆除 5.隧道内管线路铺设、拆除 6.泥浆制作 7.泥浆处理 8.土方、废浆外运

续上表

项目编码	项目名称	项目特征	计量单位	工程量计算规则	工程内容
040403003	衬砌壁后压浆	1. 浆液品种 2. 配合比	m^3	按管片外径和盾构壳体外径所形成的充填体积计算	1. 制浆 2. 送浆 3. 压浆 4. 封堵 5. 清洗 6. 运输
040403004	预制钢筋混凝土管片	1. 直径 2. 厚度 3. 宽度 4. 混凝土强度等级	m^3	按设计图示尺寸以体积计算	1. 运输 2. 试拼装 3. 安装
040403005	管片设置密封条	1. 管片直径、宽度、厚度 2. 密封条材料 3. 密封条规格	环	按设计图示数量计算	密封条安装
040403006	隧道洞口柔性接缝环	1. 材料 2. 规格 3. 部位 4. 混凝土强度等级	m	按设计图示以隧道管片外径周长计算	1. 制作、安装临时防水环板 2. 制作、安装、拆除临时止水缝 3. 拆除临时钢环板 4. 拆除洞口环管片 5. 安装钢环板 6. 柔性接缝环 7. 洞口钢筋混凝土环圈
040403007	管片嵌缝	1. 直径 2. 材料 3. 规格	环	按设计图示数量计算	1. 管片嵌缝槽表面处理、配料嵌缝 2. 管片手孔封堵

续上表

项目编码	项目名称	项目特征	计量单位	工程量计算规则	工程内容
040403008	盾构机调头	1. 直径 2. 规格型号 3. 始发方式	台·次	按设计图示数量计算	1. 钢板、基座铺设 2. 盾构拆卸 3. 盾构调头、平行移运定位 4. 盾构拼装 5. 连接管线、调试
040403009	盾构机转场运输				1. 盾构机安装、拆除 2. 车架安装、拆除 3. 盾构机、车架转场运输
040403010	盾构基座	1. 材质 2. 规格 3. 部位	t	按设计图示尺寸以质量计算	1. 制作 2. 安装 3. 拆除

二、清单工程量计算

计算实例 1　盾构吊装及吊拆

某隧道工程在 K1＋100～K2＋200 施工段采用盾构法施工，如图 1-4-14 所示，盾构外径为 4.5 m，盾构断面形状为圆形的普通盾构，计算盾构吊装及吊拆的工程量。

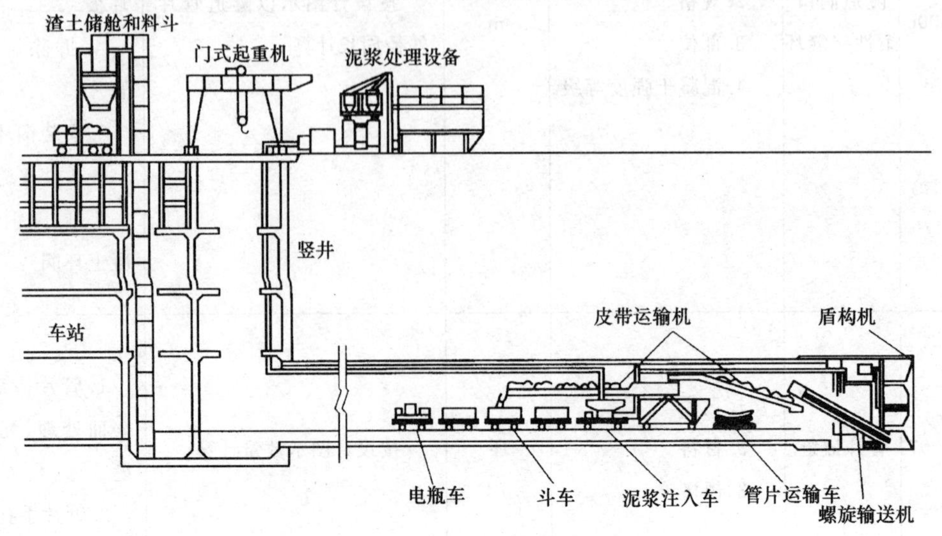

图 1-4-14　盾构法施工图

工程量计算过程及结果

盾构吊装及吊拆的工程量＝1(台・次)

计算实例 2　盾构掘进

某盾构施工示意图如图 1-4-15 所示，计算该盾构掘进工程量。

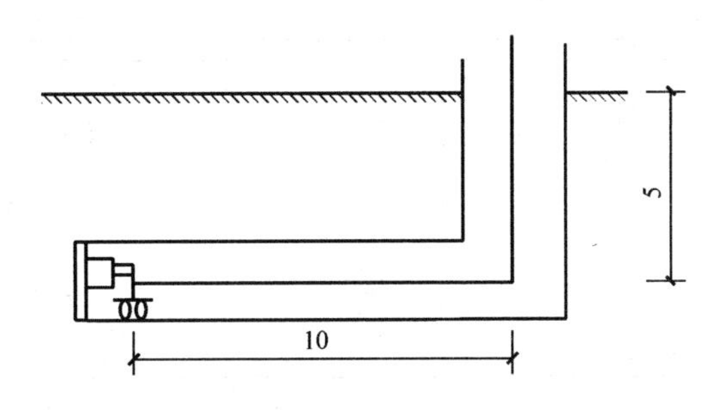

图 1-4-15　盾构施工示意图(单位：m)

工程量计算过程及结果

盾构掘进的工程量＝10.00(m)

计算实例 3　衬砌壁后压浆

某隧道工程在盾构推进中由盾尾的同号压浆泵进行压浆，如图 1-4-16 所示，浆液为水泥砂浆，砂浆强度等级为 M7.5，石料最大粒径为 10 mm，配合比为水泥∶砂子＝1∶3，水胶比为 0.5，计算衬砌壁后压浆的工程量。

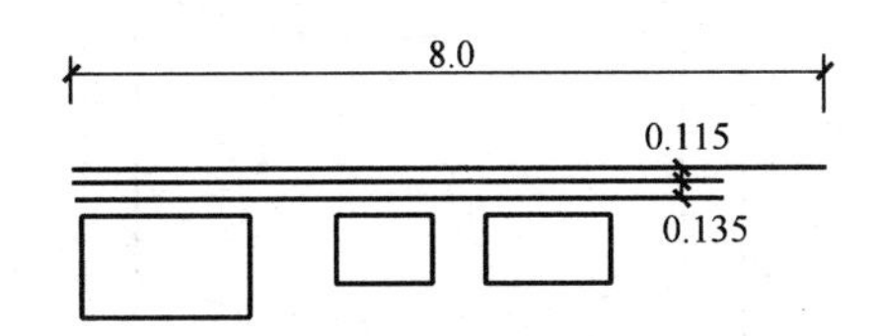

图 1-4-16　盾构尺寸图(单位：m)

工程量计算过程及结果

衬砌压浆的工程量＝$3.14\times(10.115+0.135)^2\times8.0=1.57(m^3)$

计算实例 4　管片设置密封条

某管片平面示意图如图 1-4-17 所示，隧道采用盾构法进行施工时，随着盾构的掘进，盾尾一次拼装衬砌管片 6 个，在管片与管片之间用密封防水橡胶条密封，共掘进 45 次，计算管片密封条的工程量。

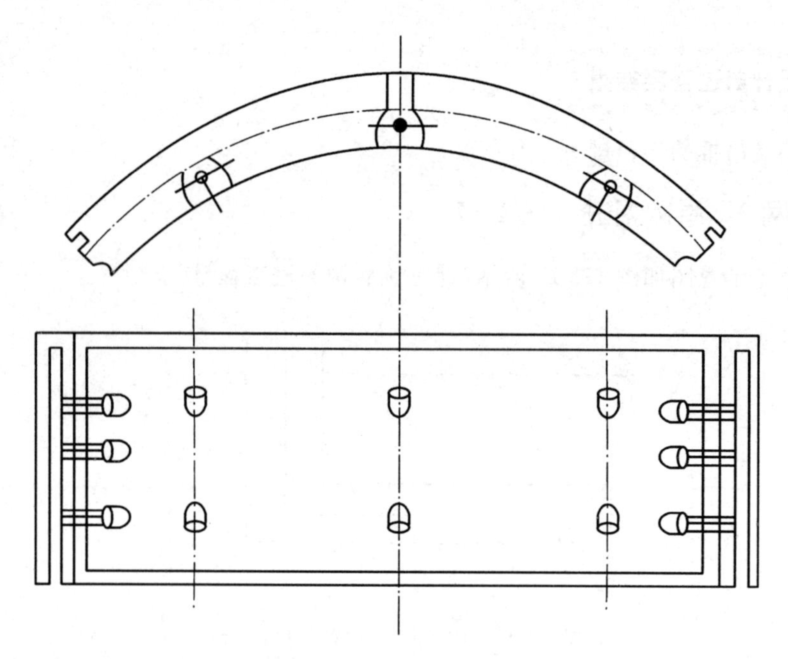

图 1-4-17　管片平面示意图

工程量计算过程及结果

管片密封条的工程量＝(6－1)×45＝225(环)

计算实例 5　隧道洞口柔性接缝环

某地区在隧道洞口设置柔性接缝环，如图 1-4-18 所示，采用钢筋混凝土制作，计算柔性接缝环的工程量。

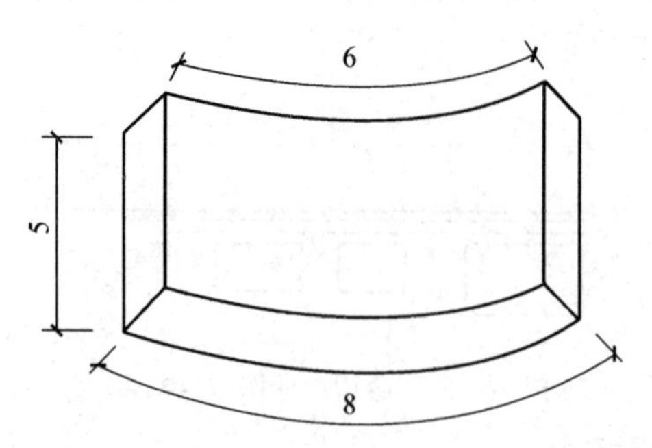

图 1-4-18　柔性接缝环图(单位：m)

工程量计算过程及结果

柔性接缝环的工程量＝2×(8＋5)＝26(m)

计算实例 6　管片嵌缝

某隧道施工时采用盾构法嵌缝，如图 1-4-19 所示，随着盾构的掘进，盾尾每次铺砌管片 10 个，管片与管片之间用橡胶条嵌缝，橡胶条直径为 1 cm，隧道总掘进 30 次，计算管片嵌缝的工程量。

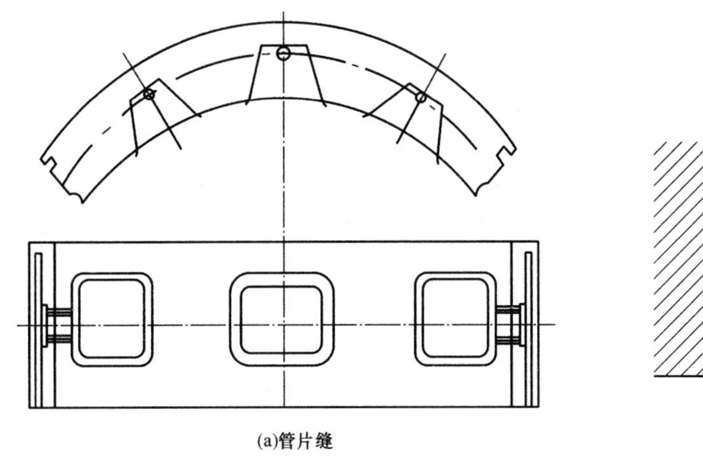

(a)管片缝

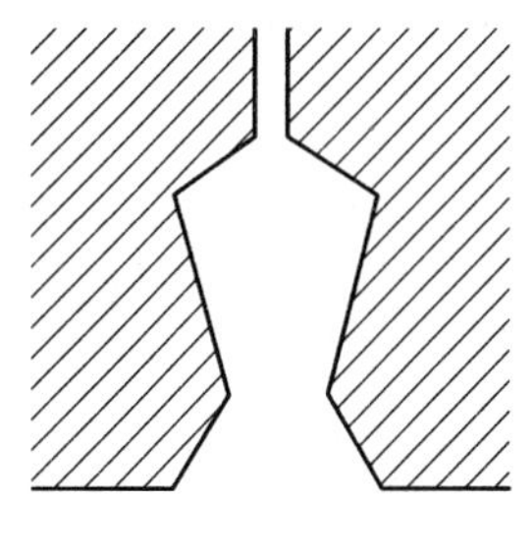

(b)嵌缝槽

图 1-4-19　嵌缝示意图

管片嵌缝的工程量＝(10－1)×30＝270(环)

第四节　管节顶升、旁通道

一、清单工程量计算规则(表 1-4-4)

表 1-4-4　管节顶升、旁通道工程量计算规则

项目编码	项目名称	项目特征	计量单位	工程量计算规则	工程内容
040404001	钢筋混凝土顶升管节	1.材质 2.混凝土强度等级	m^3	按设计图示尺寸以体积计算	1.钢模板制作 2.混凝土拌和、运输、浇筑 3.养护 4.管节试拼装 5.管节场内外运输
040404002	垂直顶升设备安装、拆除	规格、型号	套	按设计图示数量计算	1.基座制作和拆除 2.车架、设备吊装就位 3.拆除、堆放
040404003	管节垂直顶升	1.断面 2.强度 3.材质	m	按设计图示以顶升长度计算	1.管节吊运 2.首节顶升 3.中间节顶升 4.尾节顶升

续上表

项目编码	项目名称	项目特征	计量单位	工程量计算规则	工程内容
040404004	安装止水框、连系梁	材质	t	按设计图示尺寸以质量计算	制作、安装
040404005	阴极保护装置	1.型号 2.规格	组	按设计图示数量计算	1.恒电位仪安装 2.阳极安装 3.阴极安装 4.参变电极安装 5.电缆敷设 6.接线盒安装
040404006	安装取、排水头	1.部位 2.尺寸	个		1.顶升口揭顶盖 2.取排水头部安装
040404007	隧道内旁通道开挖	1.土壤类别 2.土体加固方式	m^3	按设计图示尺寸以体积计算	1.土体加固 2.支护 3.土方暗挖 4.土方运输
040404008	旁通道结构混凝土	1.断面 2.混凝土强度等级			1.模板制作、安装 2.混凝土拌和、运输、浇筑 3.洞门接口防水
040404009	隧道内集水井	1.部位 2.材料 3.形式	座	按设计图示数量计算	1.拆除管片建集水井 2.不拆管片建集水井
040404010	防爆门	1.形式 2.断面	扇		1.防爆门制作 2.防爆门安装
040404011	钢筋混凝土复合管片	1.图集、图纸名称 2.构件代号、名称 3.材质 4.混凝土强度等级	m^3	按设计图示尺寸以体积计算	1.构件制作 2.试拼装 3.运输、安装
040404012	钢管片	1.材质 2.探伤要求	t	按设计图示以质量计算	1.钢管片制作 2.试拼装 3.探伤 4.运输、安装

二、清单工程量计算

计算实例 1　管节垂直顶升

某隧道工程利用管节垂直顶升进行隧道推进，如图 1-4-20 所示，在 K1＋030～K1＋070 施工段，顶力可达 4×10^3 kN，管节采用钢筋混凝土制成，计算管节垂直顶升工程量。

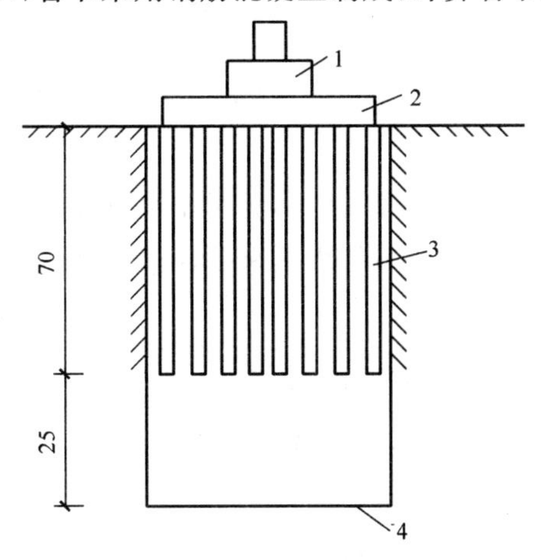

图 1-4-20　管节垂直顶升断面示意图(单位：m)

1—千斤顶；2—承压垫板；3—管节；4—下一个工作井进孔壁

工程量计算过程及结果

管节垂直顶升的工程量＝25.00(m)

计算实例 2　安装止水框、连系梁

某隧道设置止水框和连系梁，如图 1-4-21 所示，其满足排水需要以及确保隧道顶部的稳定性，两者均选用密度 ρ 为 $7.87\times10^3\ \mathrm{kg/m^3}$ 的优质钢材，计算止水框和连系梁的工程量(止水框板厚 15 cm)。

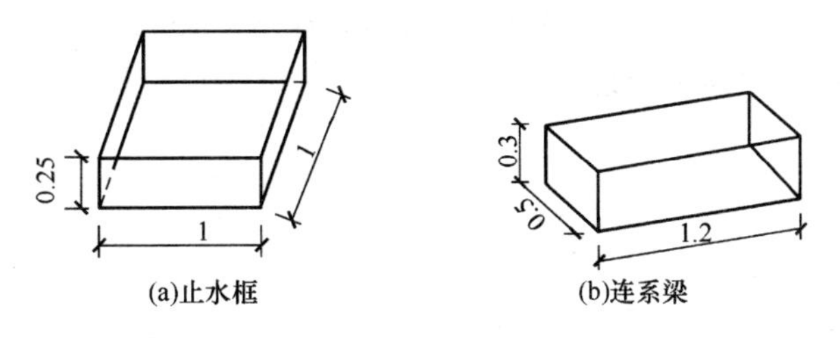

图 1-4-21　止水框、连系梁示意图(单位：m)

工程量计算过程及结果

止水框的工程量＝ $(1\times0.25\times4+1\times1)\times0.15\times7.87\times10^3=2\ 361(\mathrm{kg})=2.361(\mathrm{t})$

连系梁的工程量＝$0.3\times0.5\times1.2\times7.87\times10^3=1\ 416.6(\mathrm{kg})=1.417(\mathrm{t})$

计算实例 3 阴极保护装置

隧道施工在垂直顶升后，为了防止电化学腐蚀及生物腐蚀出水口，需要安装阴极保护装置，一个阴极保护站设有 16 组阴极保护装备，计算阴极保护装置的工程量。

工程量计算过程及结果

阴极保护装置的工程量=16(组)

计算实例 4 安装取、排水头

某隧道取、排水头示意图如图 1-4-22 所示，为了排水方便在垂直顶升管取、排水口处安装取、排水头，每个取、排水口均安装一个取、排水头，该段共有取、排水口 25 个，计算取、排水头的工程量。

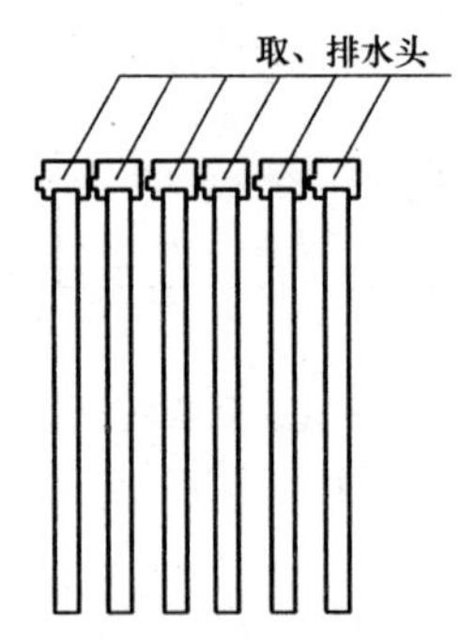

图 1-4-22 取、排水头示意图

工程量计算过程及结果

取排水头的工程量=25(个)

计算实例 5 隧道内旁通道开挖

某市隧道内旁通道开挖示意图如图 1-4-23 所示，在 K0+960～K1+035 施工段内是三类土，计算隧道内旁通道开挖的工程量。

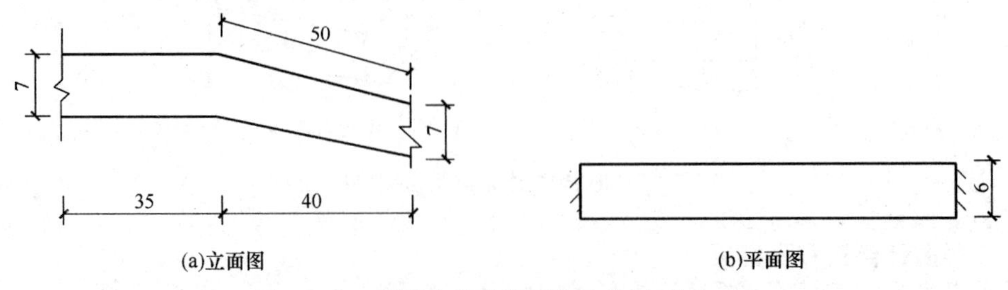

图 1-4-23 隧道内旁通道开挖示意图(单位:m)

工程量计算过程及结果

隧道内旁通道开挖的工程量=6×7×(35+50)=3 570.00(m^3)

计算实例 6 旁通道结构混凝土

某隧道工程旁通道混凝土断面如图 1-4-24 所示，混凝土强度为 C25，石料最大粒径为 15 mm，计算旁通道结构混凝土的工程量。

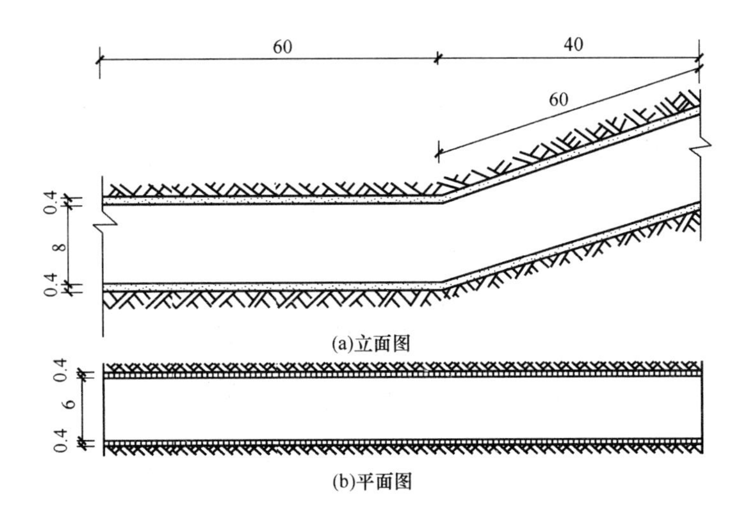

图 1-4-24 隧道旁通道混凝土断面示意图(单位：m)

旁通道结构混凝土的工程量=[(6+0.4×2)×(8+0.4×2)−6×8]×(60+60)

=1 420.80(m^3)

计算实例 7 隧道内集水井

某隧道集水井如图 1-4-25 所示，为了保证隧道稳定和便于积水的排除，在道路两侧每隔 40 m 设置一座集水井，隧道共长 1 400 m，计算隧道内集水井的工程量。

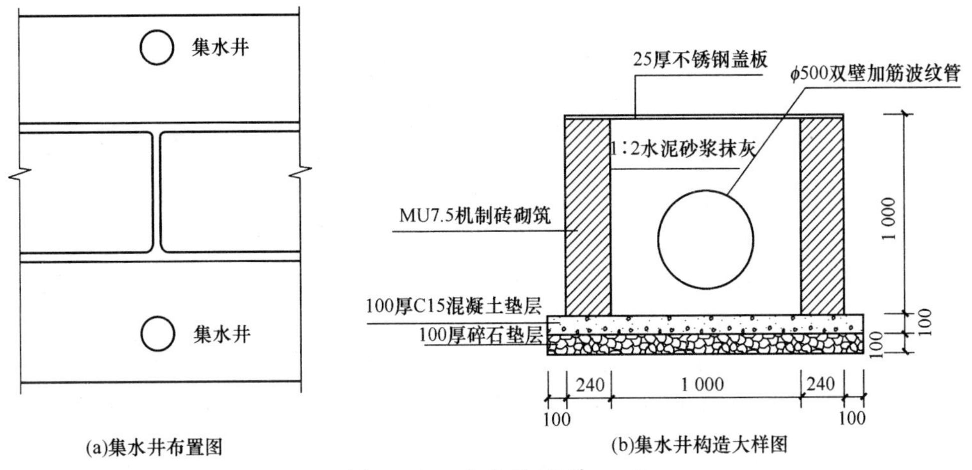

图 1-4-25 集水井(单位：mm)

工程量计算过程及结果

隧道内集水井的工程量$=\left(\frac{1\,400}{40}-1\right)\times2=68$(座)

计算实例 8　防爆门

某长 1 000 m 的隧道设置防爆门，如图 1-4-26 所示，为保证该隧道稳定性，现每隔 25 m 设置一扇门，计算防爆门工程量。

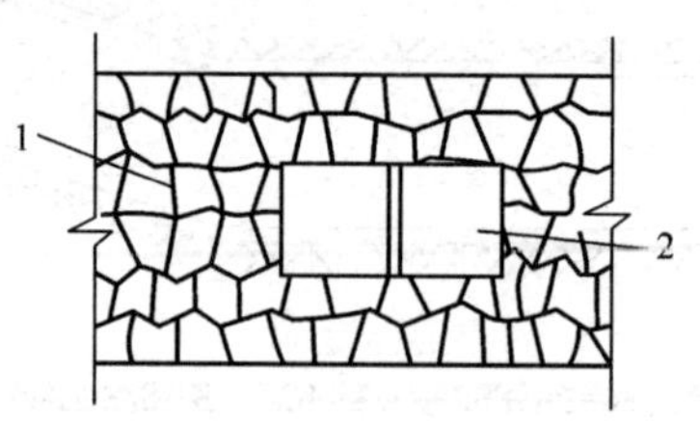

图 1-4-26　防爆门布置图

1—隧道墙；2—防爆门

工程量计算过程及结果

防爆门的工程量$=\left(\frac{1\,000}{25}-1\right)\times2=78$(扇)

计算实例 9　钢筋混凝土复合管片

某隧道工程采用钢筋混凝土复合管片，如图 1-4-27 所示，混凝土强度等级为 C30，石料最大粒径为 25 mm，计算混凝土复合管片的工程量。

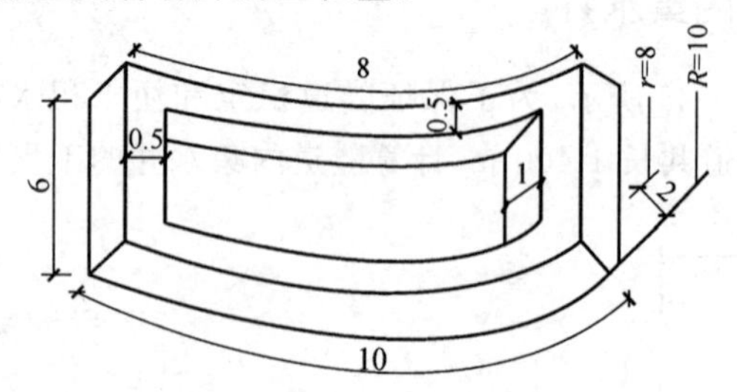

图 1-4-27　钢筋混凝土复合管片示意图(单位：m)

工程量计算过程及结果

钢筋混凝土复合管片的工程量$=6\times\frac{1}{2}\times(10\times10-8\times8)-5\times\frac{1}{2}\times(9\times9-7\times7)$

$=108-80$

$=28(\text{m}^3)$

计算实例 10　钢管片

某隧道工程盾构掘进，如图 1-4-28 所示，需要制作钢管片，采用高精度钢制作，计算其工程量(钢管片密度 ρ 为 7.78×10^3 kg/m^3)。

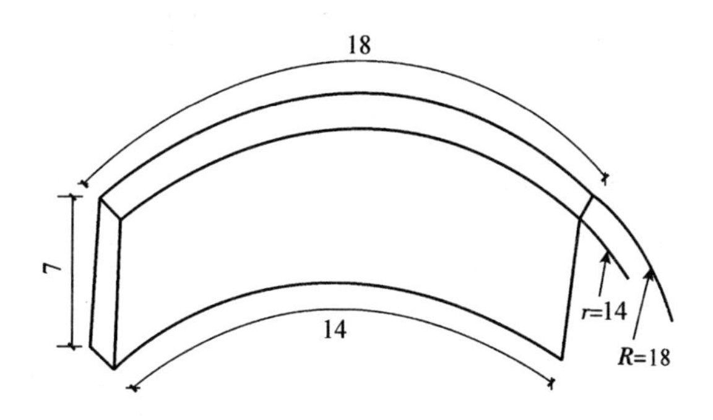

图 1-4-28　钢管片示意图(单位:m)

工程量计算过程及结果

该钢管的弯曲弧度 $\theta=\frac{14}{14}=1(\text{rad})=\frac{180^\circ}{\pi}\times1=57.32^\circ$

该钢管的体积 $V=7\times\frac{57.32^\circ}{360^\circ}\times(18^2-14^2)\times3.14=447.96(m^3)$

钢管片的工程量$=\rho V=7.78\times10^3\times447.96=3\ 485.129\times10^3(\text{kg})=3\ 485.129(\text{t})$

第五节　隧道沉井

一、清单工程量计算规则(表 1-4-5)

表 1-4-5　隧道沉井工程量计算规则

项目编码	项目名称	项目特征	计量单位	工程量计算规则	工程内容
040405001	沉井井壁混凝土	1.形状 2.规格 3.混凝土强度等级	m^3	按设计尺寸以外围井筒混凝土体积计算	1.模板制作、安装、拆除 2.刃脚、框架、井壁混凝土浇筑 3.养护
040405002	沉井下沉	1.下沉深度 2.弃土运距		按设计图示井壁外围面积乘以下沉深度以体积计算	1.垫层凿除 2.排水挖土下沉 3.不排水下沉 4.触变泥浆制作、输送 5.弃土外运
040405003	沉井混凝土封底	混凝土强度等级		按设计图示尺寸以体积计算	1.混凝土干封底 2.混凝土水下封底

续上表

项目编码	项目名称	项目特征	计量单位	工程量计算规则	工程内容
040405004	沉井混凝土底板	混凝土强度等级			1. 模板制作、安装、拆除 2. 混凝土拌和、运输、浇筑 3. 养护
040405005	沉井填心	材料品种	m^3	按设计图示尺寸以体积计算	1. 排水沉井填心 2. 不排水沉井填心
040405006	沉井混凝土隔墙	混凝土强度等级			1. 模板制作、安装、拆除 2. 混凝土拌和、运输、浇筑 3. 养护
040405007	钢封门	1. 材质 2. 尺寸	t	按设计图示尺寸以质量计算	1. 钢封门安装 2. 钢封门拆除

二、清单工程量计算

计算实例 1　沉井井壁混凝土、沉井下沉、沉井混凝土底板

某工程沉井如图 1-4-29 所示，混凝土强度等级为 C30，石粒最大粒径 20 mm，沉井下沉深度为 12 m，沉井封底及底板混凝土强度等级为 C20，石料最大粒径为 10 mm，沉井填心采用碎石(20 mm)和块石(200 mm)，不排水下沉，计算沉井井壁混凝土的工程量、沉井下沉的工程量及沉井混凝土底板的工程量。

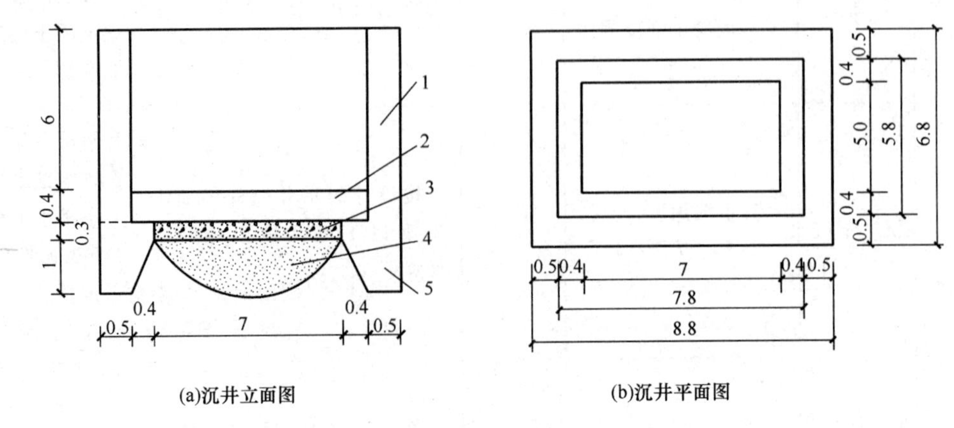

图 1-4-29　沉井示意图(单位：m)

1—井壁；2—底板；3—垫层；4—封底；5—刃脚

工程量计算过程及结果

(1)沉井井壁混凝土的工程量＝6.4×(8.8×6.8－7.8×5.8)＋0.3×(0.5＋0.4)×(8.8＋5.0)×2

＝93.44＋7.45

＝100.89(m^3)

(2)沉井下沉的工程量＝(8.8＋6.8)×2×(6＋0.4＋0.3＋1)×12＝2 882.88(m^3)

(3)沉井混凝土底板的工程量＝0.4×7.8×5.8 ＝18.10(m^3)

计算实例 2 沉井混凝土封底

某沉井混凝土封底如图 1-4-30 所示，计算沉井混凝土封底工程量。

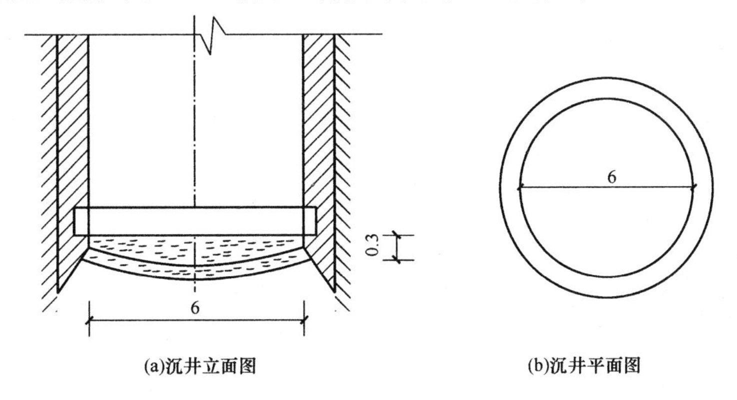

图 1-4-30 沉井混凝土封底示意图(单位：m)

工程量计算过程及结果

沉井混凝土封底的工程量＝$3.14\times\left(\frac{6}{2}\right)^2\times0.3=8.48(m^3)$

计算实例 3 沉井填心

某隧道工程在 K3＋100～K3＋350 施工段修建一座沉井，如图 1-4-31 所示，采取排水下沉，材料品种为中粗砂，由直径 5～40 mm 的碎石和直径 100～400 mm 的块石组成的砂石料，计算沉井填心的工程量。

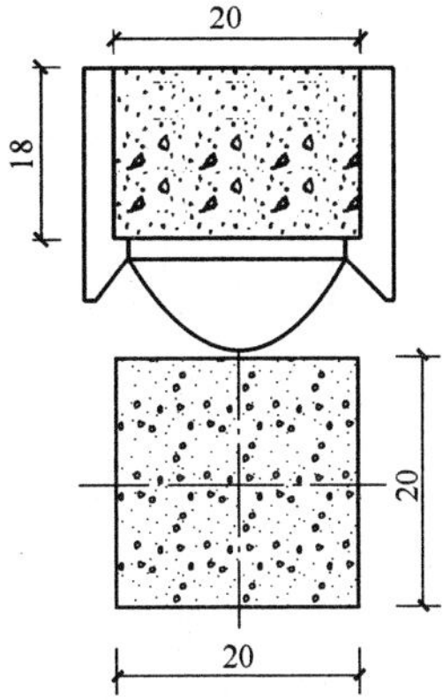

图 1-4-31 沉井填心示意图(单位：m)

工程量计算过程及结果

沉井填心的工程量＝20×20×18 ＝7 200.00(m^3)

第六节 混凝土结构

一、清单工程量计算规则(表 1-4-6)

表 1-4-6 混凝土结构工程量计算规则

项目编码	项目名称	项目特征	计量单位	工程量计算规则	工程内容
040406001	混凝土地梁	1. 部位、名称 2. 混凝土强度等级	m^3	按设计图示尺寸以体积计算	1. 模板制作、安装、拆除 2. 混凝土拌和、运输、浇筑 3. 养护
040406002	混凝土底板				
040406003	混凝土柱				
040406004	混凝土墙				
040406005	混凝土梁				
040406006	混凝土平台、顶板				
040406007	圆隧道内架空路面	1. 厚度 2. 混凝土强度等级			
040406008	隧道内其他结构混凝土	1. 部位、名称 2. 混凝土强度等级			

二、清单工程量计算

计算实例 1 混凝土地梁

某隧道工程浇筑混凝土地梁，如图 1-4-32 所示。垫层厚度为 0.6 m，采用泵送 C25 商品混凝土，石料最大粒径 15 mm，垫层采用 C15 的混凝土，计算混凝土地梁的工程量。

工程量计算过程及结果

混凝土地梁的工程量＝1.5×21×12＝378.00(m^3)

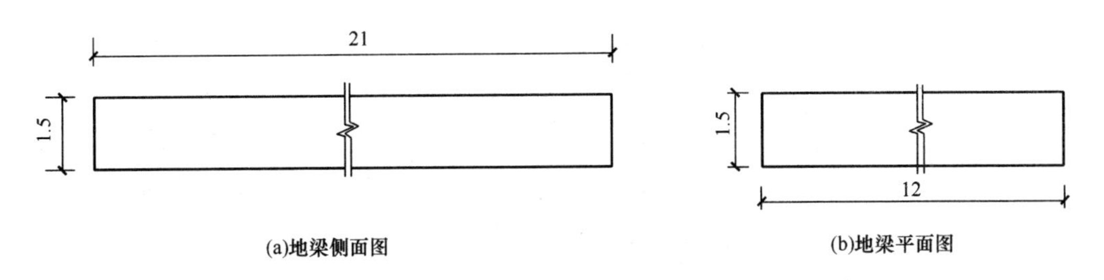

图 1-4-32 地梁示意图(单位:m)

计算实例 2 混凝土底板

某工程隧道断面图如图 1-4-33 所示,该工程设置混凝土底板,混凝土强度等级为 C30,石料最大粒径为 20 mm,垫层位于底板下面且厚度为 0.6 m,混凝土等级为 C20,计算混凝土底板的工程量(隧道长度为 120 m)。

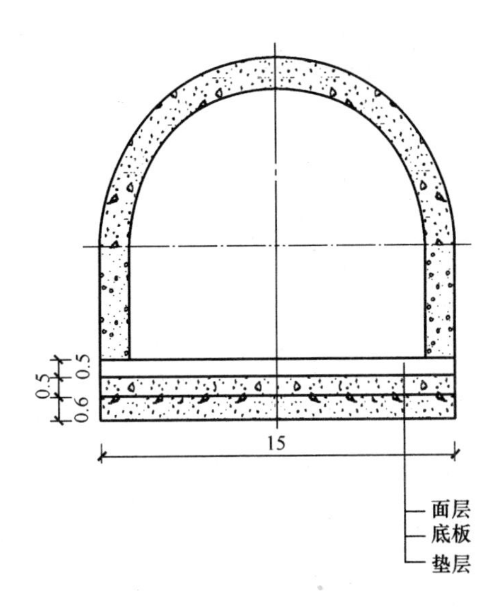

图 1-4-33 某隧道断面图(单位:m)

工程量计算过程及结果

混凝土底板的工程量$=120\times0.5\times15=900.00(m^3)$

计算实例 3 混凝土柱

某梁板混凝土柱示意图如图 1-4-34 所示,计算该梁板混凝土柱工程量。

工程量计算过程及结果

混凝土柱的工程量$=0.5\times0.5\times3.3\times4=3.30(m^3)$

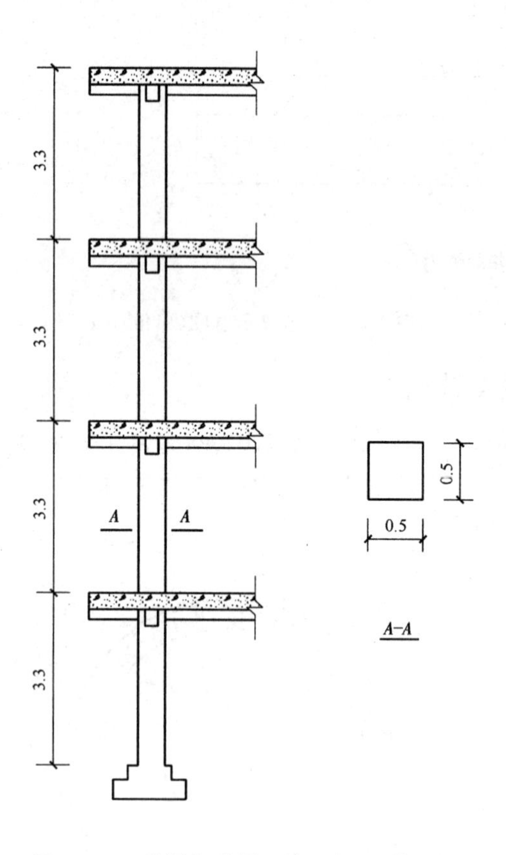

图 1-4-34　某梁板混凝土柱示意图(单位:m)

计算实例 4　混凝土墙

某工程有一面混凝土墙，如图 1-4-35 所示，采用泵送 C35 商品混凝土，石料最大粒径 20 mm，计算该混凝土墙的工程量。

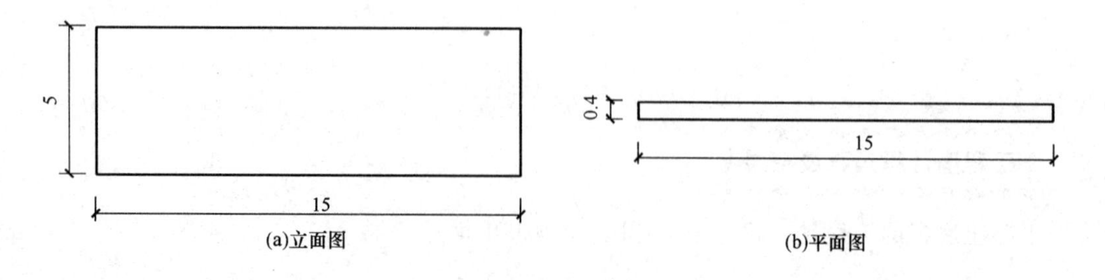

图 1-4-35　混凝土墙示意图(单位:m)

工程量计算过程及结果

混凝土墙的工程量＝5×15×0.4＝30.00(m^3)

计算实例 5　圆隧道内架空路面

某隧道工程在 K3＋160～K3＋300 段修建水底隧道，如图 1-4-36 所示，其采用金属衬砌环，计算圆隧道内架空路面工程量。

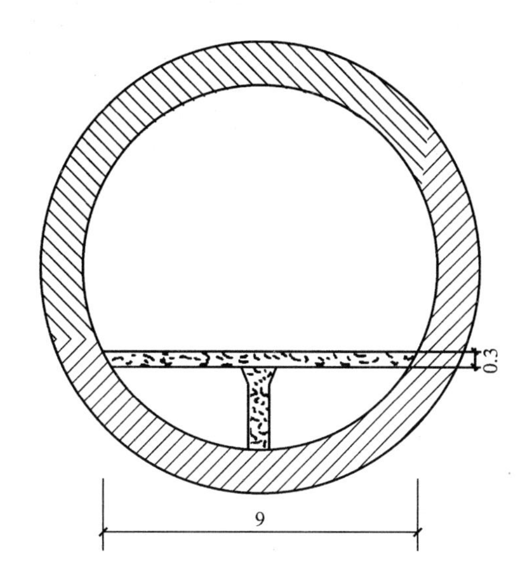

图 1-4-36　圆隧道内架空路面示意图(单位：m)

工程量计算过程及结果

圆隧道内架空路面的工程量＝9×(300－160)×0.3＝378(m^3)

第七节　沉管隧道

一、清单工程量计算规则(表 1-4-7)

表 1-4-7　沉管隧道工程量计算规则

项目编码	项目名称	项目特征	计量单位	工程量计算规则	工程内容
040407001	预制沉管底垫层	1. 材料品种、规格 2. 厚度	m^3	按设计图示沉管底面积乘以厚度以体积计算	1. 场地平整 2. 垫层铺设
040407002	预制沉管钢底板	1. 材质 2. 厚度	t	按设计图示尺寸以质量计算	钢底板制作、铺设
040407003	预制沉管混凝土板底	混凝土强度等级	m^3	按设计图示尺寸以体积计算	1. 模板制作、安装、拆除 2. 混凝土拌和、运输、浇筑 3. 养护 4. 底板预埋注浆管

续上表

项目编码	项目名称	项目特征	计量单位	工程量计算规则	工程内容
040407004	预制沉管混凝土侧墙	混凝土强度等级	m^3	按设计图示尺寸以体积计算	1.模板制作、安装、拆除 2.混凝土拌和、运输、浇筑 3.养护
040407005	预制沉管混凝土顶板				
040407006	沉管外壁防锚层	1.材质品种 2.规格	m^2	按设计图示尺寸以面积计算	铺设沉管外壁防锚层
040407007	鼻托垂直剪力键	材质	t	按设计图示尺寸以质量计算	1.钢剪力键制作 2.剪力键安装
040407008	端头钢壳	1.材质、规格 2.强度			1.端头钢壳制作 2.端头钢壳安装 3.混凝土浇筑
040407009	端头钢封门	1.材质 2.尺寸			1.端头钢封门制作 2.端头钢封门安装 3.端头钢封门拆除
040407010	沉管管段浮运临时供电系统	规格	套	按设计图示管段数量计算	1.发电机安装、拆除 2.配电箱安装、拆除 3.电缆安装、拆除 4.灯具安装、拆除
040407011	沉管管段浮运临时供排水系统				1.泵阀安装、拆除 2.管路安装、拆除
040407012	沉管管段浮运临时通风系统				1.进排风机安装、拆除 2.风管路安装、拆除

续上表

项目编码	项目名称	项目特征	计量单位	工程量计算规则	工程内容
040407013	航道疏浚	1.河床土质 2.工况等级 3.疏浚深度	m^3	按河床原断面与管段浮运时设计断面之差以体积计算	1.挖泥船开收工 2.航道疏浚挖泥 3.土方驳运、卸泥
040407014	沉管河床基槽开挖	1.河床土质 2.工况等级 3.挖土深度		按河床原断面与槽设计断面之差以体积计算	1.挖泥船开收工 2.沉管基槽挖泥 3.沉管基槽清淤 4.土方驳运、卸泥
040407015	钢筋混凝土块沉石	1.工况等级 2.沉石深度		按设计图示尺寸以体积计算	1.预制钢筋混凝土块 2.装船、驳运、定位沉石 3.水下铺平石块
040407016	基槽抛铺碎石	1.工况等级 2.石料厚度 3.沉石深度			1.石料装运 2.定位抛石、水下铺平石块
040407017	沉管管节浮运	1.单节管段质量 2.管段浮运距离	kt·m	按设计图示尺寸和要求以沉管管节质量和浮运距离的复合单位计算	1.干坞放水 2.管段起浮定位 3.管段浮运 4.加载水箱制作、安装、拆除 5.系缆柱制作、安装、拆除
040407018	管段沉放连接	1.单节管段重量 2.管段下沉深度	节	按设计图示数量计算	1.管段定位 2.管段压水下沉 3.管段端面对接 4.管节拉合
040407019	砂肋软体排覆盖	1.材料品种 2.规格	m^2	按设计图示尺寸以沉管顶面积加侧面外表面积计算	水下覆盖软体排
040407020	沉管水下压石		m^3	按设计图示尺寸以顶、侧压石的体积计算	1.装石船开收工 2.定位抛石、卸石 3.水下铺石

续上表

项目编码	项目名称	项目特征	计量单位	工程量计算规则	工程内容
040407021	沉管接缝处理	1.接缝连接形式 2.接缝长度	条	按设计图示数量计算	1.按缝拉合 2.安装止水带 3.安装止水钢板 4.混凝土拌和、运输、浇筑
040407022	沉管底部压浆固封充填	1.压浆材料 2.压浆要求	m^3	按设计图示尺寸以体积计算	1.制浆 2.管底压浆 3.封孔

二、清单工程量计算

计算实例1　预制沉管底垫层

某工程水底隧道预制沉管断面示意图如图1-3-37所示，K2＋060～K2＋150段在水底，其余路段在路面上，沉管底垫层为碎石，计算该沉管底垫层的工程量。

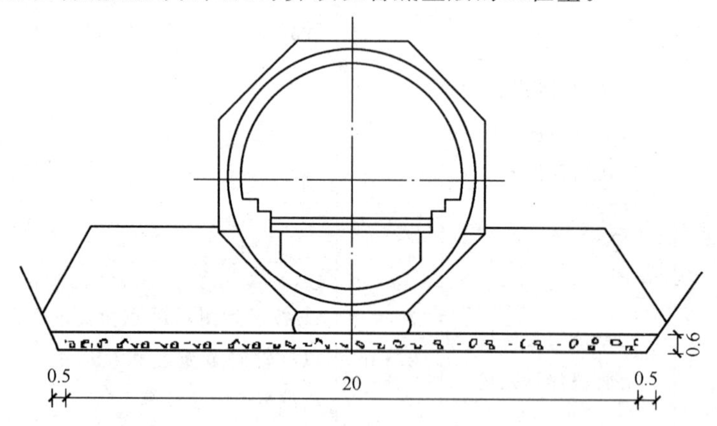

图1-4-37　沉管断面示意图(单位:m)

工程量计算过程及结果

预制沉管底垫层的工程量＝(20＋20＋0.5×2)×0.6/2×(2 150－2 060)＝1 107.00(m^3)

计算实例2　预制沉管钢底板

某海底隧道防水层预制沉管钢底板如图1-4-38所示，钢板长为100 m，厚5 mm，计算该钢底板的工程量(钢的密度ρ为7.78×10^3 kg/m^3)。

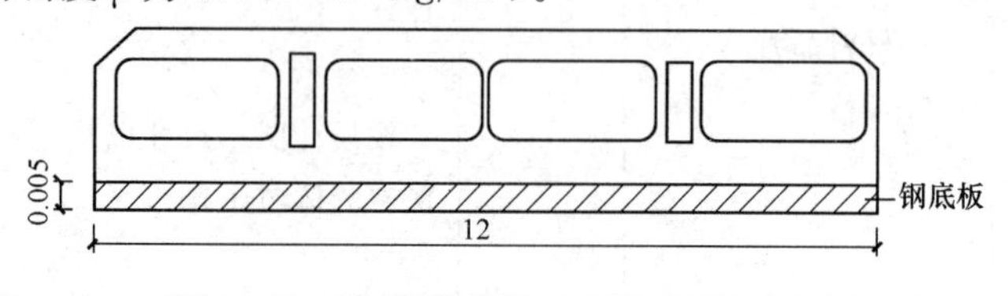

图1-4-38　海底隧道断面示意图(单位:m)

工程量计算过程及结果

预制沉管钢底板的工程量$=\rho V=7.78\times 10^3\times 100\times 12\times 0.005$

$=46.68\times 10^3$(kg)

$=46.680$(t)

计算实例3　预制沉管混凝土底板

某工程在K0＋100～K0＋200的施工段为水底隧道，如图1-4-39所示，预制沉管混凝土底板，混凝土强度等级为C35，石料最大粒径25 mm，计算该管段混凝土的工程量。

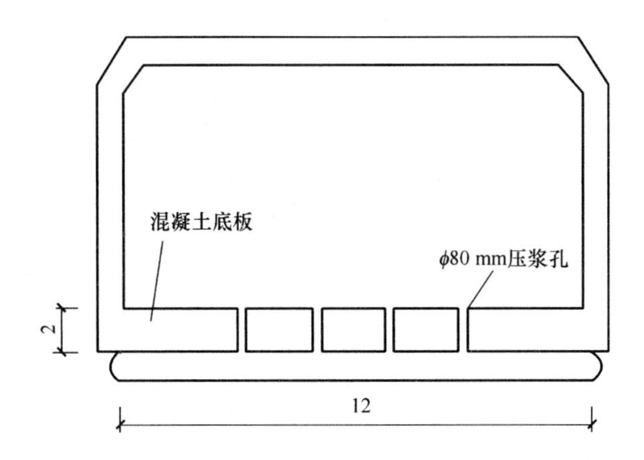

图1-4-39　预制沉管混凝土板底示意图(单位:m)

工程量计算过程及结果

预制沉管混凝土底板的工程量$=(200-100)\times 12\times 2-4\times 3.14\times \left(\frac{0.08}{2}\right)^2\times 2=2\ 399.96(m^3)$

计算实例4　预制沉管混凝土侧墙

某预制沉管混凝土侧墙示意图如图1-4-40所示，水底隧道在施工段K0＋100～K0＋400预制了两节沉管，每节沉管长150 m，混凝土强度等级为C30，石料最大粒径25 mm，计算侧墙混凝土的工程量。

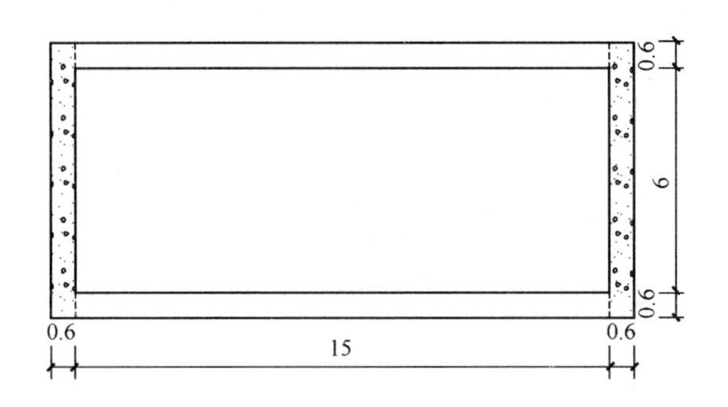

图1-4-40　预制沉管混凝土侧墙示意图(单位:m)

工程量计算过程及结果

预制沉管混凝土侧墙的工程量＝2×150×2×0.6×(6＋0.6×2)＝2 592.00(m^3)

计算实例5 预制沉管混凝土顶板

某水底隧道采用沉管法浇筑两节沉管，如图1-4-41所示，在K3＋150～K3＋250施工段，其中沉管的预制混凝土顶板强度等级为C40，石料最大粒径15 mm，计算该预制沉管混凝土顶板工程量。

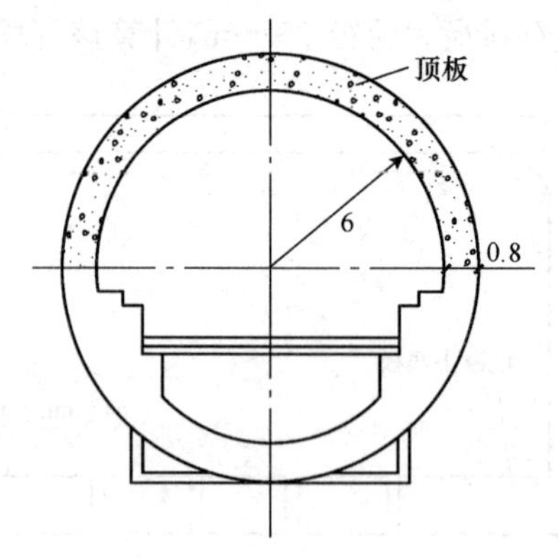

图1-4-41 预制沉管混凝土顶板(单位：m)

工程量计算过程及结果

预制沉管混凝土顶板的工程量$=(3\ 250-3\ 150)\times\frac{1}{2}\times3.14\times(6.8^2-6^2)$

$=100\times\frac{1}{2}\times3.14\times10.24$

$=1\ 607.68(m^3)$

计算实例6 沉管外壁防锚层

某工程水底隧道沉管外壁设置薄钢板防锚层，如图1-4-42所示，该工程在K0＋150～K0＋350施工段内在水下，其余施工段在路面上，计算该沉管外壁防锚层的工程量。

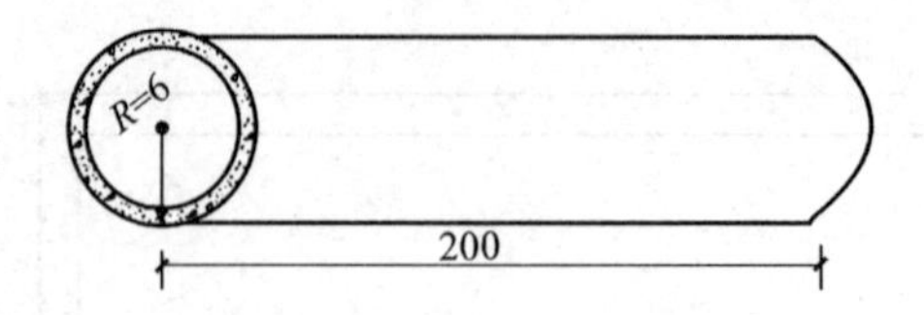

图1-4-42 沉管外壁防锚层示意图(单位：m)

工程量计算过程及结果

沉管外壁防锚层的工程量＝2×3.14×6×(350－150)＝7 536.00(m^2)

计算实例 7　鼻托垂直剪力键

某沉管隧道在沉管制作时安装了钢剪力键，如图 1-4-43 所示，钢密度 ρ 取 7.78×10^3 kg/m^3，计算鼻托垂直剪力键的工程量。

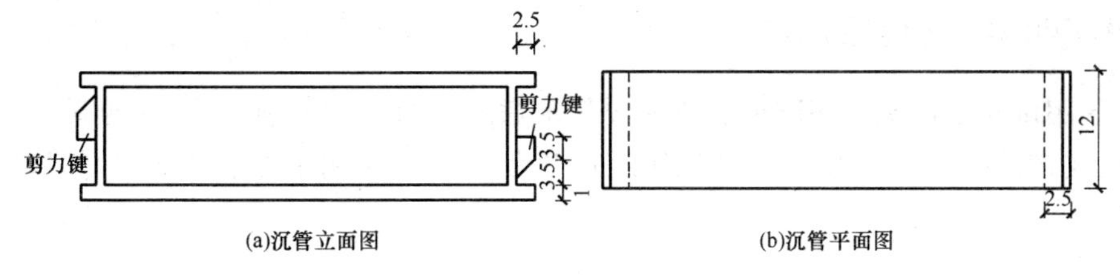

图 1-4-43　沉管示意图(单位：m)

鼻托垂直剪力键的工程量 $=\rho V=7.78\times10^3\times(3.5+3.5+3.5)\times2.5/2\times12\times2$

$=2\ 450.7\times10^3$(kg)

$=2\ 450.700$(t)

计算实例 8　端头钢壳

某隧道工程采用钢壳作为永久性防水层，如图 1-4-44 所示，管段为圆形，钢壳厚 15 mm，沉管长 150 m，计算钢壳的工程量(钢材密度 ρ 为 7.78×10^3 kg/m^3)。

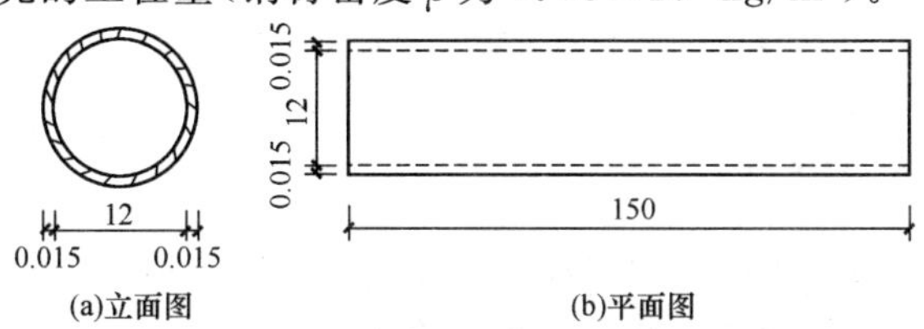

图 1-4-44　隧道钢壳示意图(单位：m)

工程量计算过程及结果

端头钢壳的工程量 $=7.78\times10^3\times(6.015^2-6^2)\times3.14\times150$

$=660.41\times10^3$(kg)

$=660.410$(t)

计算实例 9　端头钢封门

某水底隧道有一管段在离端面 80 cm 的两端设置钢封门，如图 1-4-45 所示，此管段为矩形，长 100 m，钢封门厚 20 cm，长 9 m，高 6 m，计算该钢封门的工程量(钢板密度 ρ 为 7.78×10^3 kg/m^3)。

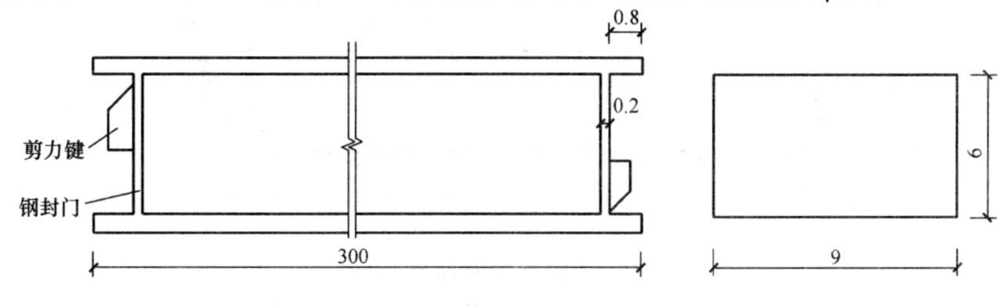

图 1-4-45　沉管示意图(单位：m)

工程量计算过程及结果

端头钢封门的工程量$=2\rho V=2\times7.78\times10^3\times0.2\times9\times6=168.048\times10^3$(kg)=168.048(t)

计算实例 10　航道疏浚

某地区用沉管法修筑水底隧道航道疏浚其示意图如图 1-4-46 所示，河床土质为软黏土和淤泥，浮运航道的疏浚深度为 7 m，开挖航道长度为 250 m，采用挖泥船挖泥，计算该航道疏浚的工程量。

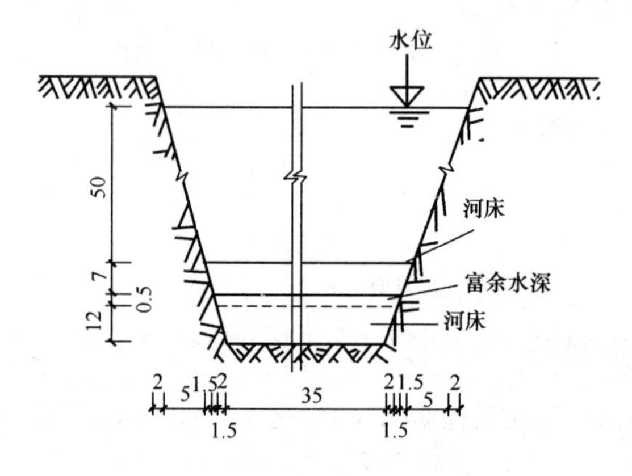

图 1-4-46　水底隧道航道疏浚示意图(单位:m)

工程量计算过程及结果

航道疏浚的工程量$=250\times(39+45)/2\times(7+0.5)=78\ 750.00(m^3)$

说明:由于河床地质情况增加了 0.5 m 的富余水深。

计算实例 11　沉管河床基槽开挖

某地区因修建水底隧道而开挖基槽，如图 1-4-47 所示，在 K0+150～K0+250 施工段的河床土质为砂、砂类黏土、较硬黏土，人工挖土深度为 10 m，计算该基槽开挖工程量。

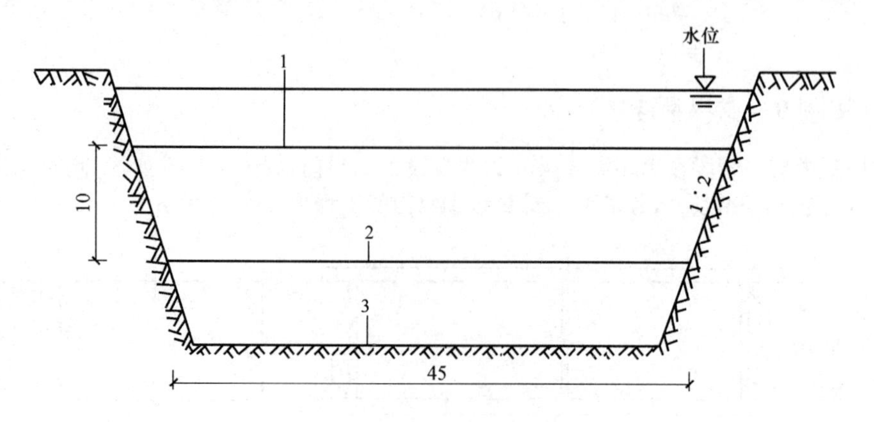

图 1-4-47　基槽开挖断面图(单位:m)

1—河床;2—基槽底;3—河底

工程量计算过程及结果

沉管河床基槽开挖的工程量=(250－150)×(45+45+2×10×2)/2×10=65 000.00(m^3)

计算实例 12　钢筋混凝土块沉石

某水底隧道工程在 K2+150～K2+500 段需下沉钢筋混凝土块石，如图 1-4-48 所示。块石的粒径为 20 mm，沉石深度为 2 m，计算该钢筋混凝土块沉石的工程量。

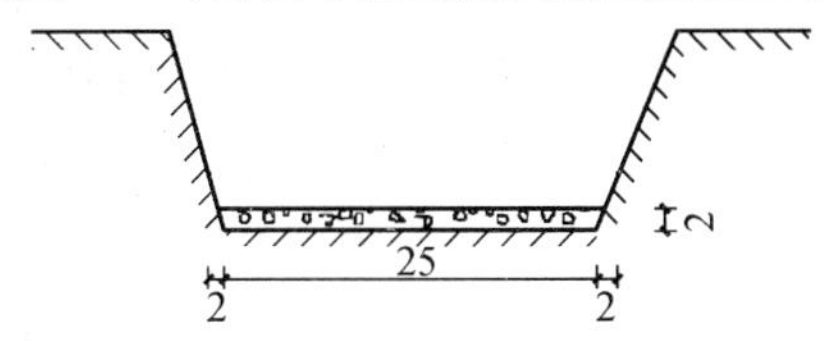

图 1-4-48　钢筋混凝土块石断面图(单位：m)

工程量计算过程及结果

钢筋混凝土块沉石的工程量=(500－150)×(25+25+2×2)×2/2=18 900.00(m^3)

计算实例 13　基槽抛铺碎石

某隧道工程在 K0+070～K0+150 施工段向基槽抛铺碎石，如图 1-4-49 所示，碎石平均粒径为 5 mm 左右，碎石层厚度为 2 m，含砂量为 11%，计算该基槽抛铺碎石工程量。

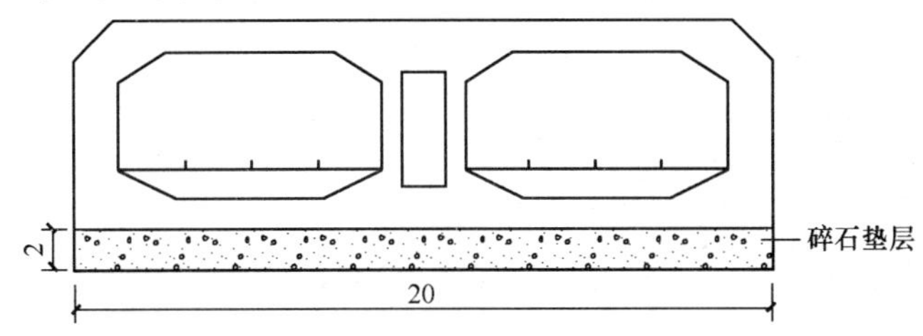

图 1-4-49　基槽抛铺碎石断面图(单位：m)

工程量计算过程及结果

基槽抛铺碎石的工程量=(150－70)×2×20=3 200.00(m^3)

计算实例 14　砂肋软体排覆盖

某水底隧道工程采用砂肋软体排覆盖，如图 1-4-50 所示，长 200 m，砂肋软体硬度为 35%，计算该砂肋软体排覆盖工程量。

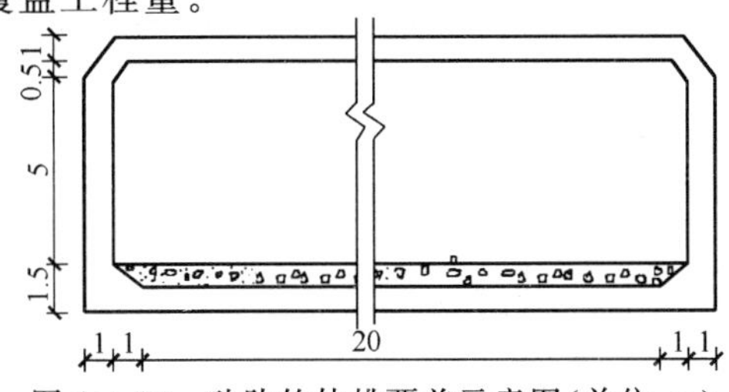

图 1-4-50　砂肋软体排覆盖示意图(单位：m)

工程量计算过程及结果

砂肋软体排覆盖的工程量$=20\times200+2\times(5+1.5)\times200+2\times200\times\sqrt{(1+0.5)^2+1^2}$

$=4\ 000+2\ 600+721.11$

$=7\ 321.11(\text{m}^2)$

计算实例 15　沉管水下压石

某水底隧道工程进行沉管水下压石，如图 1-3-51 所示，其先在管段里灌足水，再压碎石料，使垫层压紧密贴，计算该沉管水下压石工程量(沉管长 150 m，管道半径 5 m，壁厚 0.5 m)。

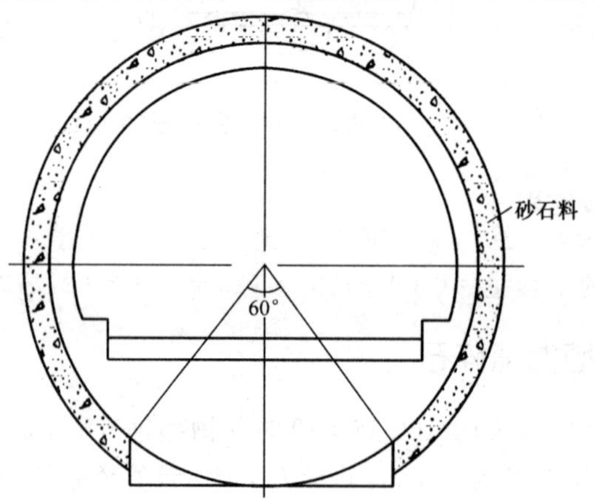

图 1-4-51　沉管水下压石示意图(单位：m)

工程量计算过程及结果

沉管水下压石的工程量$=\left(1-\dfrac{60^\circ}{360^\circ}\right)\times150\times3.14\times[(5+0.5)^2-5^2]$

$=125\times3.14\times(5.5^2-5^2)$

$=2\ 060.63(\text{m}^3)$

计算实例 16　沉管接缝处理

某沉管管段纵向接缝布置如图 1-4-52 所示，计算该管段纵向施工接缝工程量。

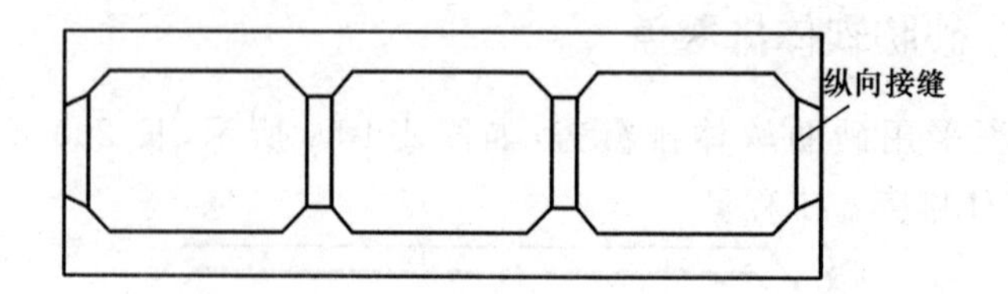

图 1-4-52　管段纵向接缝布置示意图

工程量计算过程及结果

接缝处理的工程量=6(条)

计算实例 17　沉管底部压浆固封充填

某水底隧道管节长 110 m，在沉管底部压浆，如图 1-4-53 所示，压浆材料为由水泥、黄砂或斑脱土以及缓凝剂配成的混合砂浆，砂浆强度为 0.5 MPa，要求压浆压力为 0.053 MPa，计算该沉管底部压浆的工程量。

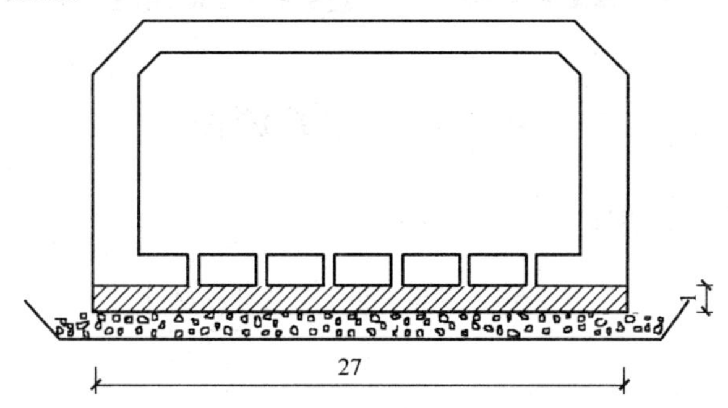

图 1-4-53　沉管底部压浆断面图（单位：m）

沉管底部压浆固封充填的工程量＝27×1×110＝2 970.00（m^3）

第五章　管网工程

第一节　管道铺设

一、清单工程量计算规则(表 1-5-1)

表 1-5-1　管道铺设工程量计算规则

项目编码	项目名称	项目特征	计量单位	工程量计算规则	工程内容
040501001	混凝土管	1.垫层、基础材质及厚度 2.管座材质 3.规格 4.接口方式 5.铺设深度 6.混凝土强度等级 7.管道检验及试验要求	m	按设计图示中心线长度以延长米计算。不扣除附属构筑物、管件及阀门等所占长度	1.垫层、基础铺筑及养护 2.模板制作、安装、拆除 3.混凝土拌和、运输、浇筑、养护 4.预制管枕安装 5.管道铺设 6.管道接口 7.管道检验及试验
040501002	钢管	1.垫层、基础材质及厚度 2.材质及规格 3.接口方式 4.铺设深度 5.管道检验及试验要求 6.集中防腐运距			1.垫层、基础铺筑及养护 2.模板制作、安装、拆除 3.混凝土拌和、运输、浇筑、养护 4.管道铺设 5.管道检验及试验 6.集中防腐运输
040501003	铸铁管				
040501004	塑料管	1.垫层、基础材质及厚度 2.材质及规格 3.连接形式 4.铺设深度 5.管道检验及试验要求			1.垫层、基础铺筑及养护 2.模板制作、安装、拆除 3.混凝土拌和、运输、浇筑、养护 4.管道铺设 5.管道检验及试验

续上表

项目编码	项目名称	项目特征	计量单位	工程量计算规则	工程内容
040501005	直埋式 预制保温管	1.垫层材质及厚度 2.材质及规格 3.接口方式 4.铺设深度 5.管道检验及试验的要求	m	按设计图示中心线长度以延长米计算。不扣除附属构筑物、管件及阀门等所占长度	1.垫层铺筑及养护 2.管道铺设 3.接口处保温 4.管道检验及试验
040501006	管道架 空跨越	1.管道架设高度 2.管道材质及规格 3.接口方式 4.管道检验及试验要求 5.集中防腐运距		按设计图示中心线长度以延长米计算。不扣除管件及阀门等所占长度	1.管道架设 2.管道检验及试验 3.集中防腐运输
040501007	隧道 (沟、管) 内管道	1.基础材质及厚度 2.混凝土强度等级 3.材质及规格 4.接口方式 5.管道检验及试验要求 6.集中防腐运距		按设计图示中心线长度以延长米计算。不扣除附属构筑物、管件及阀门等所占长度	1.基础铺筑、养护 2.模板制作、安装、拆除 3.混凝土拌和、运输、浇筑、养护 4.管道铺设 5.管道检测及试验 6.集中防腐运输
040501008	水平 导向钻进	1.土壤类别 2.材质及规格 3.一次成孔长度 4.接口方式 5.泥浆要求 6.管道检验及试验要求 7.集中防腐运距		按设计图示长度以延长米计算。扣除附属构筑物(检查井)所占的长度	1.设备安装、拆除 2.定位、成孔 3.管道接口 4.拉管 5.纠偏、监测 6.泥浆制作、注浆 7.管道检测及试验 8.集中防腐运输 9.泥浆、土方外运

<table>
<tr><th>项目编码</th><th>项目名称</th><th>项目特征</th><th>计量单位</th><th>工程量计算规则</th><th>工程内容</th></tr>
<tr><td>040501009</td><td>夯管</td><td>1. 土壤类别
2. 材质及规格
3. 一次夯管长度
4. 接口方式
5. 管道检验及试验要求
6. 集中防腐运距</td><td>m</td><td>按设计图示长度以延长米计算。扣除附属构筑物(检查井)所占的长度</td><td>1. 设备安装、拆除
2. 定位、夯管
3. 管道接口
4. 纠偏、监测
5. 管道检测及试验
6. 集中防腐运输
7. 土方外运</td></tr>
<tr><td>040501010</td><td>顶(夯)管工作坑</td><td>1. 土壤类别
2. 工作坑平面尺寸及深度
3. 支撑、围护方式
4. 垫层、基础材质及厚度
5. 混凝土强度等级
6. 设备、工作台主要技术要求</td><td rowspan="2">座</td><td rowspan="2">按设计图示数量计算</td><td>1. 支撑、围护
2. 模板制作、安装、拆除
3. 混凝土拌和、运输、浇筑、养护
4. 工作坑内设备、工作台安装及拆除</td></tr>
<tr><td>040501011</td><td>预制混凝土工作坑</td><td>1. 土壤类别
2. 工作坑平面尺寸及深度
3. 垫层、基础材质及厚度
4. 混凝土强度等级
5. 设备、工作台主要技术要求
6. 混凝土构件运距</td><td>1. 混凝土工作坑制作
2. 下沉、定位
3. 模板制作、安装、拆除
4. 混凝土拌和、运输、浇筑、养护
5. 工作坑内设备、工作台安装及拆除
6. 混凝土构件运输</td></tr>
<tr><td>040501012</td><td>顶管</td><td>1. 土壤类别
2. 顶管工作方式
3. 管道材质及规格
4. 中继间规格
5. 工具管材质及规格
6. 触变泥浆要求
7. 管道检验及试验要求
8. 集中防腐运距</td><td>m</td><td>按设计图示长度以延长米计算。扣除附属构筑物(检查井)所占的长度</td><td>1. 管道顶进
2. 管道接口
3. 中继间、工具管及附属设备安装拆除
4. 管内挖、运土及土方提升
5. 机械顶管设备调向</td></tr>
</table>

续上表

项目编码	项目名称	项目特征	计量单位	工程量计算规则	工程内容
040501012	顶管	1. 土壤类别 2. 顶管工作方式 3. 管道材质及规格 4. 中继间规格 5. 工具管材质及规格 6. 触变泥浆要求 7. 管道检验及试验要求 8. 集中防腐运距	m	按设计图示长度以延长米计算。扣除附属构筑物(检查井)所占的长度	6. 纠偏、监测 7. 触变泥浆制作、注浆 8. 洞口止水 9. 管道检测及试验 10. 集中防腐运输 11. 泥浆、土方外运
040501013	土壤加固	1. 土壤类别 2. 加固填充材料 3. 加固方式	1. m 2. m^3	1. 按设计图示加固段长度以延长米计算 2. 按设计图示加固段体积以立方米计算	打孔、调浆、灌注
040501014	新旧管连接	1. 材质及规格 2. 连接方式 3. 带(不带)介质连接	处	按设计图示数量计算	1. 切管 2. 钻孔 3. 连接
040501015	临时放水管线	1. 材质及规格 2. 铺设方式 3. 接口形式	m	按放水管线长度以延长米计算,不扣除管件、阀门所占长度	管线铺设、拆除
040501016	砌筑方沟	1. 断面规格 2. 垫层、基础材质及厚度 3. 砌筑材料品种、规格、强度等级 4. 混凝土强度等级 5. 砂浆强度等级、配合比 6. 勾缝、抹面要求 7. 盖板材质及规格 8. 伸缩缝(沉降缝)要求 9. 防渗、防水要求 10. 混凝土构件运距	m	按设计图示尺寸以延长米计算	1. 模板制作、安装、拆除 2. 混凝土拌和、运输、浇筑、养护 3. 砌筑 4. 勾缝、抹面 5. 盖板安装 6. 防水、止水 7. 混凝土构件运输

续上表

项目编码	项目名称	项目特征	计量单位	工程量计算规则	工程内容
040501017	混凝土方沟	1. 断面规格 2. 垫层、基础材质及厚度 3. 混凝土强度等级 4. 伸缩缝(沉降缝)要求 5. 盖板材质、规格 6. 防渗、防水要求 7. 混凝土构件运距	m	按设计图示尺寸以延长米计算	1. 模板制作、安装、拆除 2. 混凝土拌和、运输、浇筑、养护 3. 盖板安装 4. 防水、止水 5. 混凝土构件运输
040501018	砌筑渠道	1. 断面规格 2. 垫层、基础材质及厚度 3. 砌筑材料品种、规格、强度等级 4. 混凝土强度等级 5. 砂浆强度等级、配合比 6. 勾缝、抹面要求 7. 伸缩缝(沉降缝)要求 8. 防渗、防水要求			1. 模板制作、安装、拆除 2. 混凝土拌和、运输、浇筑、养护 3. 渠道砌筑 4. 勾缝、抹面 5. 防水、止水
040501019	混凝土渠道	1. 断面规格 2. 垫层、基础材质及厚度 3. 混凝土强度等级 4. 伸缩缝(沉降缝)要求 5. 防渗、防水要求 6. 混凝土构件运距			1. 模板制作、安装、拆除 2. 混凝土拌和、运输、浇筑、养护 3. 防水、止水 4. 混凝土构件运输
040501020	警示(示踪)带铺设	规格		按铺设长度以延长米计算	铺设

二、清单工程量计算

计算实例 1　混凝土管

在某街道新建排水工程管基断面如图 1-5-1 所示，污水管采用混凝土管，使用 120°混凝土基础，计算混凝土管的工程量(管道防腐按 100 m 计算，水泥砂浆接口每段长 2 m)。

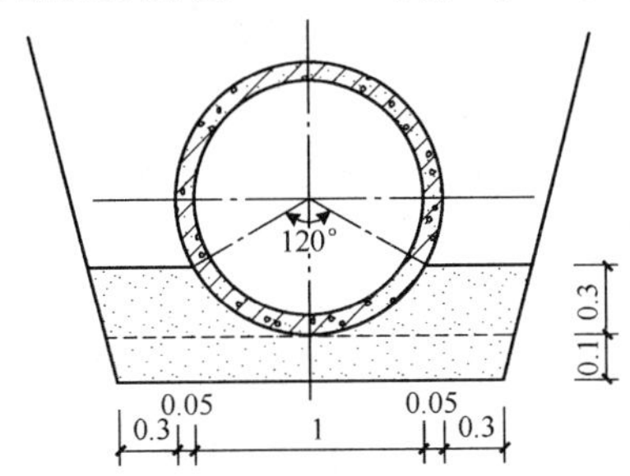

图 1-5-1　管基断面(单位：m)

工程量计算过程及结果

混凝土管道工程量＝ 100.00(m)

计算实例 2　钢管

某工程采用钢管铺设，如图 1-5-2 所示，主干管直径 500 mm，支管直径 200 mm，计算钢管的工程量。

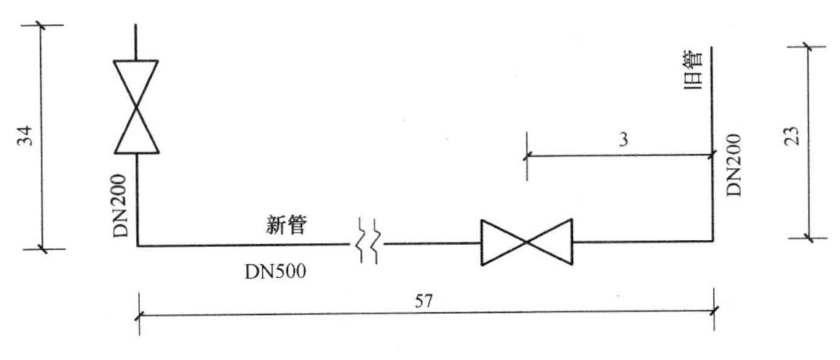

图 1-5-2　钢管管线布置图(单位：m)

工程量计算过程及结果

DN500 钢管铺设的工程量＝57(m)

DN200 钢管铺设的工程量＝34＋23＝57.00(m)

计算实例 3　铸铁管

某工程采用铸铁管铺设，如图 1-5-3 所示，主干管直径 500 mm，支管直径 200 mm，计算铸铁管的工程量。

工程量计算过程及结果

DN500 铸铁管的工程量＝65(m)

DN200 铸铁管的工程量＝31＋22＝53.00(m)

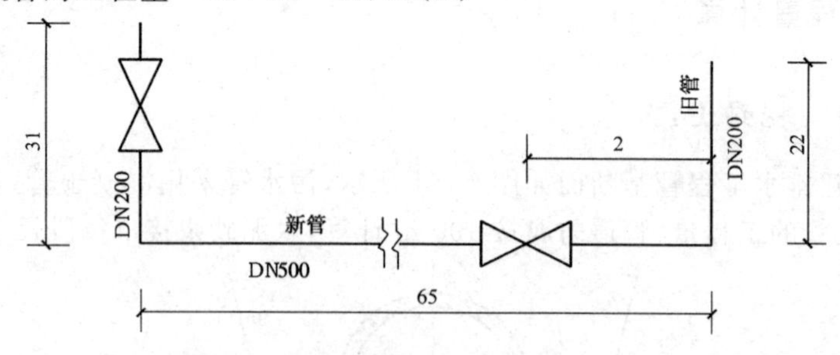

图 1-5-3 铸铁管管线布置示意图(单位:m)

计算实例 4 塑料管

某城市排水工程管道示意图如图 1-5-4 所示，主干管长度为 600 m，采用 ϕ600 混凝土管，135°混凝土基础，在主干管上设置雨水检查井 8 座，规格为 ϕ1 500，单室雨水井 20 座，雨水口接入管为 ϕ225UPVC 塑料管，共 8 道，每道 9 m，计算该塑料管的工程量。

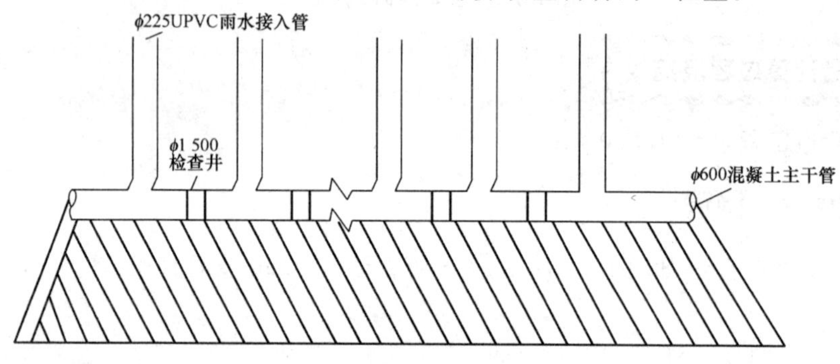

图 1-5-4 某城市排水工程干管示意图

工程量计算过程及结果

塑料管的工程量＝8×9＝72.00(m)

计算实例 5 管道架空跨越

某市政管网工程，其中有约为 110 m 管道采用架空跨越铺设，计算该管道架空穿越铺设的工程量。

工程量计算过程及结果

管道架空穿越铺设的工程量＝110(m)

计算实例 6 新旧管连接

某工程采用钢管铺设，如图 1-5-5 所示，主干管直径 500 mm，支管直径 200 mm，计算新旧管连接的工程量。

工程量计算过程及结果

新旧管连接的工程量＝ 2(处)

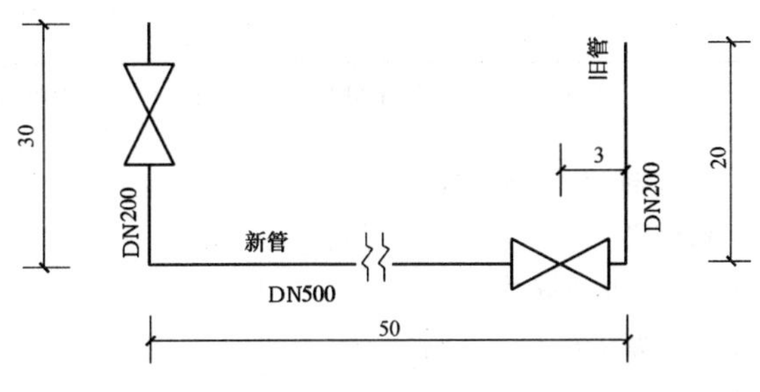

图 1-5-5 管线布置图(单位:m)

计算实例 7 砌筑渠道

在市政管网工程中,常用到各种渠道,其中包括砌筑渠道和混凝土渠道,现某市修建一大型砌筑渠道总长 220 m,计算该砌筑渠道的工程量。

工程量计算过程及结果

砌筑渠道的工程量=220(m)

计算实例 8 混凝土渠道

某市政管网工程采用混凝土渠道,该渠道总长 215 m,计算混凝土渠道的工程量。

工程量计算过程及结果

混凝土渠道的工程量=215(m)

第二节 管件、阀门及附件安装

一、清单工程量计算规则(表 1-5-2)

表 1-5-2 管件、阀门及附件安装工程量计算规则

<table>
<tr><th>项目编码</th><th>项目名称</th><th>项目特征</th><th>计量单位</th><th>工程量计算规则</th><th>工程内容</th></tr>
<tr><td>040502001</td><td>铸铁管管件</td><td rowspan="2">1. 种类
2. 材质及格
3. 接口形式</td><td rowspan="5">个</td><td rowspan="5">按设计图示数量计算</td><td>安装</td></tr>
<tr><td>040502002</td><td>钢管管件制作、安装</td><td>制作、安装</td></tr>
<tr><td>040502003</td><td>塑料管管件</td><td>1. 种类
2. 材质及规格
3. 连接方式</td><td rowspan="3">安装</td></tr>
<tr><td>040502004</td><td>转换件</td><td>1. 材质及规格
2. 接口形式</td></tr>
<tr><td>040502005</td><td>阀门</td><td>1. 种类
2. 材质及规格
3. 连接方式
4. 试验要求</td></tr>
</table>

续上表

项目编码	项目名称	项目特征	计量单位	工程量计算规则	工程内容
040502006	法兰	1.材质、规格、结构形式 2.连接方式 3.焊接方式 4.垫片材质	个	按设计图示数量计算	安装
040502007	盲堵板制作、安装	1.材质及规格 2.连接方式			制作、安装
040502008	套管制作、安装	1.形式、材质及规格 2.管内填料材质			
040502009	水表	1.规格 2.安装方式			安装
040502010	消火栓	1.规格 2.安装部位、方式			
040502011	补偿器(波纹管)	1.规格 2.安装方式			
040502012	除污器组成、安装		套		组成、安装
040502013	凝水缸	1.材料品种 2.型号及规格 3.连接方式	组		1.制作 2.安装
040502014	调压器	1.规格 2.型号 3.连接方式			安装
040502015	过滤器				
040502016	分离器				
040502017	安全水封				
040502018	检漏(水)管	规格			

二、清单工程量计算

计算实例 1　铸铁管管件

某市政工程，在总长为 200 m 的铸铁管上需要隔 20 m 安装一个铸铁管管件，计算铸铁管管件的工程量。

工程量计算过程及结果

铸铁管管件的工程量＝200/20＝10(个)

计算实例 2　钢管管件制作、安装

某市政工程，在总长为 420 m 的钢管上需要隔 30 m 安装一个钢管件，计算钢管管件制作、安装的工程量。

工程量计算过程及结果

钢管管件制作、安装的工程量＝420/30＝14(个)

计算实例 3　塑料管管件

某市政工程，在总长为 300 m 的塑料管上需要隔 16 m 安装一个塑料管管件，计算塑料管管件的工程量。

工程量计算过程及结果

塑料管件安装的工程量＝300/16＝18.75≈19(个)

计算实例 4　转换件

某市政工程，在总长为 150 m 的塑料管上需要隔 15 m 安装一个转换件，计算转换件安装的工程量。

工程量计算过程及结果

钢塑转换管件安装的工程量＝150/15＝10(个)

计算实例 5　阀门

某市政给水工程采用钢管铺设，参见前面图 1-5-5 所示，若—▷◁—为阀门，计算阀门的工程量。

工程量计算过程及结果

阀门工程量＝3(个)

计算实例6 法兰

某市政工程，在总长为210 m的塑料管上需要隔12 m安装一个法兰，计算法兰的工程量。

工程量计算过程及结果

法兰的工程量＝210/12＝17.5≈18(个)

计算实例7 盲堵板制作、安装

某市政工程，在总长为250 m的塑料管上需要隔15 m安装一个盲堵板，计算盲堵板制作、安装的工程量。

工程量计算过程及结果

盲(堵)板的工程量＝250/15＝16.67≈17(个)

计算实例8 套管制作、安装

某市政工程，在总长为231 m的塑料管上需要隔13 m安装一个套管，计算套管的工程量。

工程量计算过程及结果

防水套管的工程量＝231/13＝17.77≈18(个)

计算实例9 补偿器(波纹管)

某工程热力管道长480 m，中间设有2个补偿器(波纹管)，计算补偿器(波纹管)工程量。

工程量计算过程及结果

补偿器(波纹管)的工程量＝ 2(个)

计算实例10 除污器组成、安装

某市政工程，在总长为250 m的塑料管上需要隔20 m安装一套除污器，计算除污器组成、安装的工程量。

工程量计算过程及结果

除污器组成、安装的工程量＝250/20＝12.5≈13(套)

第三节　支架制作及安装

一、清单工程量计算规则（表 1-5-3）

表 1-5-3　支架制作及安装工程量计算规则

项目编码	项目名称	项目特征	计量单位	工程量计算规则	工程内容
040503001	砌筑支墩	1. 垫层材质、厚度 2. 混凝土强度等级 3. 砌筑材料、规格、强度等级 4. 砂浆强度等级、配合比	m^3	按设计图示尺寸以体积计算	1. 模板制作、安装、拆除 2. 混凝土拌和、运输、浇筑、养护 3. 砌筑 4. 勾缝、抹面
040503002	混凝土支墩	1. 垫层材质、厚度 2. 混凝土强度等级 3. 预制混凝土构件运距			1. 模板制作、安装、拆除 2. 混凝土拌和、运输、浇筑、养护 3. 预制混凝土支墩安装 4. 混凝土构件运输
040503003	金属支架制作、安装	1. 垫层、基础材质及厚度 2. 混凝土强度等级 3. 支架材质 4. 支架形式 5. 预埋件材质及规格	t	按设计图示质量计算	1. 模板制作、安装、拆除 2. 混凝土拌和、运输、浇筑、养护 3. 支架制作、安装
040503004	金属吊架制作、安装	1. 吊架形式 2. 吊架材质 3. 预埋件材质及规格			制作、安装

二、清单工程量计算

计算实例　金属吊架制作、安装

某工程需制作并安装合金吊架 5 000 kg，计算该吊架制作、安装的工程量。

工程量计算过程及结果

合金吊架制作、安装工程量=5(t)

第四节　管道附属构筑物

一、清单工程量计算规则(表 1-5-4)

表 1-5-4　管道附属构筑物工程量计算规则

项目编码	项目名称	项目特征	计量单位	工程量计算规则	工程内容
040504001	砌筑井	1. 垫层、基础材质及厚度 2. 砌筑材料品种、规格、强度等级 3. 勾缝、抹面要求 4. 砂浆强度等级、配合比 5. 混凝土强度等级 6. 盖板材质、规格 7. 井盖、井圈材质及规格 8. 踏步材质、规格 9. 防渗、防水要求	座	按设计图示数量计算	1. 垫层铺筑 2. 模板制作、安装、拆除 3. 混凝土拌和、运输、浇筑、养护 4. 砌筑、勾缝、抹面 5. 井圈、井盖安装 6. 盖板安装 7. 踏步安装 8. 防水、止水
040504002	混凝土井	1. 垫层、基础材质及厚度 2. 混凝土强度等级 3. 盖板材质、规格 4. 井盖、井圈材质及规格 5. 踏步材质、规格 6. 防渗、防水要求			1. 垫层铺筑 2. 模板制作、安装、拆除 3. 混凝土拌和、运输、浇筑、养护 4. 井圈、井盖安装 5. 盖板安装 6. 踏步安装 7. 防水、止水
040504003	塑料检查井	1. 垫层、基础材质及厚度 2. 检查井材质、规格 3. 井筒、井盖、井圈材质及规格			1. 垫层铺筑 2. 模板制作、安装、拆除 3. 混凝土拌和、运输、浇筑、养护 4. 检查井安装 5. 井筒、井圈、井盖安装

续上表

项目编码	项目名称	项目特征	计量单位	工程量计算规则	工程内容
040504004	砖砌井筒	1.井筒规格 2.砌筑材料品种、规格 3.砌筑、勾缝、抹面要求 4.砂浆强度等级、配合比 5.踏步材质、规格 6.防渗、防水要求	m	按设计图示尺寸以延长米计算	1.砌筑、勾缝、抹面 2.踏步安装
040504005	预制混凝土井筒	1.井筒规格 2.踏步规格			1.运输 2.安装
040504006	砌体出水口	1.垫层、基础材质及厚度 2.砌筑材料品种、规格 3.砌筑、勾缝、抹面要求 4.砂浆强度等级及配合比	座	按设计图示数量计算	1.垫层铺筑 2.模板制作、安装、拆除 3.混凝土拌和、运输、浇筑、养护 4.砌筑、勾缝、抹面
040504007	混凝土出水口	1.垫层、基础材质及厚度 2.混凝土强度等级			1.垫层铺筑 2.模板制作、安装、拆除 3.混凝土拌和、运输、浇筑、养护
040504008	整体化粪池	1.材质 2.型号、规格			安装
040504009	雨水口	1.雨水箅子及圈口材质、型号、规格 2.垫层、基础材质及厚度 3.混凝土强度等级 4.砌筑材料品种、规格 5.砂浆强度等级及配合比			1.垫层铺筑 2.模板制作、安装、拆除 3.混凝土拌和、运输、浇筑、养护 4.砌筑、勾缝、抹面 5.雨水箅子安装

二、清单工程量计算

计算实例　砌筑井

某排水工程砌筑井分布示意图如图 1-5-6 所示，该工程有 DN400 和 DN600 两种管道，管子采用混凝土污水管（每节长 2 m），120°混凝土基础，水泥砂浆接口，共有 5 座直径为 1 m 的圆形砌筑井，计算砌筑井的工程量。

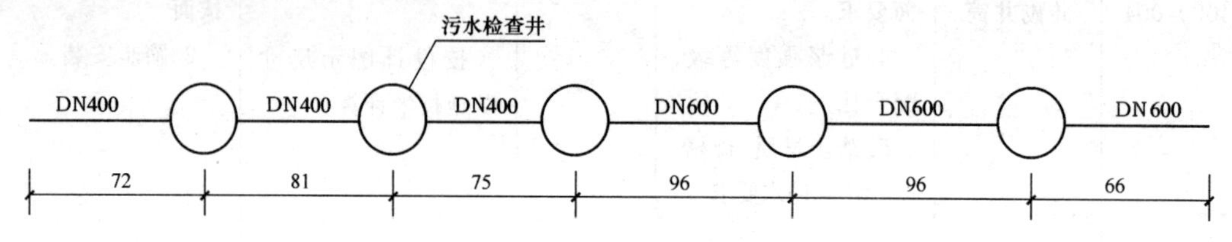

图 1-5-6　砌筑井分布示意图(单位：m)

工程量计算过程及结果

砌筑井的工程量＝5(座)

第六章　水处理工程

第一节　水处理构筑物

一、清单工程量计算规则(表 1-6-1)

表 1-6-1　水处理构筑物工程量计算规则

项目编码	项目名称	项目特征	计量单位	工程量计算规则	工程内容
040601001	现浇混凝土沉井井壁及隔墙	1. 混凝土强度等级 2. 防水、抗渗要求 3. 断面尺寸	m^3	按设计图示尺寸以体积计算	1. 垫木铺设 2. 模板制作、安装、拆除 3. 混凝土拌和、运输、浇筑 4. 养护 5. 预留孔封口
040601002	沉井下沉	1. 土壤类别 2. 断面尺寸 3. 下沉深度 4. 减阻材料种类		按自然面标高至设计垫层底标高间的高度乘以沉井外壁最大断面面积以体积计算	1. 垫木拆除 2. 挖土 3. 沉井下沉 4. 填充减阻材料 5. 余方弃置
040601003	沉井混凝土底板	1. 混凝土强度等级 2. 防水、抗渗要求		按设计图示尺寸以体积计算	1. 模板制作、安装、拆除 2. 混凝土拌和、运输、浇筑 3. 养护
040601004	沉井内地下混凝土结构	1. 部位 2. 混凝土强度等级 3. 防水、抗渗要求			
040601005	沉井混凝土顶板	1. 混凝土强度等级 2. 防水、抗渗要求			
040601006	现浇混凝土池底				

续上表

项目编码	项目名称	项目特征	计量单位	工程量计算规则	工程内容
040601007	现浇混凝土池壁(隔墙)	1. 混凝土强度等级 2. 防水、抗渗要求	m^3	按设计图示尺寸以体积计算	1. 模板制作、安装、拆除 2. 混凝土拌和、运输、浇筑 3. 养护
040601008	现浇混凝土池柱				
040601009	现浇混凝土池梁				
040601010	现浇混凝土池盖板				
040601011	现浇混凝土板	1. 名称、规格 2. 混凝土强度等级 3. 防水、抗渗要求			
040601012	池槽	1. 混凝土强度等级 2. 防水、抗渗要求 3. 池槽断面尺寸 4. 盖板材质	m	按设计图示尺寸以长度计算	1. 模板制作、安装、拆除 2. 混凝土拌和、运输、浇筑 3. 养护 4. 盖板安装 5. 其他材料铺设
040601013	砌筑导流壁、筒	1. 砌体材料、规格 2. 断面尺寸 3. 砌筑、勾缝、抹面砂浆强度等级	m^3	按设计图示尺寸以体积计算	1. 砌筑 2. 抹面 3. 勾缝
040601014	混凝土导流壁、筒	1. 混凝土强度等级 2. 防水、抗渗要求 3. 断面尺寸			1. 模板制作、安装、拆除 2. 混凝土拌和、运输、浇筑 3. 养护
040601015	混凝土楼梯	1. 结构形式 2. 底板厚度 3. 混凝土强度等级	1. m^2 2. m^3	1. 以平方米计量，按设计图示尺寸以水平投影面积计算 2. 以立方米计量，按设计图示尺寸以体积计算	1. 模板制作、安装、拆除 2. 混凝土拌和、运输、浇筑或预制 3. 养护 4. 楼梯安装

续上表

项目编码	项目名称	项目特征	计量单位	工程量计算规则	工程内容
040601016	金属扶梯、栏杆	1. 材质 2. 规格 3. 防腐刷油材质、工艺要求	1. t 2. m	1. 以吨计量，按设计图示尺寸以质量计算 2. 以米计量，按设计图示尺寸以长度计算	1. 制作、安装 2. 除锈、防腐、刷油
040601017	其他现浇混凝土构件	1. 构件名称、规格 2. 混凝土强度等级	m^3	按设计图示尺寸以体积计算	1. 模板制作、安装、拆除 2. 混凝土拌和、运输、浇筑 3. 养护
040601018	预制混凝凝土板	1. 图集、图纸名称 2. 构件代号、名称 3. 混凝土强度等级 4. 防水、抗渗要求			1. 模板制作、安装、拆除 2. 混凝土拌和、运输、浇筑 3. 养护 4. 构件安装 5. 接头灌浆 6. 砂浆制作 7. 运输
040601019	预制混凝土槽				
040601020	预制混凝土支墩				
040601021	其他预制混凝土构件	1. 部位 2. 图集、图纸名称 3. 构件代号、名称 4. 混凝土强度等级 5. 防水、抗渗要求			
040601022	滤板	1. 材质 2. 规格 3. 厚度 4. 部位	m^2	按设计图示尺寸以面积计算	1. 制作 2. 安装
040601023	折板				
040601024	壁板				
040601025	滤料铺设	1. 滤料品种 2. 滤料规格	m^3	按设计图示尺寸以体积计算	铺设

续上表

项目编码	项目名称	项目特征	计量单位	工程量计算规则	工程内容
040601026	尼龙网板	1. 材料品种 2. 材料规格	m^2	按设计图示尺寸以面积计算	1. 制作 2. 安装
040601027	刚性防水	1. 工艺要求 2. 材料品种、规格			1. 配料 2. 铺筑
040601028	柔性防水				涂、贴、粘、刷防水材料
040601029	沉降（施工）缝	1. 材料品种 2. 沉降缝规格 3. 沉降缝部位	m	按设计图示尺寸以长度计算	铺、嵌沉降缝
040601030	井、池渗漏试验	构筑物名称	m^3	按设计图示储水尺寸以体积计算	渗漏试验

二、清单工程量计算

计算实例 1 现浇混凝土沉井井壁及隔墙

某阶梯形沉井采用井壁灌砂，如图 1-6-1 所示，沉井中心到外凸面中心的距离为 5.0 m，设计要求采用触变泥浆助沉，泥浆厚度 200 mm，计算该井壁灌砂的工程量。

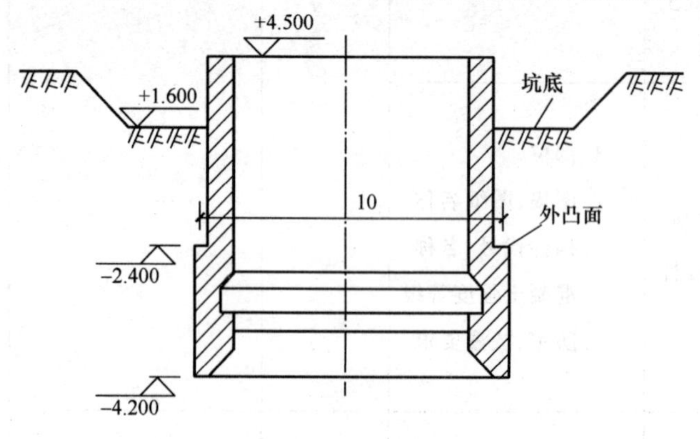

图 1-6-1 井壁灌砂示意图（单位：m）

工程量计算过程及结果

计算高度为 4.0 m

井壁灌砂的工程量＝(1.6 ＋2.4)×0.2×3.14×10＝25.12(m^3)

计算实例 2 沉井下沉

某圆形雨水泵站现场预制的钢筋混凝土沉井，如图 1-6-2 所示，计算沉井下沉的工程量。

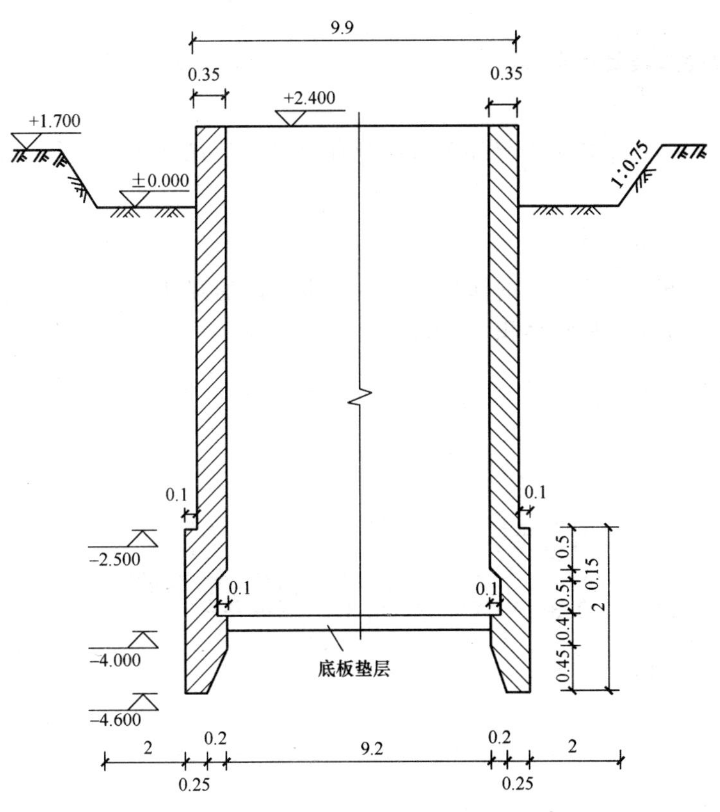

图 1-6-2 沉井立面图(单位:m)

工程量计算过程及结果

$$沉井下沉的工程量=(1.7+4.0)\times 3.14\times\left(\frac{9.2+0.25\times 2+0.2\times 2}{2}\right)^2=456.44(m^3)$$

计算实例 3 沉井混凝土底板

某沉泥井底部剖面图如图 1-6-3 所示,已知沉泥井壁厚为沉泥井直径的 1/12,计算沉井混凝土底板的工程量。

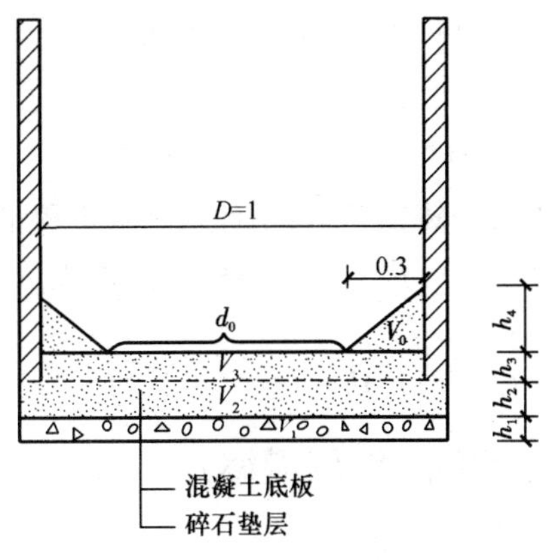

图 1-6-3 沉泥井底部剖面图(单位:m)

$h_1=0.15,h_2=0.25,h_3=0.15,h_4=0.3$

工程量计算过程及结果

如图 1-6-3 所示，由于沉泥井壁厚为沉泥井直径的 1/12，故壁厚 $d=1\times\frac{1}{12}=0.083(\text{m})$，所以碎石垫层直径为：

$d_1=1+2d=1.166(\text{m})$

由图 1-6-3 可知混凝土底板的体积是由一个带壁厚的圆柱 V_2、一个不带壁厚的圆柱 V_3 和一个圆柱减去一个圆台所剩体积 V_0 组成。

$$V_2=\pi d_1^2 h_2=\frac{1}{4}\times3.14\times(1+0.166)^2\times0.25=0.27(\text{m}^3)$$

$$V_3=\pi D^2 h_3=\frac{1}{4}\times3.14\times1^2\times0.15=0.12(\text{m}^3)$$

$$\begin{aligned}V_0&=\frac{1}{4}\pi D^2 h_4-\frac{1}{3}\pi h_4\left(\frac{d_0^2}{2^2}+\frac{D^2}{2^2}+\frac{d_0}{2}\times\frac{D}{2}\right)\\&=\frac{1}{4}\times3.14\times1^2\times0.3-\frac{1}{3}\times3.14\times0.3\times\left[\frac{(1-0.3\times2)^2}{4}+\frac{1^2}{4}+\frac{(1-0.3\times2)}{2}\times\frac{1}{2}\right]\\&=0.24-0.12\\&=0.12(\text{m}^3)\end{aligned}$$

混凝土底板的工程量$=V_2+V_3+V_0=0.27+0.12+0.12=0.51(\text{m}^3)$

计算实例 4 沉井混凝土顶板

某直线井如图 1-6-4 所示，计算沉井混凝土顶板的工程量。

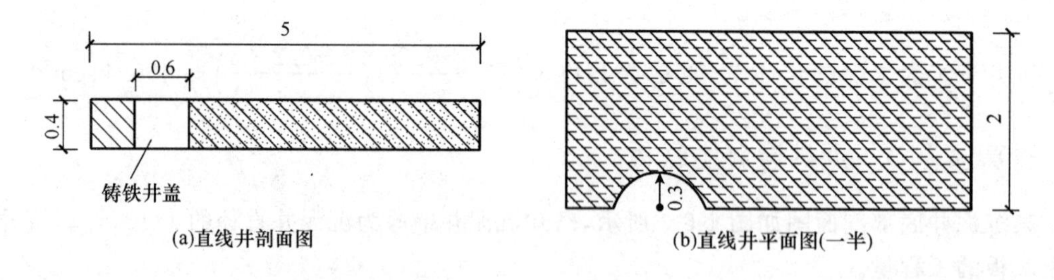

图 1-6-4 直线井示意图

工程量计算过程及结果

此直线井钢筋混凝土顶板上有一铸铁井盖，不计入顶板工程量。

如图 1-6-4 所示：盖板长度 $l=5$ m；宽 $B=2\times2=4$ m；厚度 $h=0.4$ m；铸铁井盖半径 $r=0.3$ m。

沉井混凝土顶板的工程量$=(Bl-\pi r^2)h=(4\times5-3.14\times0.3^2)\times0.4=7.89(\text{m}^3)$

计算实例 5 现浇混凝土池底、池壁(隔墙)

某一半地下室锥坡池底如图 1-6-5 所示，池底下有混凝土垫层 25 cm，伸出池底外周边 15 cm，该池底总厚 60 cm，圆锥高 30 cm，池壁外径 8.0 m，内径 7.5 m，池壁深 10 m，计算该混凝土池底的工程量以及现浇混凝土池壁的工程量。

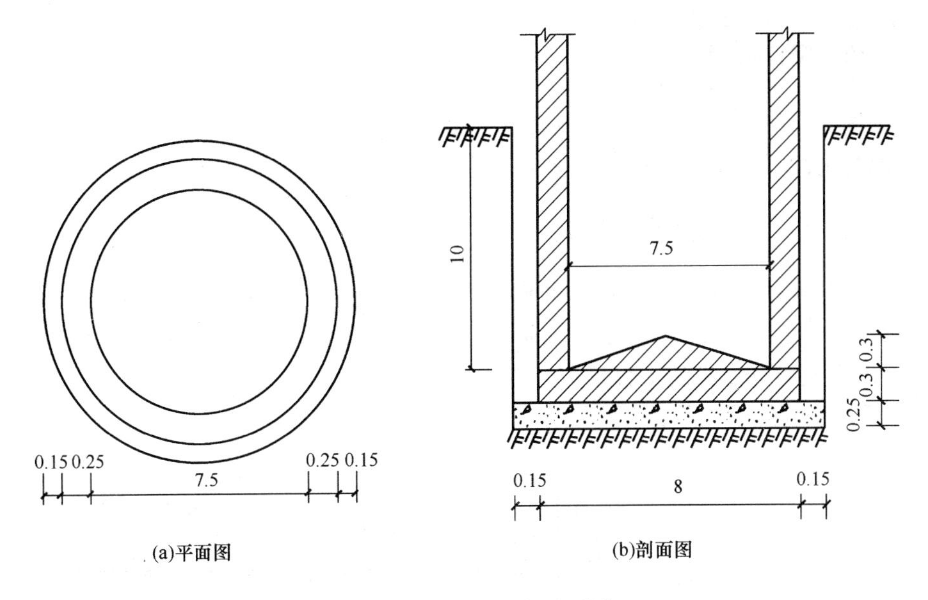

图 1-6-5　锥坡形池底示意图(单位:m)

工程量计算过程及结果

(1)混凝土池底的工程量＝圆锥体部分的工程量＋圆柱体部分的工程量

$$=\frac{1}{3}\times 0.3\times 3.14\times\left(\frac{7.5}{2}\right)^2+0.3\times 3.14\times\left(\frac{8}{2}\right)^2$$

$$=4.42+15.07$$

$$=19.49(\text{m}^3)$$

(2)现浇混凝土池壁的工程量$=10\times 3.14\times\left[\left(\frac{8}{2}\right)^2-\left(\frac{7.5}{2}\right)^2\right]=60.84(\text{m}^3)$

计算实例 6　现浇混凝土池柱

某架空式方形污水处理水池如图 1-6-6 所示,池底为平池底形式,下部有 4 根截面尺寸为 60 cm×60 cm 的方柱支撑,计算方柱的混凝土工程量。

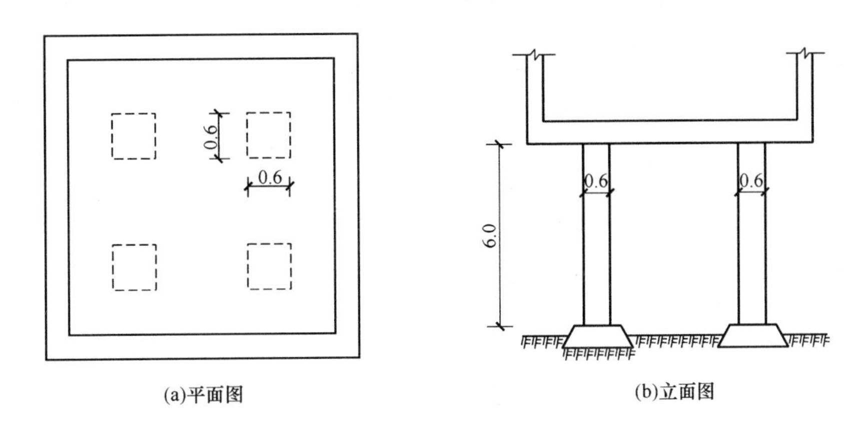

图 1-6-6　某架空式方形污水处理水池示意图(单位:m)

工程量计算过程及结果

方柱高度：6.0 m（柱基上表面至池底下表面）。

方柱混凝土的工程量＝0.6×0.6×6.0×4＝8.64(m^3)

计算实例 7 现浇混凝土池梁

某架空式配水井如图 1-6-7 所示，井底为平池底，呈方形，该配水井底部由 4 根截面尺寸为 45 cm×45 cm 的方柱支撑，柱顶是截面尺寸为 60 cm×35 cm 的矩形圈梁，圈梁与柱浇筑在一起，计算现浇混凝土池梁的工程量。

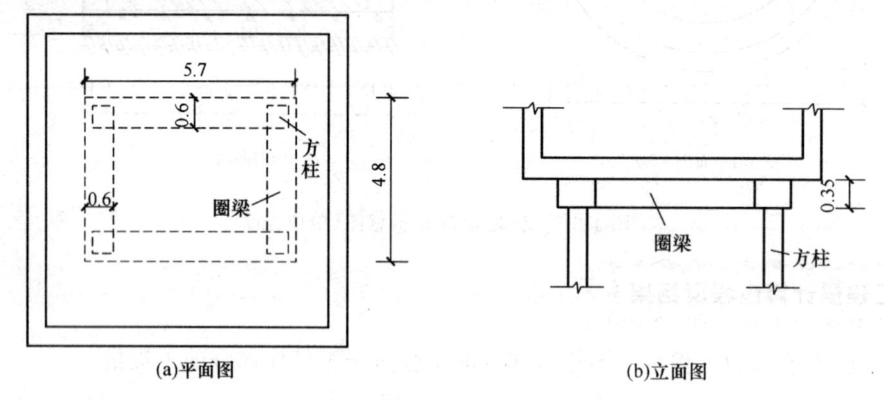

图 1-6-7 架空式配水井示意图(单位：m)

工程量计算过程及结果

圈梁长度＝[(5.7－0.6×2)＋(4.8－2×0.6)]×2＝16.20(m)

现浇混凝土池梁的工程量＝0.6×0.35×16.2＝3.40(m^3)

计算实例 8 现浇混凝土池盖

某无梁池盖的污水处理池，池盖如图 1-6-8 所示，水池呈圆形，内径为 8.5 m，外径为 9.2 m，池壁顶扩大部分中心线在平面呈圆形，直径为 8.7 m，池盖厚 25 cm，计算该池盖混凝土的工程量。

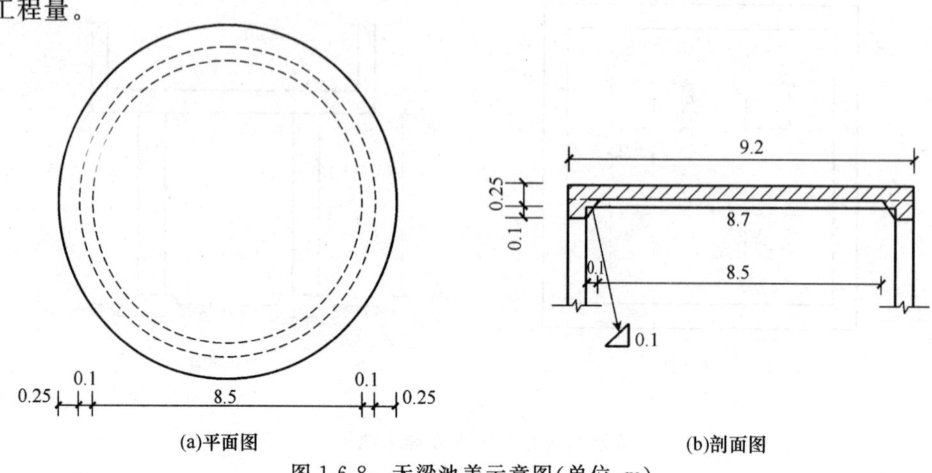

图 1-6-8 无梁池盖示意图(单位：m)

工程量计算过程及结果

池盖上部(不包括池壁扩大部分)混凝土的工程量$=\frac{3.14\times9.2^2}{4}\times0.25=16.61(m^3)$

池壁扩大部分混凝土的工程量$=\frac{1}{2}\times0.1\times(0.25+0.25+0.1)\times3.14\times8.7=0.82(m^3)$

池盖混凝土的工程量$=16.61+0.82=17.43(m^3)$

计算实例 9　现浇混凝土板

某挑檐式走道板如图 1-6-9 所示,走道板布置在圆形水池外侧,伸入池壁 20 cm,走道板平面图上呈圆环形,其内径为 6.6 m,外径为 8.6 m,厚 20 cm,计算该现浇走道板的混凝土工程量。

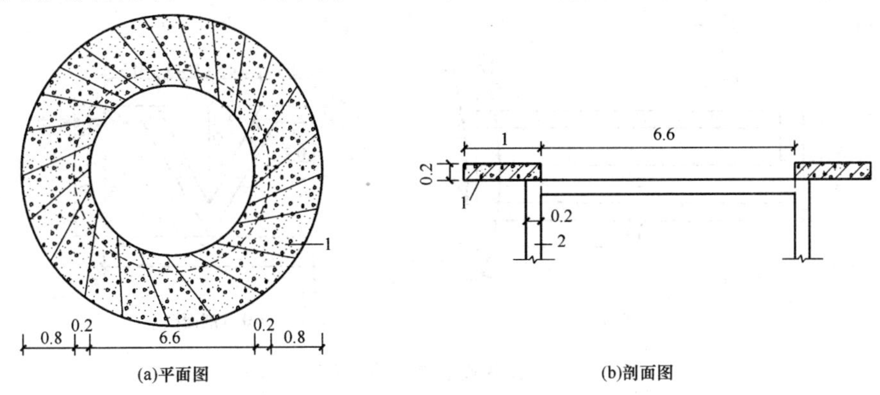

图 1-6-9　挑檐式走道板示意图(单位:m)

1—走道板;2—池壁

工程量计算过程及结果

走道板混凝土的工程量$=3.14\times\frac{8.6^2-(6.6+0.2\times2)^2}{4}\times0.2=3.92(m^3)$

计算实例 10　混凝土导流壁、筒

某沉淀池如图 1-6-10 所示,长、宽、高分别为 10 m、7.5 m 和 5 m。池中心设一圆形中心管作为导流筒,中心管外径为 3.0 m,内径为 2.5 m,管顶上部是一管帽,高 55 cm,管帽顶板外径为 3.54 m,内径为 3.04 m,厚 25 cm,计算混凝土导流筒的工程量。

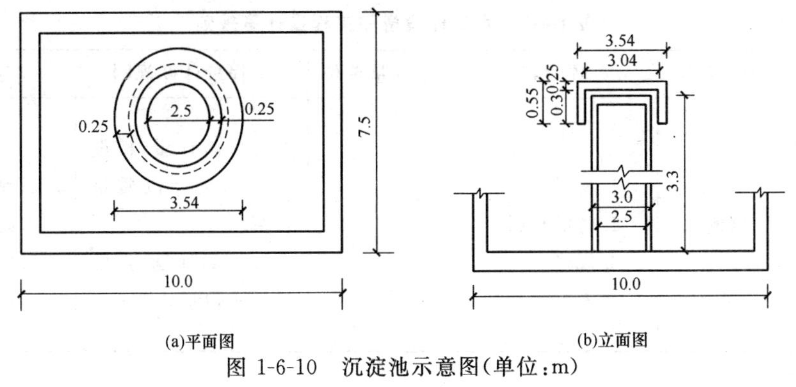

图 1-6-10　沉淀池示意图(单位:m)

工程量计算过程及结果

管帽混凝土的工程量$=3.14\times\left(\frac{3.54}{2}\right)^2\times0.25+3.14\times\frac{3.54^2-3.04^2}{4}\times0.3$

$=2.46+0.77=3.23(m^3)$

管身混凝土的工程量$=3.14\times\frac{3.0^2-2.5^2}{4}\times3.3=7.12(m^3)$

混凝土导流筒的工程量$=3.23+7.12=10.35(m^3)$

计算实例 11　预制混凝土槽

某悬臂式水槽如图 1-6-11 所示，工厂预制施工，该水槽伸入池壁 20 cm，总长度 4.0 m，计算该水槽的混凝土工程量。

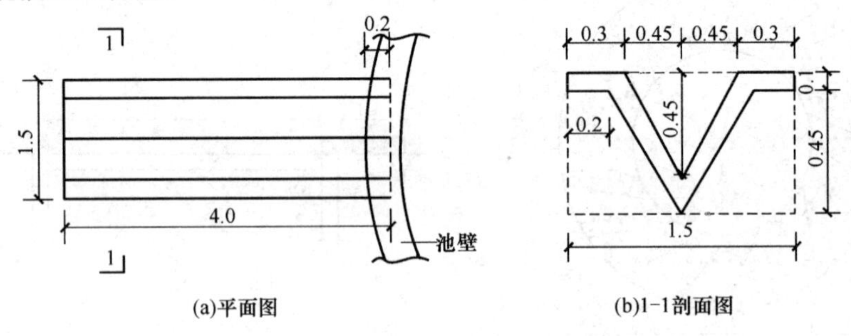

图 1-6-11　悬臂式水槽示意图(单位:m)

工程量计算过程及结果

截面面积$=1.5\times(0.45+0.1)-2\times\frac{1}{2}\times0.45\times0.45-2\times\frac{1}{2}\times(0.2+0.75)\times0.45$

$=0.825-0.2025-0.4275$

$=0.195(m^2)$

预制混凝土槽的工程量$=0.195\times4=0.78(m^3)$

第二节　水处理设备

一、清单工程量计算规则(表 1-6-2)

表 1-6-2　水处理设备和工程量计算规则

项目编码	项目名称	项目特征	计量单位	工程量计算规则	工程内容
040602001	格栅	1.材质 2.防腐材料 3.规格	1.t 2.套	1.以吨计量，按设计图示尺寸以质量计算 2.以套计量，按设计图示数量计算	1.制作 2.防腐 3.安装

续上表

项目编码	项目名称	项目特征	计量单位	工程量计算规则	工程内容
040602002	格栅除污机	1. 类型 2. 材质 3. 规格、型号 4. 参数	台	按设计图示数量计算	1. 安装 2. 无负荷试运转
040602003	滤网清污机				
040602004	压榨机				
040602005	刮砂机				
040602006	吸砂机				
040602007	刮泥机				
040602008	吸泥机				
040602009	刮吸泥机				
040602010	撇渣机				
040602011	砂(泥)水分离器				
040602012	曝气机				
040602013	曝气器		个		
040602014	布气管	1. 材质 2. 直径	m	按设计图示以长度计算	1. 钻孔 2. 安装
040602015	滗水器	1. 类型 2. 材质 3. 规格、型号 4. 参数	套	按设计图示数量计算	1. 安装 2. 无负荷试运转
040602016	生物转盘				
040602017	搅拌机		台		
040602018	推进器				
040602019	加药设备		套		
040602020	加氯机				
040602021	氯吸收装置				
040602022	水射器	1. 材质 2. 公称直径	个		
040602023	管式混合器				
040602024	冲洗装置	1. 类型 2. 材质 3. 规格、型号 4. 参数	套		
040602025	带式压滤机		台		
040602026	污泥脱水机				
040602027	污泥浓缩机				
040602028	污泥浓缩脱水一体机				
040602029	污泥输送机				
040602030	污泥切割机				

续上表

<table>
<tr><th>项目编码</th><th>项目名称</th><th>项目特征</th><th>计量单位</th><th>工程量计算规则</th><th>工程内容</th></tr>
<tr><td>040602031</td><td>闸门</td><td rowspan="5">1. 类型
2. 材质
3. 形式
4. 规格、型号</td><td rowspan="4">1. 座
2. t</td><td rowspan="4">1. 以座计量，按设计图示数量计算
2. 以吨计量，按设计图示尺寸以质量计算</td><td rowspan="7">1. 安装
2. 操纵装置安装
3. 调试</td></tr>
<tr><td>040602032</td><td>旋转门</td></tr>
<tr><td>040602033</td><td>堰门</td></tr>
<tr><td>040602034</td><td>拍门</td></tr>
<tr><td>040602035</td><td>启闭机</td><td>台</td><td rowspan="3">按设计图示数量计算</td></tr>
<tr><td>040602036</td><td>升杆式铸铁泥阀</td><td rowspan="2">公称直径</td><td rowspan="2">座</td></tr>
<tr><td>040602037</td><td>平底盖闸</td></tr>
<tr><td>040602038</td><td>集水槽</td><td rowspan="2">1. 材质
2. 厚度
3. 形式
4. 防腐材料</td><td rowspan="3">m^2</td><td rowspan="3">按设计图示尺寸以面积计算</td><td rowspan="2">1. 制作
2. 安装</td></tr>
<tr><td>040602039</td><td>堰板</td></tr>
<tr><td>040602040</td><td>斜板</td><td>1. 材料品种
2. 厚度</td><td rowspan="2">安装</td></tr>
<tr><td>040602041</td><td>斜管</td><td>1. 斜管材料品种
2. 斜管规格</td><td>m</td><td>按设计图示以长度计算</td></tr>
<tr><td>040602042</td><td>紫外线消毒设备</td><td rowspan="5">1. 类型
2. 材质
3. 规格、型号
4. 参数</td><td rowspan="5">套</td><td rowspan="5">按设计图示数量计算</td><td rowspan="5">1. 安装
2. 无负荷试运转</td></tr>
<tr><td>040602043</td><td>臭氧消毒设备</td></tr>
<tr><td>040602044</td><td>除臭设备</td></tr>
<tr><td>040602045</td><td>膜处理设备</td></tr>
<tr><td>040602046</td><td>在线水质检测设备</td></tr>
</table>

二、清单工程量计算

计算实例 1　格栅除污机

某城镇在污水处理工程中采用格栅除污机，如图 1-6-12 所示，该污水工程共有此种机器 8 台，计算格栅除污机工程量。

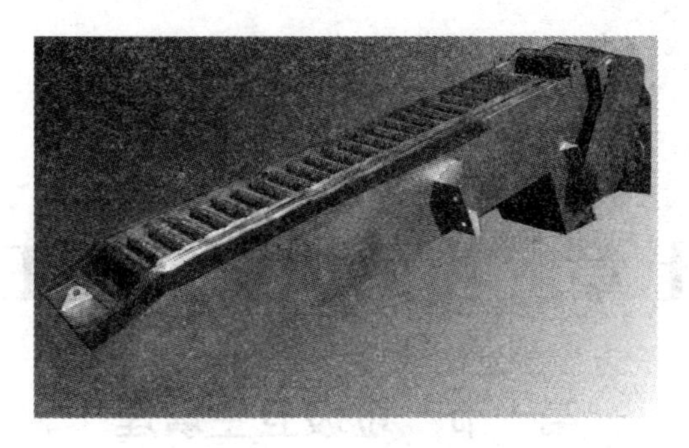

图 1-6-12 格栅除污机

工程量计算过程及结果

格栅除污机的工程量=8(台)

计算实例 2 射水器

某给水工程中常采用水射器，水射器投加混凝剂简图如图 1-6-13 所示，计算水射器工程量。

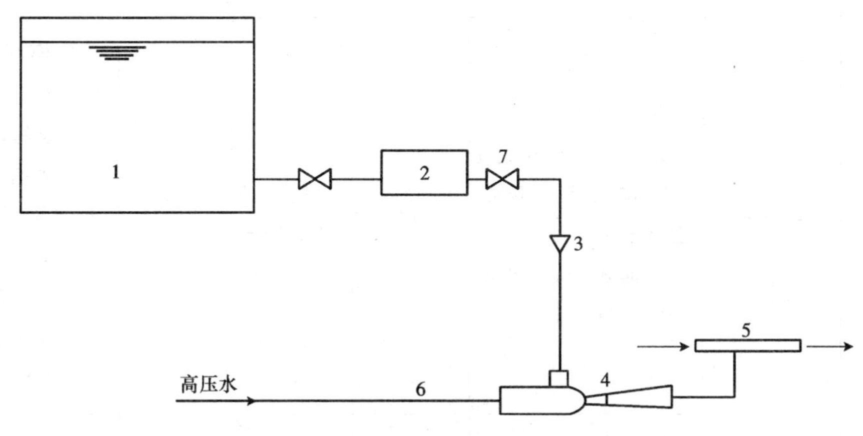

图 1-6-13 水射器投加混凝剂示意图

1—溶液池；2—投药箱；3—漏斗；4—水射器(DN40)；5—压水管；6—高压水管；7—阀门

工程量计算过程及结果

DN40 水射器的工程量=1(个)(按设计图示数量计算)

第七章　生活垃圾处理工程

第一节　垃圾卫生填埋

一、清单工程量计算规则(表1-7-1)

表1-7-1　垃圾卫生填埋工程量计算规则

项目编码	项目名称	项目特征	计量单位	工程量计算规则	工程内容
040701001	场地平整	1.部位 2.坡度 3.压实度	m^2	按设计图示尺寸以面积计算	1.找坡、平整 2.压实
040701002	垃圾坝	1.结构类型 2.土石种类、密实度 3.砌筑形式、砂浆强度等级 4.混凝土强度等级 5.断面尺寸	m^3	按设计图示尺寸以体积计算	1.模板制作、安装、拆除 2.地基处理 3.摊铺、夯实、碾压、整形、修坡 4.砌筑、填缝、铺浆 5.浇筑混凝土 6.沉降缝 7.养护
040701003	压实黏土防渗层	1.厚度 2.压实度 3.渗透系数	m^2	按设计图示尺寸以面积计算	1.填筑、平整 2.压实
040701004	高密度聚乙烯(HDPD)膜	1.铺设位置 2.厚度、防渗系数 3.材料规格、强度、单位重量 4.连(搭)接方式			1.裁剪 2.铺设 3.连(搭)接
040701005	钠基膨润土防水毯(GCL)				
040701006	土工合成材料				

续上表

项目编码	项目名称	项目特征	计量单位	工程量计算规则	工程内容
040701007	袋装土保护层	1. 厚度 2. 材料品种、规格 3. 铺设位置	m^2	按设计图示尺寸以面积计算	1. 运输 2. 土装袋 3. 铺设或铺筑 4. 袋装土放置
040701008	帷幕灌浆垂直防渗	1. 地质参数 2. 钻孔孔径、深度、间距 3. 水泥浆配比	m	按设计图示尺寸以长度计算	1. 钻孔 2. 清孔 3. 压力注浆
040701009	碎(卵)石导流层	1. 材料品种 2. 材料规格 3. 导流层厚度或断面尺寸	m^3	按设计图示尺寸以体积计算	1. 运输 2. 铺筑
040701010	穿孔管铺设	1. 材质、规格、型号 2. 直径、壁厚 3. 穿孔尺寸、间距 4. 连接方式 5. 铺设位置	m	按设计图示尺寸以长度计算	1. 铺设 2. 连接 3. 管件安装
040701011	无孔管铺设	1. 材质、规格 2. 直径、壁厚 3. 连接方式 4. 铺设位置			
040701012	盲沟	1. 材质、规格 2. 垫层、粒料规格 3. 断面尺寸 4. 外层包裹材料性能指标			1. 垫层、粒料铺筑 2. 管材铺设、连接 3. 粒料填充 4. 外层材料包裹
040701013	导气石笼	1. 石笼直径 2. 石料粒径 3. 导气管材质、规格 4. 反滤层材料 5. 外层包裹材料性能指标	1. m 2. 座	1. 以米计量，按设计图示尺寸以长度计算 2. 以座计量，按设计图示数量计算	1. 外层材料包裹 2. 导气管铺设 3. 石料填充

续上表

<table>
<tr><th>项目编码</th><th>项目名称</th><th>项目特征</th><th>计量单位</th><th>工程量计算规则</th><th>工程内容</th></tr>
<tr><td>040701014</td><td>浮动覆盖膜</td><td>1. 材质、规格
2. 锚固方式</td><td>m^2</td><td>按设计图示尺寸以面积计算</td><td>1. 浮动膜安装
2. 布置重力压管
3. 四周锚固</td></tr>
<tr><td>040701015</td><td>燃烧火炬装置</td><td>1. 基座形式、材质、规格、强度等级
2. 燃烧系统类型、参数</td><td>套</td><td rowspan="2">按设计图示数量计算</td><td>1. 浇筑混凝土
2. 安装
3. 调试</td></tr>
<tr><td>040701016</td><td>监测井</td><td>1. 地质参数
2. 钻孔孔径、深度
3. 监测井材料、直径、壁厚、连接方式
4. 滤料材质</td><td>口</td><td>1. 钻孔
2. 井筒安装
3. 填充滤料</td></tr>
<tr><td>040701017</td><td>堆体整形处理</td><td>1. 压实度
2. 边坡坡度</td><td rowspan="3">m^2</td><td rowspan="3">按设计图示尺寸以面积计算</td><td>1. 挖、填及找坡
2. 边坡整形
3. 压实</td></tr>
<tr><td>040701018</td><td>覆盖植被层</td><td>1. 材料品种
2. 厚度
3. 渗透系数</td><td>1. 铺筑
2. 压实</td></tr>
<tr><td>040701019</td><td>防风网</td><td>1. 材质、规格
2. 材料性能指标</td><td>安装</td></tr>
<tr><td>040701020</td><td>垃圾压缩设备</td><td>1. 类型、材质
2. 规格、型号
3. 参数</td><td>套</td><td>按设计图示数量计算</td><td>1. 安装
2. 调试</td></tr>
</table>

二、清单工程量计算

计算实例 1　场地整平

某垃圾填埋场场地整平工程平面图为一矩形，长 10 m，宽 7 m。计算场地整平的工程量。

工程量计算过程及结果

场地整平的工程量＝10×7＝70(m^2)

计算实例 2　穿孔管铺设

某生活垃圾处理工程有 DN200 的穿孔管 700 m，计算穿孔管铺设的工程量。

工程量计算过程及结果

穿孔管铺设的工程量＝700(m)

计算实例 3　监测井

某小型垃圾卫生填埋场有 2 口孔径为 1.5 m 的监测井，计算该工程监测井的工程量。

工程量计算过程及结果

监测井的工程量＝2(口)

第二节　垃圾焚烧

一、清单工程量计算规则(表 1-7-2)

表 1-7-2　垃圾焚烧工程量计算规则

项目编码	项目名称	项目特征	计量单位	工程量计算规则	工程内容
040702001	汽车衡	1. 规格、型号 2. 精度	台	按设计图示数量计算	1. 安装 2. 调试
040702002	自动感应洗车装置	1. 类型 2. 规格、型号 3. 参数	套		
040702003	破碎机		台		
040702004	垃圾卸料门	1. 尺寸 2. 材质 3. 自动开关装置	m^2	按设计图示尺寸以面积计算	
040702005	垃圾抓斗起重机	1. 规格、型号、精度 2. 跨度、高度 3. 自动称重、控制系统要求	套	按设计图示数量计算	

续上表

项目编码	项目名称	项目特征	计量单位	工程量计算规则	工程内容
040702006	焚烧炉体	1.类型 2.规格、型号 3.处理能力 4.参数	套	按设计图示数量计算	1.安装 2.调试

二、清单工程量计算

计算实例 1　汽车衡

某垃圾焚烧工程有 2 台汽车衡，宽 3 m，长 6 m，最大承重为 35 t，计算汽车衡的工程量。

工程量计算过程及结果

汽车衡的工程量＝2(台)

计算实例 2　垃圾卸料门

某工程有 40 樘垃圾卸料门，其尺寸为 6 m×3.8 m，计算垃圾卸料门的工程量。

工程量计算过程及结果

垃圾卸料门的工程量＝40×6×3.8＝912(m^2)

第八章　路灯工程

第一节　变配电设备工程

一、清单工程量计算规则(表 1-8-1)

表 1-8-1　变配电设备工程工程量计算规则

项目编码	项目名称	项目特征	计量单位	工程量计算规则	工程内容
040801001	杆上变压器	1. 名称 2. 型号 3. 容量(kV·A) 4. 电压(kV) 5. 支架材质、规格 6. 网门、保护门材质、规格 7. 油过滤要求 8. 干燥要求	台	按设计图示数量计算	1. 支架制作、安装 2. 本体安装 3. 油过滤 4. 干燥 5. 网门、保护门制作、安装 6. 补刷(喷)油漆 7. 接地
040801002	地上变压器	1. 名称 2. 型号 3. 容量(kV·A) 4. 电压(kV) 5. 基础形式、材质、规格 6. 网门、保护门材质、规格 7. 油过滤要求 8. 干燥要求			1. 基础制作、安装 2. 本体安装 3. 油过滤 4. 干燥 5. 网门、保护门制作、安装 6. 补刷(喷)油漆 7. 接地
040801003	组合型成套箱式变电站	1. 名称 2. 型号 3. 容量(kV·A) 4. 电压(kV) 5. 组合形式 6. 基础形式、材质、规格			1. 基础制作、安装 2. 本体安装 3. 进箱母线安装 4. 补刷(喷)油漆 5. 接地

续上表

<table>
<tr><th>项目编码</th><th>项目名称</th><th>项目特征</th><th>计量单位</th><th>工程量计算规则</th><th>工程内容</th></tr>
<tr><td>040801004</td><td>高压成套配电柜</td><td>1.名称
2.型号
3.规格
4.母线配置方式
5.种类
6.基础形式、材质、规格</td><td rowspan="4">台</td><td rowspan="4">按设计图示数量计算</td><td>1.基础制作、安装
2.本体安装
3.补刷(喷)油漆
4.接地</td></tr>
<tr><td>040801005</td><td>低压成套控制柜</td><td>1.名称
2.型号
3.规格
4.种类
5.基础形式、材质、规格
6.接线端子材质、规格
7.端子板外部接线材质、规格</td><td rowspan="2">1.基础制作、安装
2.本体安装
3.附件安装
4.焊、压接线端子
5.端子接线
6.补刷(喷)油漆
7.接地</td></tr>
<tr><td>040801006</td><td>落地式控制箱</td><td>1.名称
2.型号
3.规格
4.基础形式、材质、规格
5.回路
6.附件种类、规格
7.接线端子材质、规格
8.端子板外部接线材质、规格</td></tr>
<tr><td>040801007</td><td>杆上控制箱</td><td>1.名称
2.型号
3.规格
4.回路
5.附件种类、规格
6.支架材质、规格
7.进出线管管架材质、规格、安装高度
8.接线端子材质、规格
9.端子板外部接线材质、规格</td><td>1.支架制作、安装
2.本体安装
3.附件安装
4.焊、压接线端子
5.端子接线
6.进出线管管架安装
7.补刷(喷)油漆
8.接地</td></tr>
</table>

续上表

<table>
<tr><th>项目编码</th><th>项目名称</th><th>项目特征</th><th>计量单位</th><th>工程量计算规则</th><th>工程内容</th></tr>
<tr><td>040801008</td><td>杆上配电箱</td><td rowspan="2">1. 名称
2. 型号
3. 规格
4. 安装方式
5. 支架材质、规格
6. 接线端子材质、规格
7. 端子板外部接线材质、规格</td><td rowspan="7">台</td><td rowspan="7">按设计图示数量计算</td><td rowspan="2">1. 支架制作、安装
2. 本体安装
3. 焊、压接线端子
4. 端子接线
5. 补刷(喷)油漆
6. 接地</td></tr>
<tr><td>040801009</td><td>悬挂嵌入式配电箱</td></tr>
<tr><td>040801010</td><td>落地式配电箱</td><td>1. 名称
2. 型号
3. 规格
4. 基础形式、材质、规格
5. 接线端子材质、规格
6. 端子板外部接线材质、规格</td><td>1. 基础制作、安装
2. 本体安装
3. 焊、压接线端子
4. 端子接线
5. 补刷(喷)油漆
6. 接地</td></tr>
<tr><td>040801011</td><td>控制屏</td><td rowspan="4">1. 名称
2. 型号
3. 规格
4. 种类
5. 基础形式、材质、规格
6. 接线端子材质、规格
7. 端子板外部接线材质、规格
8. 小母线材质、规格
9. 屏边规格</td><td rowspan="2">1. 基础制作、安装
2. 本体安装
3. 端子板安装
4. 焊、压接线端子
5. 盘柜配线、端子接线
6. 小母线安装
7. 屏边安装
8. 补刷(喷)油漆
9. 接地</td></tr>
<tr><td>040801012</td><td>继电、信号屏</td></tr>
<tr><td>040801013</td><td>低压开关柜(配电屏)</td><td>1. 基础制作、安装
2. 本体安装
3. 端子板安装
4. 焊、压接线端子
5. 盘柜配线、端子接线
6. 屏边安装
7. 补刷(喷)油漆
8. 接地</td></tr>
<tr><td>040801014</td><td>弱电控制返回屏</td><td>1. 基础制作、安装
2. 本体安装
3. 端子板安装
4. 焊、压接线端子
5. 盘柜配线、端子接线
6. 小母线安装
7. 屏边安装
8. 补刷(喷)油漆</td></tr>
</table>

续上表

项目编码	项目名称	项目特征	计量单位	工程量计算规则	工程内容
040801015	控制台	1. 名称 2. 型号 3. 规格 4. 种类 5. 基础形式、材质、规格 6. 接线端子材质、规格 7. 端子板外部接线材质、规格 8. 小母线材质、规格	台	按设计图示数量计算	1. 基础制作、安装 2. 本体安装 3. 端子板安装 4. 焊、压接线端子 5. 盘柜配线、端子接线 6. 小母线安装 7. 补刷(喷)油漆 8. 接地
040801016	电力电容器	1. 名称 2. 型号 3. 规格 4. 质量	个		1. 本体安装、调试 2. 接线 3. 接地
040801017	跌落式熔断器	1. 名称 2. 型号 3. 规格 4. 安装部位	组		
040801018	避雷器	1. 名称 2. 型号 3. 规格 4. 电压(kV) 5. 安装部位			1. 本体安装、调试 2. 接线 3. 补刷(喷)油漆 4. 接地
040801019	低压熔断器	1. 名称 2. 型号 3. 规格 4. 接线端子材质、规格	个		1. 本体安装 2. 焊、压接线端子 3. 接线
040801020	隔离开关	1. 名称 2. 型号 3. 容量(A) 4. 电压(kV) 5. 安装条件 6. 操作机构名称、型号 7. 接线端子材质、规格	组		1. 本体安装、调试 2. 接线 3. 补刷(喷)油漆 4. 接地
040801021	负荷开关				
040801022	真空断路器		台		

续上表

项目编码	项目名称	项目特征	计量单位	工程量计算规则	工程内容
040801023	限位开关	1.名称 2.型号 3.规格 4.接线端子材质、规格	个	按设计图示数量计算	1.本体安装 2.焊、压接线端子 3.接线
040801024	控制器		台		
040801025	接触器				
040801026	磁力启动器				
040801027	分流器	1.名称 2.型号 3.规格 4.容量(A) 5.接线端子材质、规格	个		
040801028	小电器	1.名称 2.型号 3.规格 4.接线端子材质、规格	个(套、台)		
040801029	照明开关	1.名称 2.材质 3.规格 4.安装方式	个		1.本体安装 2.接线
040801030	插座				
040801031	线缆断线报警装置	1.名称 2.型号 3.规格 4.参数	套		1.本体安装、调试 2.接线
040801032	铁构件制作、安装	1.名称 2.材质 3.规格	kg	按设计图示尺寸以质量计算	1.制作 2.安装 3.补刷(喷)油漆
040801033	其他电器	1.名称 2.型号 3.规格 4.安装方式	个(套、台)	按设计图示数量计算	1.本体安装 2.接线

二、清单工程量计算

计算实例 1　杆上变压器

某工程采用的杆上变压器如图 1-8-1 所示，共有 5 台这样的杆上变压器，计算杆上变压器的工程量。

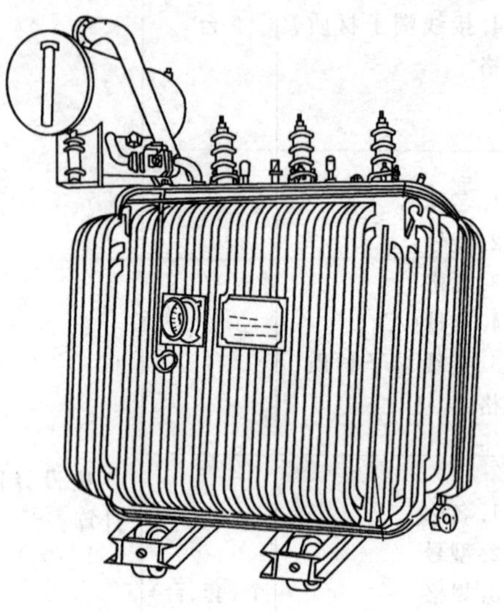

图 1-8-1　杆上变压器示意图

工程量计算过程及结果

杆上变压器的工程量＝5(台)

计算实例 2　落地式变电箱

某工程有如图 1-8-2 所示的落地式变电箱 10 台，高为 1.5 m，宽 0.5 m，计算落地式变电箱的工程量。

图 1-8-2　落地式变电箱

工程量计算过程及结果

落地式变电箱的工程量＝10(台)

计算实例 3 避雷器

某管形避雷器如图 1-8-3 所示，某工程有 2 组这样的管形避雷器，计算管形避雷器的工程量。

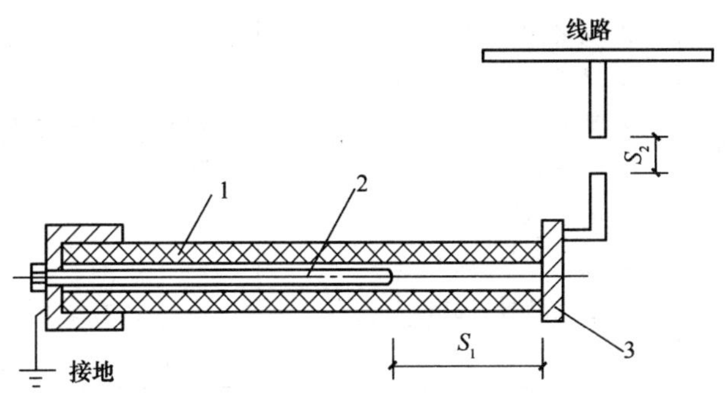

图 1-8-3 管形避雷器

1—产气管；2—内部电极；3—外部电极；S_1—内部间隙；S_2—外部间隙

避雷器的工程量＝2(组)

第二节 10 kV 以下架空线路工程

一、清单工程量计算规则(表 1-8-2)

表 1-8-2 10 kV 以下架空线路工程工程量计算规则

项目编码	项目名称	项目特征	计量单位	工程量计算规则	工程内容
040802001	电杆组立	1. 名称 2. 规格 3. 材质 4. 类型 5. 地形 6. 土质 7. 底盘、拉盘、卡盘规格 8. 拉线材质、规格、类型 9. 引下线支架安装高度 10. 垫层、基础：厚度、材料品种、强度等级 11. 电杆防腐要求	根	按设计图示数量计算	1. 工地运输 2. 垫层、基础浇筑 3. 底盘、拉盘、卡盘安装 4. 电杆组立 5. 电杆防腐 6. 拉线制作、安装 7. 引下线支架安装

续上表

项目编码	项目名称	项目特征	计量单位	工程量计算规则	工程内容
040802002	横担组装	1.名称 2.规格 3.材质 4.类型 5.安装方式 6.电压(kV) 7.瓷瓶型号、规格 8.金具型号、规格	组	按设计图示数量计算	1.横担安装 2.瓷瓶、金具组装
040802003	导线架设	1.名称 2.型号 3.规格 4.地形 5.导线跨越类型	km	按设计图示尺寸另加预留量以单线长度计算	1.工地运输 2.导线架设 3.导线跨越及进户线架设

二、清单工程量计算

计算实例1　电杆组立

图1-8-4为电杆组立现场布置图，已知立杆坑深400 mm，某工程共立10根这样的电杆，计算该工程电杆组立的工程量。

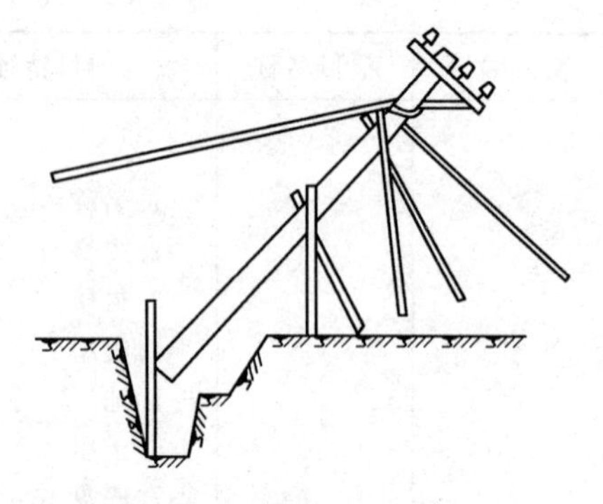

图1-8-4　电杆组立现场布置

工程量计算过程及结果

电杆组立的工程量=10(根)

计算实例2　导线架设

某工程架设导线，采用BLV型铝芯绝缘导线，共架设长1 500 m，计算导线架设工程量。

工程量计算过程及结果

架设导线的工程量=1 500(m)=1.5(km)

第三节 电缆工程

一、清单工程量计算规则(表 1-8-3)

表 1-8-3 电缆工程工程量计算规则

项目编码	项目名称	项目特征	计量单位	工程量计算规则	工程内容
040803001	电缆	1. 名称 2. 型号 3. 规格 4. 材质 5. 敷设方式、部位 6. 电压(kV) 7. 地形	m	按设计图示尺寸另加预留及附加量以长度计算	1. 揭(盖)盖板 2. 电缆敷设
040803002	电缆保护管	1. 名称 2. 型号 3. 规格 4. 材质 5. 敷设方式 6. 过路管加固要求		按设计图示尺寸以长度计算	1. 保护管敷设 2. 过路管加固
040803003	电缆排管	1. 名称 2. 型号 3. 规格 4. 材质 5. 垫层、基础:厚度、材料品种、强度等级 6. 排管排列形式			1. 垫层、基础浇筑 2. 排管敷设
040803004	管道包封	1. 名称 2. 规格 3. 混凝土强度等级			1. 灌注 2. 养护
040803005	电缆终端头	1. 名称 2. 型号 3. 规格 4. 材质、类型 5. 安装部位 6. 电压(kV)	个	按设计图示数量计算	1. 制作 2. 安装 3. 接地

续上表

项目编码	项目名称	项目特征	计量单位	工程量计算规则	工程内容
040803006	电缆中间头	1. 名称 2. 型号 3. 规格 4. 材质、类型 5. 安装方式 6. 电压(kV)	个	按设计图示数量计算	1. 制作 2. 安装 3. 接地
040803007	铺砂、盖保护板(砖)	1. 种类 2. 规格	m	按设计图示尺寸以长度计算	1. 铺砂 2. 盖保护板(砖)

二、清单工程量计算

计算实例 1　电缆保护管

某 10 kV 以下架空线路架设的电缆剖切示意图如图 1-8-5 所示，共需 1 000 m 的电缆保护管，计算电缆保护管的工程量。

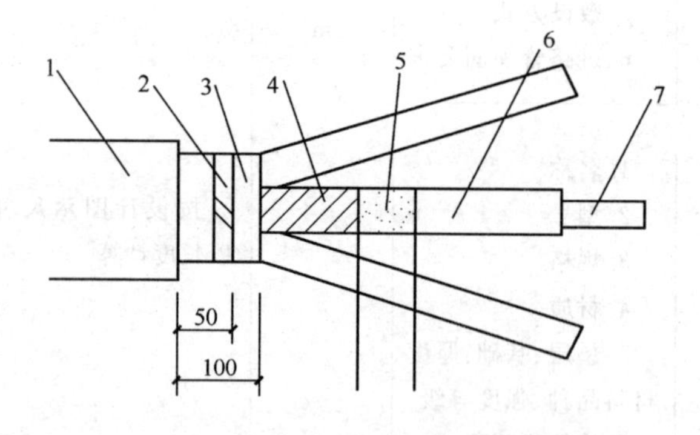

图 1-8-5　电缆剖切示意图(单位：mm)

1—外护管；2—钢带卡子；3—内护套；4—铜屏蔽带；5—半导体布；6—交联聚乙烯绝缘；7—线芯

工程量计算过程及结果

电缆保护管的工程量＝1 000(m)

计算实例 2　电缆终端头

某工程需要 10 kV 电缆终端头 5 个，如图 1-8-6 所示，试计算电缆终端头的工程量。

图 1-8-6 电缆终端头示意图

电缆终端头的工程量=5(个)

第四节 配管、配线工程

一、清单工程量计算规则(表 1-8-4)

表 1-8-4 配管、配线工程工程量计算规则

项目编码	项目名称	项目特征	计量单位	工程量计算规则	工程内容
040804001	配管	1. 名称 2. 材质 3. 规格 4. 配置形式 5. 钢索材质、规格 6. 接地要求	m	按设计图示尺寸以长度计算	1. 预留沟槽 2. 钢索架设(拉紧装置安装) 3. 电线管路敷设 4. 接地
040804002	配线	1. 名称 2. 配线形式 3. 型号 4. 规格 5. 材质 6. 配线部位 7. 配线线制 8. 钢索材质、规格		按设计图示尺寸另加预留量以单线长度计算	1. 钢索架设(拉紧装置安装) 2. 支持体(绝缘子等)安装 3. 配线
040804003	接线箱	1. 名称 2. 规格 3. 材质 4. 安装形式	个	按设计图示数量计算	本体安装
040804004	接线盒				

续上表

项目编码	项目名称	项目特征	计量单位	工程量计算规则	工程内容
040804005	带形母线	1.名称 2.型号 3.规格 4.材质 5.绝缘子类型、规格 6.穿通板材质、规格 7.引下线材质、规格 8.伸缩节、过渡板材质、规格 9.分相漆品种	m	按设计图示尺寸另加预留量以单相长度计算	1.支持绝缘子安装及耐压试验 2.穿通板制作、安装 3.母线安装 4.引下线安装 5.伸缩节安装 6.过渡板安装 7.拉紧装置安装 8.刷分相漆

二、清单工程量计算

计算实例1 接线盒

某型号的塑料接线盒如图1-8-7所示，某工程共有23个这样的接线盒，计算此工程接线盒的工程量。

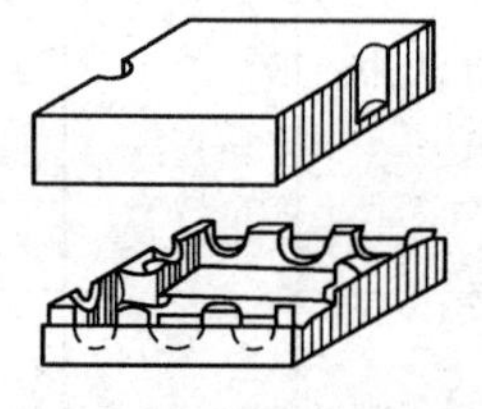

图1-8-7 塑料接线盒

工程量计算过程及结果

接线盒的工程量=23(个)

计算实例2 带形母线

某工程采用铝制带形母线共1 120 m，其规格为125 mm×10 mm(宽×厚)，计算带形母线的工程量。

工程量计算过程及结果

带形母线的工程量=1 120(m)

第五节 照明器具安装工程

一、清单工程量计算规则(表 1-8-5)

表 1-8-5 照明器具安装工程工程量计算规则

项目编码	项目名称	项目特征	计量单位	工程量计算规则	工程内容
040805001	常规照明灯	1. 名称 2. 型号 3. 灯杆材质、高度 4. 灯杆编号 5. 灯架形式及臂长 6. 光源数量 7. 附件配置 8. 垫层、基础:厚度、材料品种、强度等级 9. 杆座形式、材质、规格 10. 接线端子材质、规格 11. 编号要求 12. 接地要求	套	按设计图示数量计算	1. 垫层铺筑 2. 基础制作、安装 3. 立灯杆 4. 杆座制作、安装 5. 灯架制作、安装 6. 灯具附件安装 7. 焊、压接线端子 8. 接线 9. 补刷(喷)油漆 10. 灯杆编号 11. 接地 12. 试灯
040805002	中杆照明灯				
040805003	高杆照明灯				1. 垫层铺筑 2. 基础制作、安装 3. 立灯杆 4. 杆座制作、安装 5. 灯架制作、安装 6. 灯具附件安装 7. 焊、压接线端子 8. 接线 9. 补刷(喷)油漆 10. 灯杆编号 11. 升降机构接线调试 12. 接地 13. 试灯

续上表

项目编码	项目名称	项目特征	计量单位	工程量计算规则	工程内容
040805004	景观照明灯	1.名称 2.型号 3.规格 4.安装形式 5.接地要求	1.套 2.m	1.以套计量,按设计图示数量计算 2.以米计量,按设计图示尺寸以延长米计算	1.灯具安装 2.焊、压接线端子 3.接线 4.补刷(喷)油漆 5.接地 6.试灯
040805005	桥栏杆照明灯		套	按设计图示数量计算	
040805006	地道涵洞照明灯				

二、清单工程量计算

计算实例 1　中杆照明灯

某道路两侧架设双臂中杆路灯如图 1-8-8 所示,道路长 1 000 m,道路两侧每隔 25 m 架设一套这样的路灯,计算中杆照明灯的工程量。

工程量计算过程及结果

中杆照明灯的工程量=(1 000÷25+1)×2=82(套)

计算实例 2　桥栏杆照明灯

某市有一座桥采用桥栏杆照明(图 1-8-9),该照明电压 220 V,所用线缆为 300 m,共架有 10 套这样的桥栏杆照明灯,计算桥栏杆照明灯的工程量。

工程量计算过程及结果

桥栏杆照明灯的工程量=10(套)

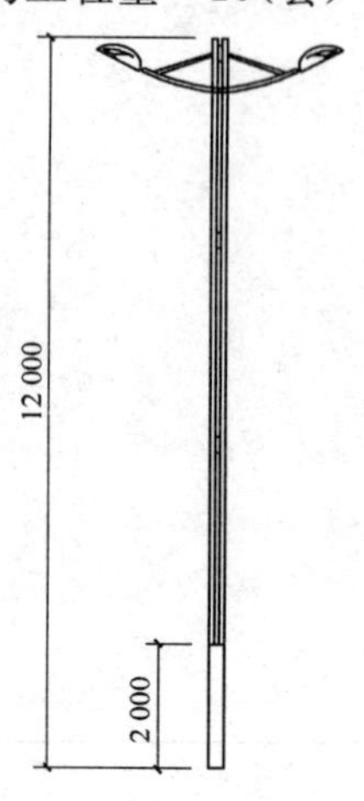

图 1-8-8　中杆照明灯(单位:mm)

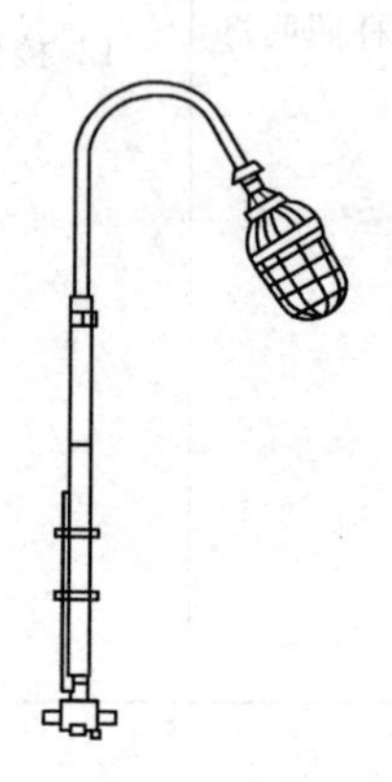

图 1-8-9　桥栏杆照明灯示意图

第六节　防雷接地装置工程

一、清单工程量计算规则(表 1-8-6)

表 1-8-6　防雷接地装置工程工程量计算规则

项目编码	项目名称	项目特征	计量单位	工程量计算规则	工程内容
040806001	接地极	1. 名称 2. 材质 3. 规格 4. 土质 5. 基础接地形式	根(块)	按设计图示数量计算	1. 接地极(板、桩)制作、安装 2. 补刷(喷)油漆
040806002	接地母线	1. 名称 2. 材质 3. 规格	m	按设计图示尺寸另加附加量以长度计算	1. 接地母线制作、安装 2. 补刷(喷)油漆
040806003	避雷引下线	1. 名称 2. 材质 3. 规格 4. 安装高度 5. 安装形式 6. 断接卡子、箱材质、规格			1. 避雷引下线制作、安装 2. 断接卡子、箱制作、安装 3. 补刷(喷)油漆
040806004	避雷针	1. 名称 2. 材质 3. 规格 4. 安装高度 5. 安装形式	套(基)	按设计图示数量计算	1. 本体安装 2. 跨接 3. 补刷(喷)油漆
040806005	降阻剂	名称	kg	按设计图示数量以质量计算	施放降阻剂

二、清单工程量计算

计算实例 1　接地母线

某工程采用的接地母线的尺寸为 6 mm×50 mm,共用了这样的接地母线 152 m,计算接地母线的工程量。

工程量计算过程及结果

接地母线的工程量＝152(m)

计算实例 2　避雷针

某工程采用的避雷针如图 1-8-10 所示，共有 3 套避雷针，计算避雷针的工程量。

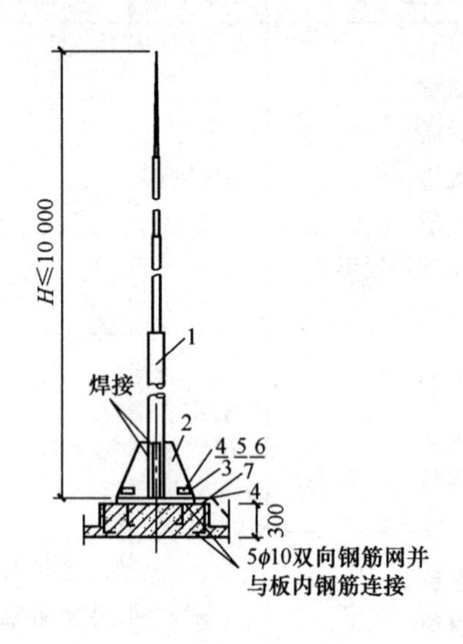

图 1-8-10　避雷针示意图(单位：mm)

1—避雷针；2—肋板；3—底板；4—底脚螺钉；5—螺母；6—垫圈；7—引下线

工程量计算过程及结果

避雷针的工程量＝3(套)

第七节　电气调整试验

一、清单工程量计算规则(表 1-8-7)

表 1-8-7　电气调整试验工程量计算规则

<table>
<tr><th>项目编码</th><th>项目名称</th><th>项目特征</th><th>计量单位</th><th>工程量计算规则</th><th>工程内容</th></tr>
<tr><td>040807001</td><td>变压器
系统调试</td><td>1. 名称
2. 型号
3. 容量(kV・A)</td><td rowspan="2">系统</td><td rowspan="2">按设计图示数量计算</td><td rowspan="2">系统调试</td></tr>
<tr><td>040807002</td><td>供电系统
调试</td><td>1. 名称
2. 型号
3. 电压(kV)</td></tr>
</table>

续上表

项目编码	项目名称	项目特征	计量单位	工程量计算规则	工程内容
040807003	接地装置调试	1.名称 2.类别	系统(组)	按设计图示数量计算	接地电阻测试
040807004	电缆试验	1.名称 2.电压(kV)	次(根、点)		试验

二、清单工程量计算

计算实例　接地装置调试

某工程有接地装置调试系统2组，计算该接地装置调试的工程量。

工程量计算过程及结果

接地装置调试的工程量＝2(组)

第九章　钢筋及拆除工程

第一节　钢筋工程

一、清单工程量计算规则(表 1-9-1)

表 1-9-1　钢筋及拆除工程工程量计算规则

项目编码	项目名称	项目特征	计量单位	工程量计算规则	工程内容
040901001	现浇构件钢筋	1. 钢筋种类 2. 钢筋规格	t	按设计图示尺寸以质量计算	1. 制作 2. 运输 3. 安装
040901002	预制构件钢筋				
040901003	钢筋网片				
040901004	钢筋笼				
040901005	先张法预应力钢筋（钢丝、钢绞线）	1. 部位 2. 预应力筋种类 3. 预应力筋规格			1. 张拉台座制作、安装、拆除 2. 预应力筋制作、张拉
040901006	后张法预应力钢筋（钢丝束、钢绞线）	1. 部位 2. 预应力筋种类 3. 预应力筋规格 4. 锚具种类、规格 5. 砂浆强度等级 6. 压浆管材质、规格			1. 预应力筋孔道制作、安装 2. 锚具安装 3. 预应力筋制作、张拉 4. 安装压浆管道 5. 孔道压浆
040901007	型钢	1. 材料种类 2. 材料规格			1. 制作 2. 运输 3. 安装、定位

续上表

项目编码	项目名称	项目特征	计量单位	工程量计算规则	工程内容
040901008	植筋	1. 材料种类 2. 材料规格 3. 植入深度 4. 植筋胶品种	根	按设计图示数量计算	1. 定位、钻孔、清孔 2. 钢筋加工成型 3. 注胶、植筋 4. 抗拔试验 5. 养护
040901009	预埋铁件	1. 材料种类 2. 材料规格	t	按设计图示尺寸以质量计算	1. 制作 2. 运输 3. 安装
040901010	高强螺栓		1. t 2. 套	1. 按设计图示尺寸以质量计算 2. 按设计图示数量计算	

二、清单工程量计算

计算实例　高强螺栓

某工程采用六角高强螺栓如图 1-9-1 所示，共用了 150 套，计算高强螺栓的工程量。

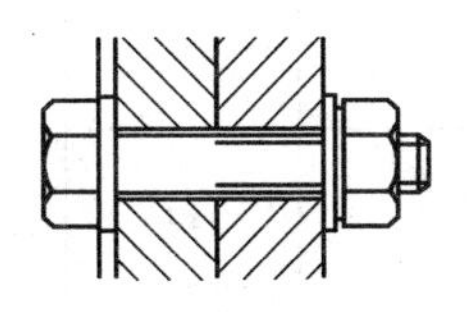

图 1-9-1　高强度螺栓

工程量计算过程及结果

高强度螺栓的工程量＝150(套)

第二节　拆除工程

一、清单工程量计算规则(表 1-9-2)

表 1-9-2　拆除工程工程量计算规则

项目编码	项目名称	项目特征	计量单位	工程量计算规则	工程内容
041001001	拆除路面	1. 材质 2. 厚度	m^2	按拆除部位以面积计算	1. 拆除、清理 2. 运输
041001002	拆除人行道				

续上表

项目编码	项目名称	项目特征	计量单位	工程量计算规则	工程内容
041001003	拆除基层	1.材质 2.厚度 3.部位	m^2	按拆除部位以面积计算	1.拆除、清理 2.运输
041001004	铣刨路面	1.材质 2.结构形式 3.厚度			
041001005	拆除侧、平(缘)石	材质	m	按拆除部位以延长米计算	
041001006	拆除管道	1.材质 2.管径			
041001007	拆除砖石结构	1.结构形式 2.强度等级	m^3	拆除部位以体积计算	
041001008	拆除混凝土结构				
041001009	拆除井	1.结构形式 2.规格尺寸 3.强度等级	座	按拆除部位以数量计算	
041001010	拆除电杆	1.结构形式 2.规格尺寸	根		
041001011	拆除管片	1.材质 2.部位	处		

二、清单工程量计算

计算实例1　拆除路面

某工程在施工中需要拆除一段路面，该路面为沥青路面，厚500 mm，路宽15 m，长1 000 m，计算拆除路面的工程量。

工程量计算过程及结果

拆除路面的工程量＝15×1 000＝15 000(m^2)

计算实例2　拆除电杆

某工程需要拆除如图1-9-2所示的电杆20根，试计算拆除电杆的工程量。

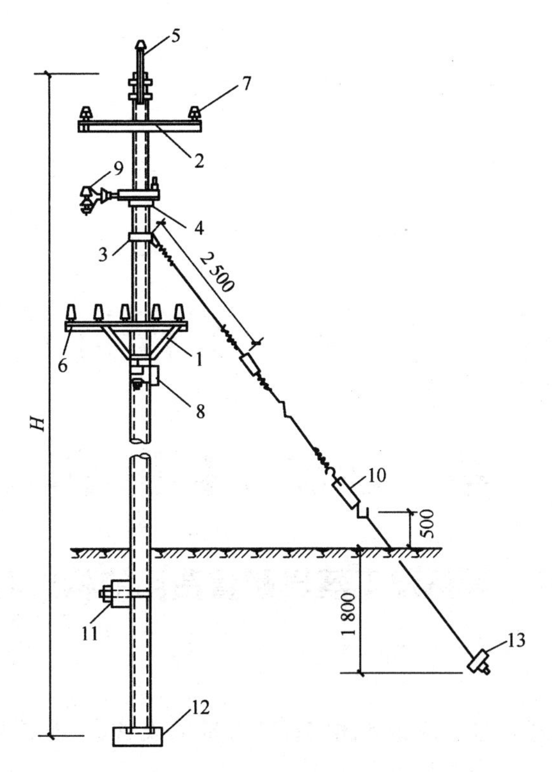

图 1-9-2　电杆示意图(单位:mm)

1—低压五线横担;2—高压二线横担;3—拉线抱箍;4—双横担;5—高压杆顶支座;
6—低压针式绝缘子;7—高压针式绝缘子;8—碟式绝缘子;9—悬式绝缘子和高压碟式绝缘子;
10—花篮螺栓;11—卡盘;12—底盘;13—拉线盘

工程量计算过程及结果

拆除电杆的工程量=20(根)

第二部分　工程计价

第一章　建设工程造价构成

第一节　设备及工器具购置费用的构成和计算

一、设备购置费

设备购置费是指购置或自制的达到固定资产标准的设备、工器具及生产家具等所需的费用。它由设备原价和设备运杂费构成。

设备购置费＝设备原价＋设备运杂费　　(2-1-1)

其中,设备原价指国产设备或进口设备的原价;设备运杂费指除设备原价之外的关于设备采购、运输、途中包装及仓库保管等方面支出费用的总和。

(一)国产设备原价

国产设备原价一般指的是设备制造厂的交货价,或订货合同价。它一般根据生产厂或供应商的询价、报价、合同价确定,或采用一定的方法计算确定。国产设备原价分为国产标准设备原价和国产非标准设备原价。

1.国产标准设备原价

国产标准设备是指按照主管部门颁布的标准图纸和技术要求,由我国设备生产厂批量生产的,符合国家质量检测标准的设备。国产标准设备原价有两种,即带有备件的原价和不带有备件的原价。在计算时,一般采用带有备件的原价。国产标准设备一般有完善的设备交易市场,因此可通过查询相关交易市场价格或向设备生产厂家询价得到国产标准设备原价。

2.国产非标准设备原价

国产非标准设备是指国家尚无定型标准,各设备生产厂不可能在工艺过程中采用批量生产,只能按订货要求并根据具体的设计图纸制造的设备。非标准设备由于单件生产、无定型标准,所以无法获取市场交易价格,只能按其成本构成或相关技术参数估算其价格。非标准设备原价有多种不同的计算方法,如成本计算估价法、系列设备插入估价法、分部组合估价法、定额估价法等。但无论采用哪种方法都应该使非标准设备计价接近实际出厂价,并且计算方法要简便。其中成本计算估价法是一种比较常用的估算非标准设备原价的方法。按成本计算估价法,非标准设备的原价由以下各项组成,具体见表 2-1-1。

表 2-1-1　非标准设备原价的组成

序号	项　目	内　容
1	材料费	其计算公式如下： 材料费＝材料净重×(1＋加工损耗系数)×每吨材料综合价
2	加工费	包括生产工人工资和工资附加费、燃料动力费、设备折旧费、车间经费等。其计算公式如下： 加工费＝设备总重量(吨)×设备每吨加工费
3	辅助材料费 (简称辅材费)	包括焊条、焊丝、氧气、氩气、氮气、油漆、电石等费用。其计算公式如下： 辅助材料费＝设备总重量×辅助材料费指标
4	专用工具费	按1～3项之和乘以一定百分比计算
5	废品损失费	按1～4项之和乘以一定百分比计算
6	外购配套件费	按设备设计图纸所列的外购配套件的名称、型号、规格、数量、重量，根据相应的价格加运杂费计算
7	包装费	按1～6项之和乘以一定百分比计算
8	利润	可按1～5项加第7项之和乘以一定利润率计算
9	税金	主要指增值税(虽然根据2008年11月5日国务院第34次常务会议修订通过的《中华人民共和国增值税暂行条例》，删除了有关不得抵扣购进固定资产的进项税额的规定，允许纳税人抵扣购进固定资产的进项税额，但由于增值税仍然是项目投资过程中所必须支付的费用之一，因此在估算设备原价时，依然包括增值税项)。计算公式如下： 增值税＝当期销项税额－进项税额 当期销项税额＝销售额×适用增值税率
10	非标准设备设计费	按国家规定的设计费收费标准计算

根据表2-1-1可知单台非标准设备原价可用下面的公式表达：

单台非标准设备原价＝{[(材料费＋加工费＋辅助材料费)×(1＋专用工具费率)×(1＋废品损失费率)＋外购配套件费]×(1＋包装费率)－外购配套件费)}×(1＋利润率)＋销项税额＋非标准设备设计费＋外购配套件费　(2-1-2)

(二)进口设备原价

进口设备的原价是指进口设备的抵岸价，即设备抵达买方边境、港口或车站，交纳完各种手续费、税费后形成的价格。抵岸价通常是由进口设备到岸价(CIF)和进口从属费构成。进口设备的到岸价，即抵达买方边境港口或边境车站的价格。在国际贸易中，交易双方所使用的交货类别不同，则交易价格的构成内容也有所差异。进口从属费用包括银行财务费、外贸手续费、进口关税、消费税、进口环节增值税等，进口车辆的还需缴纳车辆购置税。

1. 进口设备的交易价格

在国际贸易中，较为广泛使用的交易价格术语有FOB、CFR和CIF。

(1)FOB,意为装运港船上交货,亦称为离岸价格。FOB术语是指当货物在指定的装运港越过船舷,卖方即完成交货义务。风险转移,以在指定的装运港货物越过船舷时为分界点。费用划分与风险转移的分界点相一致。

在FOB交货方式下,卖方的基本义务有:

1)办理出口清关手续,自负风险和费用,领取出口许可证及其他官方文件。

2)在约定的日期或期限内,在合同规定的装运港,按港口惯常的方式,把货物装上买方指定的船只,并及时通知买方。

3)承担货物在装运港越过船舷之前的一切费用和风险。

4)向买方提供商业发票和证明货物已交至船上的装运单据或具有同等效力的电子单证。

在FOB交货方式下,买方的基本义务有:

1)负责租船订舱,按时派船到合同约定的装运港接运货物,支付运费,并将船期、船名及装船地点及时通知卖方。

2)负担货物在装运港越过船舷后的各种费用以及货物灭失或损坏的一切风险。

3)负责获取进口许可证或其他官方文件,以及办理货物入境手续。

4)受领卖方提供的各种单证,按合同规定支付货款。

(2)CFR,意为成本加运费,或称之为运费在内价。CFR是指在装运港货物越过船舷卖方即完成交货,卖方必须支付将货物运至指定的目的港所需的运费和费用,但交货后货物灭失或损坏的风险,以及由于各种事件造成的任何额外费用,则由卖方转移到买方。与FOB价格相比,CFR的费用划分与风险转移的分界点是不一致的。

在CFR交货方式下,卖方的基本义务有:

1)提供合同规定的货物,负责订立运输合同,并租船订舱,在合同规定的装运港和规定的期限内,将货物装上船并及时通知买方,支付运至目的港的运费。

2)负责办理出口清关手续,提供出口许可证或其他官方批准的文件。

3)承担货物在装运港越过船舷之前的一切费用和风险。

4)按合同规定提供正式有效的运输单据、发票或具有同等效力的电子单证。

在CFR交货方式下,买方的基本义务有:

1)承担货物在装运港越过船舷以后的一切风险及运输途中因遭遇风险所引起的额外费用。

2)在合同规定的目的港受领货物,办理进口清关手续,交纳进口税。

3)受领卖方提供的各种约定的单证,并按合同规定支付货款。

(3)CIF,意为成本加保险费、运费,习惯称到岸价格。在CIF术语中,卖方除负有与CFR相同的义务外,还应办理货物在运输途中最低险别的海运保险,并应支付保险费。如买方需要更高的保险险别,则需要与卖方明确地达成协议,或者自行作出额外的保险安排。除保险这项义务之外,买方的义务与CFR相同。

2.进口设备到岸价

进口设备到岸价的计算公式如下:

进口设备到岸价(CIF)=离岸价格(FOB)+国际运费+运输保险费

=运费在内价(CFR)+运输保险费 (2-1-3)

(1)货价。一般指装运港船上交货价(FOB)。设备货价分为原币货价和人民币货价,原币货价一律折算为美元表示,人民币货价按原币货价乘以外汇市场美元兑换人民币汇率中间价确定。进口设备货价按有关生产厂商询价、报价、订货合同价计算。

(2)国际运费。即从装运港(站)到达我国目的港(站)的运费。我国进口设备大部分采用海洋运输,小部分采用铁路运输,个别采用航空运输。进口设备国际运费计算公式为:

$$国际运费(海、陆、空)=原币货价(FOB)\times 运费率 \quad (2\text{-}1\text{-}4)$$

$$国际运费(海、陆、空)=单位运价\times 运量 \quad (2\text{-}1\text{-}5)$$

其中,运费率或单位运价参照有关部门或进出口公司的规定执行。

(3)运输保险费。对外贸易货物运输保险是由保险人(保险公司)与被保险人(出口人或进口人)订立保险契约,在被保险人交付议定的保险费后,保险人根据保险契约的规定对货物在运输过程中发生的承保责任范围内的损失给予经济上的补偿。这是一种财产保险。计算公式为:

$$运输保险费=\frac{原币货价(FOB)+国外运费}{1-保险费率}\times 保险费率 \quad (2\text{-}1\text{-}6)$$

其中,保险费率按保险公司规定的进口货物保险费率计算。

3.进口从属费

进口从属费的计算公式如下:

$$进口从属费=银行财务费+外贸手续费+关税+消费税+进口环节增值税+车辆购置税 \quad (2\text{-}1\text{-}7)$$

(1)银行财务费。一般是指在国际贸易结算中,中国银行为进出口商提供金融结算服务所收取的费用,可按下式简化计算:

$$银行财务费=离岸价格(FOB)\times 人民币外汇汇率\times 银行财务费率 \quad (2\text{-}1\text{-}8)$$

(2)外贸手续费。指按规定的外贸手续费率计取的费用,外贸手续费率一般取1.5%。计算公式为:

$$外贸手续费=到岸价格(CIF)\times 人民币外汇汇率\times 外贸手续费率 \quad (2\text{-}1\text{-}9)$$

(3)关税。由海关对进出国境或关境的货物和物品征收的一种税。计算公式为:

$$关税=到岸价格(CIF)\times 人民币外汇汇率\times 进口关税税率 \quad (2\text{-}1\text{-}10)$$

到岸价格作为关税的计征基数时,通常又可称为关税完税价格。进口关税税率分为优惠和普通两种。优惠税率适用于与我国签订关税互惠条款的贸易条约或协定的国家的进口设备;普通税率适用于与我国未签订关税互惠条款的贸易条约或协定的国家的进口设备。进口关税税率按我国海关总署发布的进口关税税率计算。

(4)消费税。仅对部分进口设备(如轿车、摩托车等)征收,一般计算公式为:

$$应纳消费税税额=\frac{到岸价格(CIF)\times 人民币外汇汇率+关税}{1-消费税税率(\%)}\times 消费税税率 \quad (2\text{-}1\text{-}11)$$

其中,消费税税率根据规定的税率计算。

(5)进口环节增值税。是对从事进口贸易的单位和个人,在进口商品报关进口后征收的税种。我国增值税条例规定,进口应税产品均按组成计税价格和增值税税率直接计算应纳税额。即:

$$进口环节增值税额=组成计税价格\times 增值税税率 \quad (2\text{-}1\text{-}12)$$

$$组成计税价格=关税完税价格+关税+消费税 \quad (2\text{-}1\text{-}13)$$

增值税税率根据规定的税率计算。

(6)车辆购置税。进口车辆需缴纳进口车辆购置税,其公式如下:

进口车辆购置税＝(关税完税价格＋关税＋消费税)×车辆购置税率　　(2-1-14)

(三)设备运杂费

设备运杂费的内容见表 2-1-2。

表 2-1-2　设备运杂费

项　目		内　容
概念		设备运杂费是指国内采购设备自来源地、国外采购设备自到岸港运至工地仓库或指定堆放地点发生的采购、运输、运输保险、保管、装卸等费用
构成	运费和装卸费	国产设备由设备制造厂交货地点起至工地仓库(或施工组织设计指定的需要安装设备的堆放地点)止所发生的运费和装卸费;进口设备则由我国到岸港口或边境车站起至工地仓库(或施工组织设计指定的需安装设备的堆放地点)止所发生的运费和装卸费
	包装费	在设备原价中没有包含的,为运输而进行的包装支出的各种费用
	设备供销部门的手续费	按有关部门规定的统一费率计算
	采购与仓库保管费	指采购、验收、保管和收发设备所发生的各种费用,包括设备采购人员、保管人员和管理人员的工资、工资附加费、办公费、差旅交通费,设备供应部门办公和仓库所占固定资产使用费、工具用具使用费、劳动保护费、检验试验费等。这些费用可按主管部门规定的采购与保管费费率计算
计算		设备运杂费按下式计算: 设备运杂费＝设备原价×设备运杂费率 其中,设备运杂费率按各部门及省、市有关规定计取

二、工器具及生产家具购置费的构成和计算

工器具及生产家具购置费,是指新建或扩建项目初步设计规定的,保证初期正常生产必须购置的没有达到固定资产标准的设备、仪器、工卡模具、器具、生产家具和备品备件等的购置费用。

一般以设备购置费为计算基数,按照部门或行业规定的工具、器具及生产家具费率计算。计算公式为:

工器具及生产家具购置费＝设备购置费×定额费率　　(2-1-15)

第二节　建筑安装工程费用构成和计算

一、建筑安装工程费用的构成

建筑安装工程费用是指为完成工程项目建造、生产性设备及配套工程安装所需的费用。

1.建筑工程费用内容

(1)各类房屋建筑工程和列入房屋建筑工程预算的供水、供暖、卫生、通风、煤气等设备费用及其装设、油饰工程的费用,列入建筑工程预算的各种管道、电力、电信和电缆导线敷设工程

的费用。

(2)设备基础、支柱、工作台、烟囱、水塔、水池、灰塔等建筑工程以及各种炉窑的砌筑工程和金属结构工程的费用。

(3)为施工而进行的场地平整，工程和水文地质勘察，原有建筑物和障碍物的拆除以及施工临时用水、电、气、路和完工后的场地清理，环境绿化、美化等工作的费用。

(4)矿井开凿、井巷延伸、露天矿剥离，石油、天然气钻井，修建铁路、公路、桥梁、水库、堤坝、灌渠及防洪等工程的费用。

2. 安装工程费用内容

(1)生产、动力、起重、运输、传动和医疗、实验等各种需要安装的机械设备的装配费用，与设备相连的工作台、梯子、栏杆等设施的工程费用，附属于被安装设备的管线敷设工程费用，以及被安装设备的绝缘、防腐、保温、油漆等工作的材料费和安装费。

(2)为测定安装工程质量，对单台设备进行单机试运转、对系统设备进行系统联动无负荷试运转工作的调试费。

二、我国现行建筑安装工程费用项目组成及计算

我国现行建筑安装工程费用项目主要由四部分组成：直接费、间接费、利润和税金。其具体构成如图 2-1-1 所示。

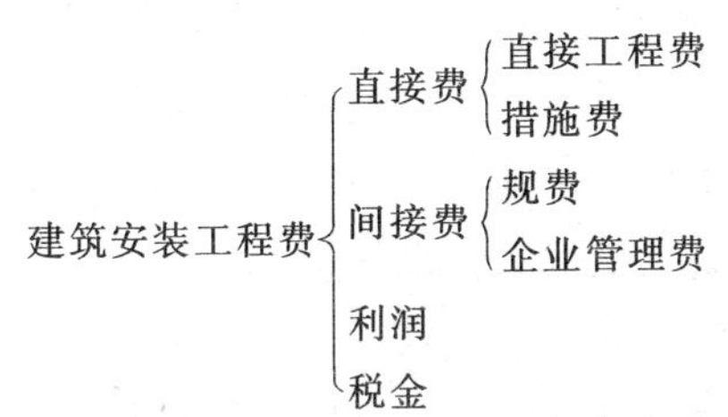

图 2-1-1　定额计价模式下建筑安装工程费用的组成

根据《建设工程工程量清单计价规范》(GB 50500—2013)的规定，建设工程发承包及其实施阶段的工程造价(其中主要内容是建筑安装工程费)由分部分项工程费、措施项目费、其他项目费、规费和税金组成。

(一)直接费

1. 直接工程费

直接工程费是指施工过程中耗费的直接构成工程实体的各项费用，包括人工费、材料费、施工机械使用费。

(1)人工费。建筑安装工程费中的人工费，是指支付给直接从事建筑安装工程施工作业的生产工人的各项费用。构成人工费的基本要素有两个，即人工工日消耗量和人工日工资单价。

人工费的基本计算公式为：

$$人工费=\sum(工日消耗量\times日工资单价) \tag{2-1-16}$$

1)人工工日消耗量是指在正常施工生产条件下，建筑安装产品(分部分项工程或结构构件)必须消耗的某种技术等级的人工工日数量。它由分项工程所综合的各个工序施工劳动定额包括的基本用工、其他用工两部分组成。

2)相应等级的日工资单价包括生产工人基本工资、工资性补贴、生产工人辅助工资、职工福利费及生产工人劳动保护费。

(2)材料费。建筑安装工程费中的材料费，是指工程施工过程中耗费的各种原材料、半成品、构配件、工程设备等的费用以及周转材料等的摊销、租赁费用。构成材料费的基本要素是材料消耗量、材料单价和检验试验费。

材料费的基本计算公式为：

$$材料费=\sum(材料消耗量\times材料单价)+检验试验费 \quad (2\text{-}1\text{-}17)$$

1)材料消耗量。材料消耗量是指在合理使用材料的条件下，建筑安装产品(分部分项工程或结构构件)必须消耗的一定品种规格的原材料、辅助材料、构配件、零件、半成品等的数量标准。它包括材料净用量和材料不可避免的损耗量。

2)材料单价。材料单价是指建筑材料从其来源地运到施工工地仓库直至出库形成的综合平均单价，其内容包括材料原价(或供应价格)、材料运杂费、运输损耗费、采购及保管费等。

3)检验试验费。检验试验费是指对建筑材料、构件和建筑安装物进行一般鉴定、检查所发生的费用，包括自设试验室进行试验所耗用的材料和化学药品等费用。不包括新结构、新材料的试验费和建设单位对具有出厂合格证明的材料进行检验，对构件做破坏性试验及其他特殊要求检验试验的费用。

(3)施工机械使用费。建筑安装工程费中的施工机械使用费，是指施工机械作业发生的使用费或租赁费。构成施工机械使用费的基本要素是施工机械台班消耗量和机械台班单价。

施工机械使用费的基本计算公式为：

$$施工机械使用费=\sum(施工机械台班消耗量\times机械台班单价) \quad (2\text{-}1\text{-}18)$$

1)施工机械台班消耗量，是指在正常施工条件下，建筑安装产品(分部分项工程或结构构件)必须消耗的某类某种型号施工机械的台班数量。

2)机械台班单价。其内容包括台班折旧费、台班大修理费、台班经常修理费、台班安拆费及场外运输费、台班人工费、台班燃料动力费、台班养路费及车船使用税。

2.措施费

措施费是指实际施工中必须发生的施工准备和施工过程中技术、生活、安全、环境保护等方面的非工程实体项目(所谓非实体性项目，是指其费用的发生和金额的大小与使用时间、施工方法或者两个以上工序相关，并且不形成最终的实体工程，如大型机械设备进出场及安拆、文明施工和安全防护、临时设施等)的费用。措施费项目的构成需考虑多种因素，除工程本身的因素外，还涉及水文、气象、环境、安全等因素。在《市政工程工程量计算规范》(GB 50857—2013)中，措施项目费可以归纳为以下几项：

(1)安全文明施工费。安全文明施工措施费用，是指工程施工期间按照国家现行的环境保护、建筑施工安全、施工现场环境与卫生标准和有关规定，购置和更新施工安全防护用具及设施、改善安全生产条件和作业环境所需要的费用。

1)环境保护费。其内容包括：现场施工机械设备降低噪声、防扰民措施费用；水泥和其他易飞扬细颗粒建筑材料密闭存放或采取覆盖措施等费用；工程防扬尘洒水费用；土石方、建渣外运车辆冲洗、防洒漏等费用；现场污染源的控制、生活垃圾清理外运、场地排水排污措施的费用；其他环境保护措施费用。

环境保护费的计算方法：

$$环境保护费=直接工程费\times环境保护费费率(\%) \quad (2\text{-}1\text{-}19)$$

$$环境保护费费率(\%)=\frac{本项费有年度平均支出}{全年建安产值\times直接工程费占总造价比例(\%)} \quad (2\text{-}1\text{-}20)$$

2)文明施工费。其内容包括:"五牌一图"的费用;现场围挡的墙面美化(包括内外粉刷、刷白、标语等)、压顶装饰费用;现场厕所便槽刷白、贴面砖,水泥砂浆地面或地砖费用,建筑物内临时便溺设施费用;其他施工现场临时设施的装饰装修、美化措施费用;现场生活卫生设施费用;符合卫生要求的饮水设备、淋浴、消毒等设施费用;生活用洁净燃料费用;防煤气中毒、防蚊虫叮咬等措施费用;施工现场操作场地的硬化费用;现场绿化费用、治安综合治理费用;现场配备医药保健器材、物品费用和急救人员培训费用;用于现场工人的防暑降温费,电风扇、空调等设备及用电费用;其他文明施工措施费用。

文明施工费的计算方法:

$$文明施工费=直接工程费\times文明施工费费率(\%) \quad (2\text{-}1\text{-}21)$$

$$文明施工费费率(\%)=\frac{本项费用年度平均支出}{全年建安产值\times直接工程费占总造价比例(\%)} \quad (2\text{-}1\text{-}22)$$

3)安全施工费。其内容包括:安全资料、特殊作业专项方案的编制,安全施工标志的购置及安全宣传的费用;安全防护工具(安全帽、安全带、安全网)、"四口"(楼梯口、电梯井口、通道口、预留洞口)、"五临边"(阳台围边、楼板围边、屋面围边、槽坑围边、卸料平台两侧)、水平防护架、垂直防护架、外架封闭等防护的费用;施工安全用电的费用,包括配电箱三级配电、两级保护装置要求、外电保护措施的费用;起重机等起重设备(含井架、门架)及外用电梯的安全防护措施(含警示标志)费用及卸料平台的临边防护、层间安全门、防护棚等设施费用;建筑工地中机械的检验检测费用;施工机具防护棚及其围栏的安全保护设施费用;施工安全防护通道的费用;工人的安全防护用品、用具购置费用;消防设施与消防器材的配置费用;电气保护、安全照明设施费;其他安全防护措施费用。

安全施工费的计算方法:

$$安全施工费=直接工程费\times安全施工费费率(\%) \quad (2\text{-}1\text{-}23)$$

$$安全施工费费率(\%)=\frac{本项费用年度平均支出}{全年建安产值\times直接工程费占总造价比例(\%)} \quad (2\text{-}1\text{-}24)$$

4)临时设施费。其内容包括:施工现场采用彩色、定型钢板,砖、混凝土砌块等围挡的安砌、维修、拆除费或摊销费;施工现场临时建筑物、构筑物的搭设、维修、拆除或摊销的费用,如临时宿舍、办公室、食堂、厨房、厕所、诊疗所、临时文化福利用房、临时仓库、加工场、搅拌台、临时简易水塔、水池等;施工现场临时设施的搭设、维修、拆除或摊销的费用,如临时供水管道、临时供电管线、小型临时设施等;施工现场规定范围内临时简易道路铺设,临时排水沟、排水设施安砌、维修、拆除;其他临时设施搭设、维修、拆除或摊销的费用。

临时设施费的构成包括周转使用临建费、一次性使用临建费和其他临时设施费。其计算公式为:

$$临时设施费=(周转使用临建费+一次性使用临建费)\times[1+其他临时设施所占比例(\%)] \quad (2\text{-}1\text{-}25)$$

①周转使用临建费的计算:

$$周转使用临建费=\sum\left[\frac{临建面积\times每平米造价}{使用年限\times365\times利润率(\%)}\times工期(天)\right]+一次性拆除费 \quad (2\text{-}1\text{-}26)$$

②次性使用临建费的计算:

$$一次性使用临建费=\sum\{临建面积\times每平方米造价\times[1-残值率(\%)]\}+一次性拆除费 \tag{2-1-27}$$

③他临时设施在临时设施费中所占比例，可由各地区造价管理部门依据典型施工企业的成本资料经分析后综合测定。

建筑工程安全防护、文明施工措施费用是由《建筑安装工程费用项目组成》中措施费所含的环境保护费、文明施工费、安全施工费、临时设施费组成，必须按国家或省级、行业建设主管部门的规定计算，不得作为竞争性费用。

(2)夜间施工增加费。

1)夜间施工增加费的内容。夜间施工增加费的内容由以下各项组成：

①夜间固定照明灯具和临时可移动照明灯具的设置、拆除的费用。

②夜间施工时施工现场交通标志、安全标牌、警示灯的设置、移动、拆除的费用。

③夜间照明设备摊销及照明用电、施工人员夜班补助、夜间施工劳动效率降低等费用。

2)夜间施工增加费的计算方法：

$$夜间施工增加费=\left(1-\frac{合同工期}{定额工期}\right)\times\frac{直接工程费中的人工费合计}{平均日工资单价}\times每日夜间施工费开支 \tag{2-1-28}$$

(3)非夜间施工照明费。非夜间施工照明费是指为保证工程施工正常进行，在如地下室等特殊施工部位施工时所采用的照明设备的安拆、维护、摊销及照明用电等费用。

(4)二次搬运费。

1)二次搬运费的内容。二次搬运费是指由于施工场地条件限制而发生的材料、成品、半成品等一次运输不能达到堆放地点，必须进行二次或多次搬运的费用。

2)二次搬运费的计算方法：

$$二次搬运费=直接工程费\times二次搬运费费率(\%) \tag{2-1-29}$$

$$二次搬运费费率(\%)=\frac{年平均二次搬运费开支额}{全年建安产值\times直接工程费占总造价的比例(\%)} \tag{2-1-30}$$

(5)冬雨季施工增加费。

1)冬雨季施工增加费的内容。

①冬雨季施工时增加的临时设施(防寒保温、防雨、防风设施)的搭设、拆除的费用。

②冬雨季施工时，对砌体、混凝土等采用的特殊加温、保温和养护措施的费用。

③冬雨季施工时，施工现场的防滑处理、对影响施工的雨雪的清除费用。

④冬雨季施工时增加的临时设施的摊销、施工人员的劳动保护用品、冬雨(风)季施工劳动效率降低等费用。

2)冬雨季施工增加费的计算方法：

$$冬雨季施工增加费=直接工程费\times冬雨季施工增加费费率(\%) \tag{2-1-31}$$

$$冬雨季施工增加费费率(\%)=\frac{年平均冬雨季施工增加费开支额}{全年建安产值\times直接工程费占总造价的比例(\%)} \tag{2-1-32}$$

(6)大型机械设备进出场及安拆费。

1)大型机械设备进出场及安拆费的内容。

①进出场费包括施工机械、设备整体或分体自停放地点运至施工现场或由一施工地点运至另一施工地点所发生的运输、装卸、辅助材料等费用。

②安拆费包括施工机械、设备在现场进行安装拆卸所需人工、材料、机械和试运转费用以及机械辅助设施的折旧、搭设、拆除等费用。

2)大型机械设备进出场及安拆费的计算方法。大型机械设备进出场及安拆费通常按照机械设备的使用数量以台次为单位计算。

(7)施工排水、降水费。

1)施工排水、降水费的内容。该项费用由成井和排水、降水两个独立的费用项目组成。

①成井。成井的费用主要包括:准备钻孔机械、埋设互通、钻机就位,泥浆制作、固壁,成孔、出渣、清孔等费用;对接上、下井管(滤管),焊接,安防,下滤料,洗井,连接试抽等费用。

②排水、降水。排水、降水的费用主要包括:管道安装、拆除,场内搬运等费用;抽水、值班、降水设备维修费用等。

2)施工排水、降水费的计算方法。

①成井费用通常按照设计图示尺寸以钻孔深度计算。

②排水、降水费用通常按照排、降水日历天数计算。

(8)地上、地下设施、建筑物的临时保护设施费。地上、地下设施、建筑物的临时保护设施费是指在工程施工过程中,对已建成的地上、地下设施和建筑物进行的遮盖、封闭、隔离等必要保护措施所发生的费用。

该项费用一般都以直接工程费为取费依据,根据工程所在地工程造价管理机构测定的相应费率计算支出。

(9)已完工程及设备保护费。已完工程及设备保护费是指竣工验收前对已完工程及设备采取的覆盖、包裹、封闭、隔离等必要保护措施所发生的费用。已完工程及设备保护费可按下式计算:

$$\text{已完工程及设备保护费}=\text{成品保护所需机械费}+\text{材料费}+\text{人工费} \tag{2-1-33}$$

(10)混凝土、钢筋混凝土模板及支架费。混凝土、钢筋混凝土模板及支架费是指混凝土施工过程中需要的各种模板制作、模板安装、拆除、整理堆放及场内外运输、清理模板粘结物及模内杂物、刷隔离剂等费用。

混凝土、钢筋混凝土模板及支架费的计算方法如下,模板及支架分自有和租赁两种。

1)自有模板及支架费的计算。

$$\text{模板及支架费}=\text{模板摊销量}\times\text{模板价格}+\text{支、拆、运输费} \tag{2-1-34}$$

$$\text{摊销量}=\text{一次使用量}\times(1+\text{施工损耗})\times\left[\frac{1+(\text{周转次数}-1)\times\text{补损率}}{\text{周转次数}}-\frac{(1-\text{补损率})\times 50\%}{\text{周转次数}}\right] \tag{2-1-35}$$

2)租赁模板及支架费的计算。

$$\text{租赁费}=\text{模板使用量}\times\text{使用日期}\times\text{租赁价格}+\text{支、拆、运输费} \tag{2-1-36}$$

(11)脚手架费。脚手架费是指施工需要的各种脚手架施工时可能发生的场内、场外材料搬运,搭、拆脚手架、斜道、上料平台,安全网的铺设,拆除脚手架后材料的堆放等费用。脚手架同样分自有和租赁两种。

1)自有脚手架费的计算:

$$\text{脚手架搭拆费}=\text{脚手架摊销量}\times\text{脚手架价格}+\text{搭、拆、运输费} \tag{2-1-37}$$

$$\text{脚手架摊销量}=\frac{\text{单位一次使用量}\times(1-\text{残值率})}{\text{耐用期}\div\text{一次使用期}} \tag{2-1-38}$$

2)租赁脚手架费的计算：

租赁费＝脚手架每日租金×搭设周期＋搭、拆、运输费　　(2-1-39)

(12)垂直运输费。

1)垂直运输费的内容。

①垂直运输机械的固定装置、基础制作、安装费。

②行走式垂直运输机械轨道的铺设、拆除、摊销费。

2)垂直运输费的计算。

①垂直运输费可按照建筑面积以“m^2”为单位计算。

②垂直运输费可按照施工工期日历天数以“天”为单位计算。

(13)超高施工增加费。

1)超高施工增加费的内容。当单层建筑物檐口高度超过 20 m，多层建筑物超过 6 层时，可计算超高施工增加费，超高施工增加费的内容由以下各项组成：

①建筑物超高引起的人工工效降低以及由于人工工效降低引起的机械降效费。

②高层施工用水加压水泵的安装、拆除及工作台班费。

③通信联络设备的使用及摊销费。

2)超高施工增加费的计算。超高施工增加费通常按照建筑物超高部分的建筑面积以“m^2”为单位计算。

(二)间接费

建筑安装工程间接费是指虽不直接由施工的工艺过程所引起，但却与工程的总体条件有关的建筑安装企业为组织施工和进行经营管理，以及间接为建筑安装生产服务的各项费用。

1. 间接费的组成

按现行规定，建筑安装工程间接费由规费和企业管理费组成。

(1)规费。规费是指政府和有关权力部门规定必须缴纳的费用(简称规费)。包括：

1)工程排污费。指施工现场按规定缴纳的工程排污费。

2)社会保障费。包括：养老保险费；失业保险费；医疗保险费；工伤保险费；生育保险费。企业应按照国家规定的各项标准为职工缴纳社会保障费。

3)住房公积金。企业按规定标准为职工缴纳住房公积金。

(2)企业管理费。企业管理费是指施工单位为组织施工生产和经营管理所发生的费用，具体内容见表 2-1-3。

表 2-1-3　企业管理费

项　目	内　容
管理人员工资	管理人员的基本工资、工资性补贴、职工福利费、劳动保护费等
办公费	企业管理办公用的文具、纸张、账表、印刷、邮电、书报、会议、水电、烧水和集体取暖(包括现场临时宿舍取暖)用燃料等费用
差旅交通费	职工因公出差、调动工作的差旅费、住勤补助费、市内交通费和误餐补助费，职工探亲路费，劳动力招募费，职工离退休、退职一次性路费，工伤人员就医路费，工地转移费以及管理部门使用的交通工具的油料、燃料、养路费及牌照费
固定资产使用费	管理和试验部门及附属生产单位使用的属于固定资产的房屋、设备仪器等的折旧、大修、维修或租赁费

续上表

项　　目	内　　容
工具用具使用费	管理使用的不属于固定资产的生产工具、器具、家具、交通工具和检验、试验、测绘、消防用具等的购置、维修和摊销费
劳动保险费	由企业支付离退休职工的易地安家补助费、职工退职金、6个月以上的病假人员工资、职工死亡丧葬补助费、抚恤费、按规定支付给离休干部的各项经费
工会经费	企业按职工工资总额计提的工会经费
职工教育经费	企业为职工学习先进技术和提高文化水平，按职工工资总额计提的费用
财产保险费	施工管理用财产、车辆保险费用
财务费	企业为筹集资金而发生的各种费用
税金	企业按规定缴纳的房产税、车船使用税、土地使用税、印花税等
其他	包括技术转让费、技术开发费、业务招待费、绿化费、广告费、公证费、法律顾问费、审计费、咨询费等

2.间接费的计算方法

间接费按下式计算：

$$\text{间接费}=\text{取费基数}\times\text{间接费费率} \tag{2-1-40}$$

$$\text{间接费费率}(\%)=\text{规费费率}(\%)+\text{企业管理费费率}(\%) \tag{2-1-41}$$

间接费的取费基数有三种，分别是以直接费为计算基础、以人工费和机械费合计为计算基础及以人工费为计算基础。

在不同的取费基数下，规费费率和企业管理费率计算方法均不相同，见表2-1-4。

表2-1-4　不同取费基数下的规费费率和企业管理费费率的计算

取费基数	计算方法
以直接费为计算基础	规费费率： $\text{规费费率}(\%)=\dfrac{\sum\text{规费缴纳标准}\times\text{每万元发承包价计算基数}}{\text{每万元发承包价中的人工费含量}}\times\text{人工费占直接费的比例}(\%)$ 企业管理费费率： $\text{企业管理费费率}(\%)=\dfrac{\text{生产工人年平均管理费}}{\text{年有效施工天数}\times\text{人工单价}}\times\text{人工费占直接费比例}(\%)$
以人工费和机械费合计为计算基础	规费费率： $\text{规费费率}(\%)=\dfrac{\sum\text{规费缴纳标准}\times\text{每万元发承包价计算基数}}{\text{每万元发承包价中的人工费含量和机械含量}}\times100\%$ 企业管理费费率： $\text{企业管理费费率}(\%)=\dfrac{\text{生产工人年平均管理费}}{\text{年有效施工天数}\times(\text{人工单价}+\text{每一工日机械使用费})}\times100\%$

续上表

取费基数	计算方法
以人工费为计算基础	规费费率： $$规费费率(\%)=\frac{\sum 规费缴纳标准\times 每万元发承包价计算基数}{每万元发承包价中的人工费含量}\times 100\%$$ 企业管理费费率： $$企业管理费费率(\%)=\frac{生产工人年平均管理费}{年有效施工天数\times 人工单价}\times 100\%$$

（三）利润及税金

建筑安装工程费用中的利润及税金是建筑安装企业职工为社会劳动所创造的那部分价值在建筑安装工程造价中的体现。

1.利润

利润是指施工企业完成所承包工程获得的盈利。

1)以直接费为计算基础时利润的计算方法：

$$利润=(直接费+间接费)\times 相应利润率(\%) \tag{2-1-42}$$

2)以人工费和机械费为计算基础时利润的计算方法：

$$利润=直接费中的人工费和机械费合计\times 相应利润率(\%) \tag{2-1-43}$$

3)以人工费为计算基础时利润的计算方法：

$$利润=直接费中的人工费合计\times 相应利润率(\%) \tag{2-1-44}$$

2.税金

建筑安装工程税金是指国家税法规定的应计入建筑安装工程费用的营业税、城市维护建设税及教育费附加。

(1)营业税。营业税计算公式为：

$$应纳营业税=计税营业额\times 3\% \tag{2-1-45}$$

计税营业额即含税营业额，指从事建筑、安装、修缮、装饰及其他工程作业收取的全部收入(包括建筑、修缮、装饰工程所用原材料及其他物资和动力的价款)。当安装设备的价值作为安装工程产值时，亦包括所安装设备的价款。但建筑安装工程总承包方将工程分包或转包给他人的，其营业额中不包括付给分包或转包方的价款。营业税的纳税地点为应税劳务的发生地。

(2)城市维护建设税。城市维护建设税是为筹集城市维护和建设资金，稳定和扩大城市、乡镇维护建设的资金来源，而对有经营收入的单位和个人征收的一种税。

城市维护建设税计算公式为：

$$应纳税额=应纳营业税额\times 适用税率 \tag{2-1-46}$$

城市维护建设税的纳税地点在市区的，其适用税率为7%；所在地为县镇的，其适用税率为5%，所在地为农村的，其适用税率为1%。城建税的纳税地点与营业税纳税地点相同。

(3)教育费附加。教育费附加计算公式为：

$$应纳税额=应纳营业税额\times 3\% \tag{2-1-47}$$

建筑安装企业的教育费附加要与其营业税同时缴纳。即使办有职工子弟学校的建筑安装企业，也应当先缴纳教育费附加，教育部门可根据企业的办学情况，酌情返还给办学单位，作为对办学经费的补助。

(4)地方教育附加。大部分地区地方教育附加计算公式为：

应纳税额=应纳营业税额×2%　　(2-1-48)

地方教育附加应专项用于发展教育事业，不得从地方教育附加中提取或列支征收或代征手续费。

(5)税金的综合计算。在工程造价的计算过程中，上述税金通常一并计算。由于营业税的计税依据是含税营业额，城市维护建设税和教育费附加的计税依据是应纳营业税额，而在计算税金时，往往已知条件是税前造价，即直接费、间接费、利润之和。因此税金的计算往往需要将税前造价先转化为含税营业额，再按相应的公式计算缴纳税金。营业额的计算公式为：

$$营业额=\frac{直接费+间接费+利润}{1-营业税率-营业税率\times城市维护建设税率-营业税率\times教育费附加率-营业税率\times地方教育附加率} \quad (2\text{-}1\text{-}49)$$

为了简化计算，可以直接将上述税种合并为一个综合税率，按下式计算应纳税额：

应纳税额=(直接费+间接费+利润)×综合税率(%)　　(2-1-50)

综合税率的计算因纳税所在地的不同而不同。

1)纳税地点在市区的企业，城市维护建设税率为7%，根据公式(2-1-49)可知：税率(%)=3.48%。

2)纳税地点在县城、镇的企业，城市维护建设税率为5%，根据公式(2-1-49)可知：税率(%)=3.41%。

3)纳税地点不在市区、县城、镇的企业，城市维护建设税率为1%，根据公式(2-1-49)可知：税率(%)=3.28%。

第三节　工程建设其他费用的构成和计算

一、建设用地费

建设用地费是指为获得工程项目建设土地的使用权而在建设期内发生的各项费用，包括通过划拨方式取得土地使用权而支付的土地征用及迁移补偿费，或者通过土地使用权出让方式取得土地使用权而支付的土地使用权出让金。

(一)建设用地取得的基本方式

建设用地的取得，实质上是依法获取国有土地的使用权。根据我国《房地产管理法》规定，获取国有土地使用权的基本方式有两种：一是出让方式，二是划拨方式。建设土地取得的其他方式还包括租赁和转让方式。

1.通过出让方式获取国有土地使用权

国有土地使用权出让，是指国家将国有土地使用权在一定年限内出让给土地使用者，由土地使用者向国家支付土地使用权出让金的行为。土地使用权出让最高年限按用途确定：居住用地70年；工业用地50年；教育、科技、文化、卫生、体育用地50年；商业、旅游、娱乐用地40年；综合或者其他用地50年。

通过出让方式获取国有土地使用权又可以分成以下两种具体方式：

(1)通过招标、拍卖、挂牌等竞争出让方式获取国有土地使用权。具体的竞争方式又包括三种：投标、竞拍和挂牌。按照国家相关规定，工业(包括仓储用地，但不包括采矿用地)、商业、旅游、娱乐和商品住宅等各类经营性用地，必须以招标、拍卖或者挂牌方式出让；上述规定以外用途的土地的供地计划公布后，同一宗地有两个以上意向用地者的，也应当采用招标、拍卖或者挂牌方式出让。

(2)通过协议出让方式获取国有土地使用权。按照国家相关规定，出让国有土地使用权，除依照法律、法规和规章的规定应当采用招标、拍卖或者挂牌方式外，方可采取协议方式。以协议方式出让国有土地使用权的出让金不得低于按国家规定所确定的最低价。协议出让底价不得低于拟出让地块所在区域的协议出让最低价。

2.通过划拨方式获取国有土地使用权

国有土地使用权划拨，是指县级以上人民政府依法批准，在土地使用者缴纳补偿、安置等费用后将该幅土地交付其使用，或者将土地使用权无偿交付给土地使用者使用的行为。

国家对划拨用地有着严格的规定，下列建设用地，经县级以上人民政府依法批准，可以以划拨方式取得：国家机关用地和军事用地；城市基础设施用地和公益事业用地；国家重点扶持的能源、交通、水利等基础设施用地；法律、行政法规规定的其他用地。

依法以划拨方式取得土地使用权的，除法律、行政法规另有规定外，没有使用期限的限制。因企业改制、土地使用权转让或者改变土地用途等不再符合本规定的，应当实行有偿使用。

(二)建设用地取得的费用

建设用地如通过行政划拨方式取得，则须承担征地补偿费用或对原用地单位或个人的拆迁补偿费用；若通过市场机制取得，则不但承担以上费用，还须向土地所有者支付有偿使用费，即土地出让金。

1.征地补偿费用

建设征用土地费用的构成见表2-1-5。

表2-1-5 建设征用土地费用的构成

项　目	内　容
土地补偿费	土地补偿费是对农村集体经济组织因土地被征用而造成的经济损失的一种补偿。 征用耕地的补偿费，为该耕地被征前三年平均年产值的6～10倍。 征用其他土地的补偿费标准，由省、自治区、直辖市参照征用耕地的补偿费标准规定。土地补偿费归农村集体经济组织所有
青苗补偿费和地上附着物补偿费	(1)青苗补偿费。 青苗补偿费是因征地时对其正在生长的农作物受到损害而作出的一种赔偿。在农村实行承包责任制后，农民自行承包土地的青苗补偿费应付给本人，属于集体种植的青苗补偿费可纳入当年集体收益。凡在协商征地方案后抢种的农作物、树木等，一律不予补偿。 (2)地上附着物。 地上附着物是指房屋、水井、树木、涵洞、桥梁、公路、水利设施、林木等地面建筑物、构筑物、附着物等。视协商征地方案前地上附着物价值与折旧情况确定，应根据“拆什么，补什么；拆多少，补多少，不低于原来水平”的原则确定。如附着物产权属个人，则该项补助费付给个人。地上附着物的补偿标准，由省、自治区、直辖市规定

续上表

项　　目	内　　容
安置补助费	安置补助费应支付给被征地单位和安置劳动力的单位，作为劳动力安置与培训的支出以及作为不能就业人员的生活补助。征收耕地的安置补助费，按照需要安置的农业人口数计算
新菜地开发建设基金	新菜地开发建设基金指征用城市郊区商品菜地时支付的费用。这项费用交给地方财政，作为开发建设新菜地的投资
耕地占用税	耕地占用税是对占用耕地建房或者从事其他非农业建设的单位和个人征收的一种税收，目的是合理利用土地资源、节约用地，保护农用耕地。耕地占用税征收范围，不仅包括占用耕地(用于种植农作物的土地和占用前三年曾用于种植农作物的土地)，还包括占用鱼塘、园地、菜地及其农业用地建房或者从事其他非农业建设，均按实际占用的面积和规定的税额一次性征收
土地管理费	土地管理费主要作为征地工作中所发生的办公、会议、培训、宣传、差旅、借用人员工资等必要的费用。土地管理费的收取标准，一般是在土地补偿费、青苗费、地面附着物补偿费、安置补助费四项费用之和的基础上提取2%～4%。如果是征地包干，还应在四项费用之和后再加上粮食价差、副食补贴、不可预见费等费用，在此基础上提取2%～4%作为土地管理费

2.拆迁补偿费用

(1)拆迁补偿。拆迁补偿的方式可以实行货币补偿，也可以实行房屋产权调换。

货币补偿的金额，根据被拆迁房屋的区位、用途、建筑面积等因素，以房地产市场评估价格确定。

实行房屋产权调换的，拆迁人与被拆迁人按照计算得到的被拆迁房屋的补偿金额和所调换房屋的价格，结清产权调换的差价。

(2)搬迁、安置补助费。拆迁人应当对被拆迁人或者房屋承租人支付搬迁补助费，对于在规定的搬迁期限届满前搬迁的，拆迁人可以付给提前搬家奖励费；在过渡期限内，被拆迁人或者房屋承租人自行安排住处的，拆迁人应当支付临时安置补助费；被拆迁人或者房屋承租人使用拆迁人提供的周转房的，拆迁人不支付临时安置补助费。

3.出让金、土地转让金

土地使用权出让金为用地单位向国家支付的土地所有权收益，出让金标准一般参考城市基准地价并结合其他因素制定。基准地价由市级相关部门综合平衡后报市级人民政府审定通过。

在有偿出让和转让土地时，政府对地价不作统一规定，但坚持以下原则：即地价对目前的投资环境不产生大的影响；地价与当地的社会经济承受能力相适应；地价要考虑已投入的土地开发费用、土地市场供求关系、土地用途、所在区类、容积率和使用年限等。有偿出让和转让使用权，要向土地受让者征收契税；转让土地如有增值，要向转让者征收土地增值税；土地使用者每年应按规定的标准缴纳土地使用费。

二、与项目建设有关的其他费用

(一)建设管理费

建设管理费是指建设单位为组织完成工程项目建设,在建设期内发生的各类管理性费用。

1.建设管理费的内容

(1)建设单位管理费是指建设单位发生的管理性质的开支。包括:工作人员工资、工资性补贴、施工现场津贴、职工福利费、住房基金、基本养老保险费、基本医疗保险费、失业保险费、工伤保险费、办公费、差旅交通费、劳动保护费、工具用具使用费、固定资产使用费、必要的办公及生活用品购置费、必要的通信设备及交通工具购置费、零星固定资产购置费、招募生产工人费、技术图书资料费、业务招待费、设计审查费、工程招标费、合同契约公证费、法律顾问费、咨询费、完工清理费、竣工验收费、印花税和其他管理性质开支。

(2)工程监理费是指建设单位委托工程监理单位实施工程监理的费用。此项费用应按国家发展和改革委员会与建设部联合发布的《建设工程监理与相关服务收费管理规定》(发改价格〔2007〕670号)计算。依法必须实行监理的建设工程施工阶段的监理收费实行政府指导价;其他建设工程施工阶段的监理收费和其他阶段的监理与相关服务收费实行市场调节价。

2.建设管理费的计算

建设单位管理费按照工程费用之和(包括设备工器具购置费和建筑安装工程费用)乘以建设单位管理费费率计算。

$$建设单位管理费=工程费用\times建设单位管理费费率 \quad (2\text{-}1\text{-}51)$$

建设单位管理费费率按照建设项目的不同性质、不同规模确定。有的建设项目按照建设工期和规定的金额计算建设单位管理费。

采用监理,建设单位部分管理工作量转移至监理单位。监理费应根据委托的监理工作范围和监理深度在监理合同中商定或按当地或所属行业部门有关规定计算。

建设单位采用工程总承包方式,其总包管理费由建设单位与总包单位根据总包工作范围在合同中商定,从建设管理费中支出。

(二)可行性研究费

可行性研究费是指在工程项目投资决策阶段,依据调研报告对有关建设方案、技术方案或生产经营方案进行的技术经济论证,以及编制、评审可行性研究报告所需的费用。此项费用应依据前期研究委托合同计列,或参照《国家计委关于印发〈建设项目前期工作咨询收费暂行规定〉的通知》(计投资〔1999〕1283号)规定计算。

(三)研究试验费

研究试验费是指为建设项目提供或验证设计数据、资料等进行必要的研究试验及按照相关规定在建设过程中必须进行试验、验证所需的费用。包括自行或委托其他部门研究试验所需人工费、材料费、试验设备及仪器使用费等。这项费用按照设计单位根据本工程项目的需要提出的研究试验内容和要求计算。在计算时要注意不应包括:应由科技三项费用(即新产品试制费、中间试验费和重要科学研究补助费)开支的项目;应在建筑安装费用中列支的施工企业对建筑材料、构件和建筑物进行一般鉴定、检查所发生的费用及技术革新的研究试验费;应由勘察设计费或工程费用中开支的项目。

(四)勘察设计费

勘察设计费是指对工程项目进行工程水文地质勘察、工程设计所发生的费用。包括:工程勘察费、初步设计费(基础设计费)、施工图设计费(详细设计费)、设计模型制作费。此项费用应按《关于发布〈工程勘察设计收费管理规定〉的通知》(计价格〔2002〕10号)的规定计算。

(五)环境影响评价费

环境影响评价费是指按照《中华人民共和国环境保护法》、《中华人民共和国环境影响评价法》等规定,在工程项目投资决策过程中,对其进行环境污染或影响评价所需的费用。包括编制环境影响报告书(含大纲)、环境影响报告表以及对环境影响报告书(含大纲)、环境影响报告表进行评估等所需的费用。此项费用可参照《关于规范环境影响咨询收费有关问题的通知》(计价格〔2002〕125号)规定计算。

(六)劳动安全卫生评价费

劳动安全卫生评价费是指按照劳动部《建设项目(工程)劳动安全卫生监察规定》和《建设项目(工程)劳动安全卫生预评价管理办法》的规定,在工程项目投资决策过程中,为编制劳动安全卫生评价报告所需的费用。包括编制建设项目劳动安全卫生预评价大纲和劳动安全卫生预评价报告书以及为编制上述文件所进行的工程分析和环境现状调查等所需费用。

必须进行劳动安全卫生预评价的项目包括:

(1)属于《关于基本建设项目和大中型划分标准的规定》中规定的大中型建设项目。

(2)属于《建筑设计防火规范》(GB 50016—2006)中规定的火灾危险性生产类别为甲类的建设项目。

(3)属于劳动部颁布的《爆炸危险场所安全规定》中规定的爆炸危险场所等级为特别危险场所和高度危险场所的建设项目。

(4)大量生产或使用《职业性接触毒物危害程度分级》(GBZ 230—2010)规定的Ⅰ级、Ⅱ级危害程度的职业性接触毒物的建设项目。

(5)大量生产或使用石棉粉料或含有10%以上的游离二氧化硅粉料的建设项目。

(6)其他由劳动行政部门确认的危险、危害因素大的建设项目。

(七)场地准备及临时设施费

1.场地准备及临时设施费的内容

(1)建设项目场地准备费是指为使工程项目的建设场地达到开工条件,由建设单位组织进行的场地平整等准备工作而发生的费用。

(2)建设单位临时设施费是指建设单位为满足工程项目建设、生活、办公的需要,用于临时设施建设、维修、租赁、使用所发生或摊销的费用。

2.场地准备及临时设施费的计算

(1)场地准备及临时设施应尽量与永久性工程统一考虑。建设场地的大型土石方工程应进入工程费用中的总图运输费用中。

(2)新建项目的场地准备和临时设施费应根据实际工程量估算,或按工程费用的比例计算。改扩建项目一般只计拆除清理费。

$$\text{场地准备和临时设施费}=\text{工程费用}\times\text{费率}+\text{拆除清理费} \quad (2\text{-}1\text{-}52)$$

(3)发生拆除清理费时可按新建同类工程造价或主材费、设备费的比例计算。凡可回收材料的拆除工程采用以料抵工方式冲抵拆除清理费。

(4)此项费用不包括已列入建筑安装工程费用中的施工单位临时设施费用。

(八)引进技术和引进设备其他费

引进技术和引进设备其他费是指引进技术和设备发生的但未计入设备购置费中的费用,

具体内容见表 2-1-6。

表 2-1-6 引进技术和引进设备其他费

项　　目	内　　容
引进项目图纸资料翻译复制费、备品备件测绘费	可根据引进项目的具体情况计列或按引进货价（FOB）的比例估列；引进项目发生备品备件测绘费时按具体情况估列
出国人员费用	包括买方人员出国设计联络、出国考察、联合设计、监造、培训等所发生的差旅费、生活费等。依据合同或协议规定的出国人次、期限以及相应的费用标准计算。生活费按照财政部、外交部规定的现行标准计算，差旅费按中国民航公布的票价计算
来华人员费用	包括卖方来华工程技术人员的现场办公费用、往返现场交通费用、接待费用等。依据引进合同或协议有关条款及来华技术人员派遣计划进行计算。来华人员接待费用可按每人次费用指标计算。引进合同价款中已包括的费用内容不得重复计算
银行担保及承诺费	指引进项目由国内外金融机构出面承担风险和责任担保所发生的费用以及支付贷款机构的承诺费用。应按担保或承诺协议计取，投资估算和概算编制时可以担保金额或承诺金额为基数乘以费率计算

（九）工程保险费

工程保险费是指为转移工程项目建设的意外风险，在建设期内对建筑工程、安装工程、机械设备和人身安全进行投保而发生的费用。包括建筑安装工程一切险、引进设备财产保险和人身意外伤害险等。

根据不同的工程类别，分别以其建筑、安装工程费乘以建筑、安装工程保险费率计算。民用建筑（住宅楼、综合性大楼、商场、旅馆、医院、学校）占建筑工程费的 2‰～4‰；其他建筑（工业厂房、仓库、道路、码头、水坝、隧道、桥梁、管道等）占建筑工程费的 3‰～6‰；安装工程（农业、工业、机械、电子、电气、纺织、矿山、石油、化学及钢铁工业、钢结构桥梁）占建筑工程费的 3‰～6‰。

（十）特殊设备安全监督检验费

特殊设备安全监督检验费是指安全监察部门对在施工现场组装的锅炉及压力容器、压力管道、消防设备、燃气设备、电梯等特殊设备和设施实施安全检验收取的费用。此项费用按照建设项目所在省（市、自治区）安全监察部门的规定标准计算。无具体规定的，在编制投资估算和概算时可按受检设备现场安装费的比例估算。

（十一）市政公用设施费

市政公用设施费是指使用市政公用设施的工程项目，按照项目所在地省级人民政府有关规定建设或缴纳的市政公用设施建设配套费用以及绿化工程补偿费用。此项费用按工程所在地人民政府规定标准计列。

三、与未来生产经营有关的其他费用

（一）联合试运转费

联合试运转费是指新建或新增加生产能力的工程项目，在交付生产前按照设计文件规定的工程质量标准和技术要求，对整个生产线或装置进行负荷联合试运转所发生的费用净支出（试运转支出大于收入的差额部分费用）。

(1)试运转支出包括试运转所需原材料、燃料及动力消耗、低值易耗品、其他物料消耗、工具用具使用费、机械使用费、保险金、施工单位参加试运转人员工资以及专家指导费等。

(2)试运转收入包括试运转期间的产品销售收入和其他收入。

(3)联合试运转费不包括应由设备安装工程费用开支的调试及试车费用，以及在试运转中暴露出来的因施工原因或设备缺陷等发生的处理费用。

(二)专利及专有技术使用费

1.专利及专有技术使用费的主要内容

专利及专有技术使用费的主要内容包括：国外设计及技术资料费、引进有效专利、专有技术使用费和技术保密费；国内有效专利、专有技术使用费；商标权、商誉和特许经营权费等。

2.专利及专有技术使用费的计算

(1)按专利使用许可协议和专有技术使用合同的规定计列。

(2)专有技术的界定应以省、部级鉴定批准为依据。

(3)项目投资中只计算需在建设期支付的专利及专有技术使用费。协议或合同规定在生产期支付的使用费应在生产成本中核算。

(4)一次性支付的商标权、商誉及特许经营权费按协议或合同规定计列。协议或合同规定在生产期支付的商标权或特许经营权费应在生产成本中核算。

(5)为项目配套的专用设施投资，包括专用铁路线、专用公路、专用通信设施、送变电站、地下管道、专用码头等，如由项目建设单位负责投资但产权不归属本单位的，应作无形资产处理。

(三)生产准备及开办费

1.生产准备及开办费的内容

在建设期内，建设单位为保证项目正常生产而发生的人员培训费、提前进厂费以及投产使用必备的办公、生活家具用具及工器具等的购置费用。其内容包括：人员培训费及提前进厂费（包括自行组织培训或委托其他单位培训的人员工资、工资性补贴、职工福利费、差旅交通费、劳动保护费、学习资料费等）；为保证初期正常生产（或营业、使用）所必需的生产办公、生活家具用具购置费；为保证初期正常生产（或营业、使用）必需的第一套不够固定资产标准的生产工具、器具、用具购置费（不包括备品备件费）。

2.生产准备及开办费的计算

(1)新建项目按设计定员为基数计算，改扩建项目按新增设计定员为基数计算：

$$生产准备费=设计定员\times生产准备费指标(元/人) \tag{2-1-53}$$

(2)可采用综合的生产准备费指标进行计算，也可以按费用内容的分类指标计算。

第四节　预备费和建设期利息的计算

一、预 备 费

(一)基本预备费

1.基本预备费的构成

基本预备费是指针对项目实施过程中可能发生难以预料的支出而事先预留的费用，又称工程建设不可预见费，主要指设计变更及施工过程中可能增加工程量的费用。

基本预备费一般由以下四部分构成：

(1)在批准的初步设计范围内，技术设计、施工图设计及施工过程中所增加的工程费用；设计变更、工程变更、材料代用、局部地基处理等增加的费用。

(2)一般自然灾害造成的损失和预防自然灾害所采取的措施费用。实行工程保险的工程项目，该费用应适当降低。

(3)竣工验收时为鉴定工程质量对隐蔽工程进行必要的挖掘和修复费用。

(4)超规超限设备运输增加的费用。

2.基本预备费的计算

基本预备费是按工程费用和工程建设其他费用二者之和为计取基础，再乘以基本预备费费率进行计算。

基本预备费费率的取值应执行国家及部门的有关规定。

基本预备费=(工程费用+工程建设其他费用)×基本预备费费率　　(2-1-54)

(二)价差预备费

1.价差预备费的内容

价差预备费是指为在建设期内利率、汇率或价格等因素的变化而预留可能增加的费用，亦称为价格变动不可预见费。价差预备费的内容包括：人工、设备、材料、施工机械的价差费，建筑安装工程费及工程建设其他费用调整，利率、汇率调整等增加的费用。

2.价差预备费的测算方法

价差预备费一般根据国家规定的投资综合价格指数，按估算年份价格水平的投资额为基数，采用复利方法计算。计算公式为：

$$PF = \sum_{t=1}^{n} I_t[(1+f)^m(1+f)^{0.5}(1+f)^{t-1}-1] \tag{2-1-55}$$

式中　PF——价差预备费；

n——建设期年份数；

I_t——估算静态投资额中第 t 年投入的工程费用；

f——年涨价率，政府部门有规定的按规定执行，没有规定的由可行性研究人员预测；

m——建设前期年限(从编制估算到开工建设，单位：年)。

二、建设期利息

建设期利息主要是指在建设期内发生的为工程项目筹措资金的融资费用及债务资金利息。

当总贷款是分年均衡发放时，建设期利息的计算可按当年借款在年中支用考虑，即当年贷款按半年计息，上年贷款按全年计息。计算公式为：

$$q_j = \left(P_{j-1} + \frac{1}{2}A_j\right) \cdot i \tag{2-1-56}$$

式中　q_j——建设期第 j 年应计利息；

P_{j-1}——建设期第$(j-1)$年末累计贷款本金与利息之和；

A_j——建设期第 j 年贷款金额；

i——年利率。

第二章　建设工程计价方法及计价依据

第一节　工程计价方法

一、工程计价基本原理

工程计价的基本原理可以用公式的形式表达如下：

分部分项工程费＝∑[基本构造单元工程量(定额项目或清单项目)×相应单价]　(2-2-1)

工程造价的计价可分为工程计量和工程计价两个环节。

1.工程计量

工程计量工作包括工程项目的划分和工程量的计算。

(1)单位工程基本构造单元的确定，即划分工程项目。编制工程概算预算时，主要是按工程定额进行项目的划分；编制工程量清单时主要是按照工程量清单计量规范规定的清单项目进行划分。

(2)工程量的计算就是按照工程项目的划分和工程量计算规则，就施工图设计文件和施工组织设计对分项工程实物量进行计算。工程实物量是计价的基础，不同的计价依据有不同的计算规则规定。目前，工程量计算规则包括两大类：各类工程定额规定的计算规则；各专业工程计量规范附录中规定的计算规则。

2.工程计价

工程计价包括工程单价的确定和总价的计算。

(1)工程单价是指完成单位工程基本构造单元的工程量所需要的基本费用。工程单价包括工料单价和综合单价。

1)工料单价也称直接工程费单价，包括人工、材料、机械台班费用，是各种人工消耗量、各种材料消耗量、各类机械台班消耗量与其相应单价的乘积。计算公式为：

工料单价＝∑(人材机消耗量×人材机单价)　(2-2-2)

2)综合单价包括人工费、材料费、机械台班费，还包括企业管理费、利润和风险因素。综合单价根据国家、地区、行业定额或企业定额消耗量和相应生产要素的市场价格来确定。

(2)工程总价是指经过规定的程序或办法逐级汇总形成的相应工程造价。

1)采用工料单价时，在工料单价确定后，乘以相应定额项目工程量并汇总，得出相应工程的直接工程费，再按照相应的取费程序计算其他各项费用，汇总后形成相应工程造价。

2)采用综合单价时，在综合单价确定后，乘以相应项目工程量，经汇总即可得出分部分项工程费，再按相应的办法计取措施项目、其他项目、规费项目、税金项目费，各项目费汇总后得出相应工程造价。

二、工程计价标准和依据

工程计价标准和依据主要包括计价活动的相关规章规程、工程量清单计价和计量规范、工程定额和相关造价信息。

1. 计价活动的相关规章规程

现行计价活动相关的规章规程主要包括《建筑工程发包与承包计价管理办法》、《建设项目投资估算编审规程》、《建设项目设计概算编审规程》、《建设项目施工图预算编审规程》、《建设工程招标控制价编审规程》、《建设项目工程结算编审规程》、《建设项目全过程造价咨询规程》、《建设工程造价咨询成果文件质量标准》、《建设工程造价鉴定规程》等。

2. 工程量清单计价和计量规范

工程量清单计价和计量规范由《建设工程工程量清单计价规范》(GB 50500—2013)、《房屋建筑与装饰工程工程量计算规范》(GB 50854—2013)、《仿古建筑工程工程量计算规范》(GB 50855—2013)、《通用安装工程工程量计算规范》(GB 50856—2013)、《市政工程工程量计算规范》(GB 50857—2013)、《园林绿化工程工程量计算规范》(GB 50858—2013)、《矿山工程工程量计算规范》(GB 50859—2013)、《构筑物工程工程量计算规范》(GB 50860—2013)、《城市轨道交通工程工程量计算规范》(GB 50861—2013)、《爆破工程工程量计算规范》(GB 50862—2013)等组成。

3. 工程定额

工程定额主要指国家、省、有关专业部门制定的各种定额，包括工程消耗量定额和工程计价定额等。

4. 工程造价信息

工程造价信息主要包括价格信息、工程造价指数和已完工程信息等。

三、工程计价基本程序

(一)工程概预算编制的基本程序

工程概预算的编制是国家通过颁布统一的计价定额或指标，对建筑产品价格进行计价的活动。国家以假定的建筑安装产品为对象，制定统一的预算和概算定额。然后按概预算定额规定的分部分项子目，逐项计算工程量，套用概预算定额单价(或单位估价表)确定直接工程费，然后按规定的取费标准确定措施费、间接费、利润和税金，经汇总后即为工程概预算价值。工程概预算编制的基本程序如图 2-2-1 所示。

工程概预算单位价格的形成过程，就是依据概预算定额所确定的消耗量乘以定额单价或市场价，经过不同层次的计算形成相应造价的过程。可以用公式进一步明确工程概预算编制的基本方法和程序。

$$\begin{array}{c}\text{每一计量单位建筑产品的基本构造}\\\text{要素(假定建筑产品)的直接工程费单价}\end{array}=\text{人工费}+\text{材料费}+\text{施工机械使用费} \quad (2\text{-}2\text{-}3)$$

其中：

$$\text{人工费}=\sum(\text{人工工日数量}\times\text{人工单价}) \quad (2\text{-}2\text{-}4)$$

$$\text{材料费}=\sum(\text{材料用量}\times\text{材料单价})+\text{检验试验费} \quad (2\text{-}2\text{-}5)$$

$$\text{机械使用费}=\sum(\text{机械台班用量}\times\text{机械台班单价}) \quad (2\text{-}2\text{-}6)$$

$$\text{单位工程直接费}=\sum(\text{假定建筑产品工程量}\times\text{直接工程费单价})+\text{措施费} \quad (2\text{-}2\text{-}7)$$

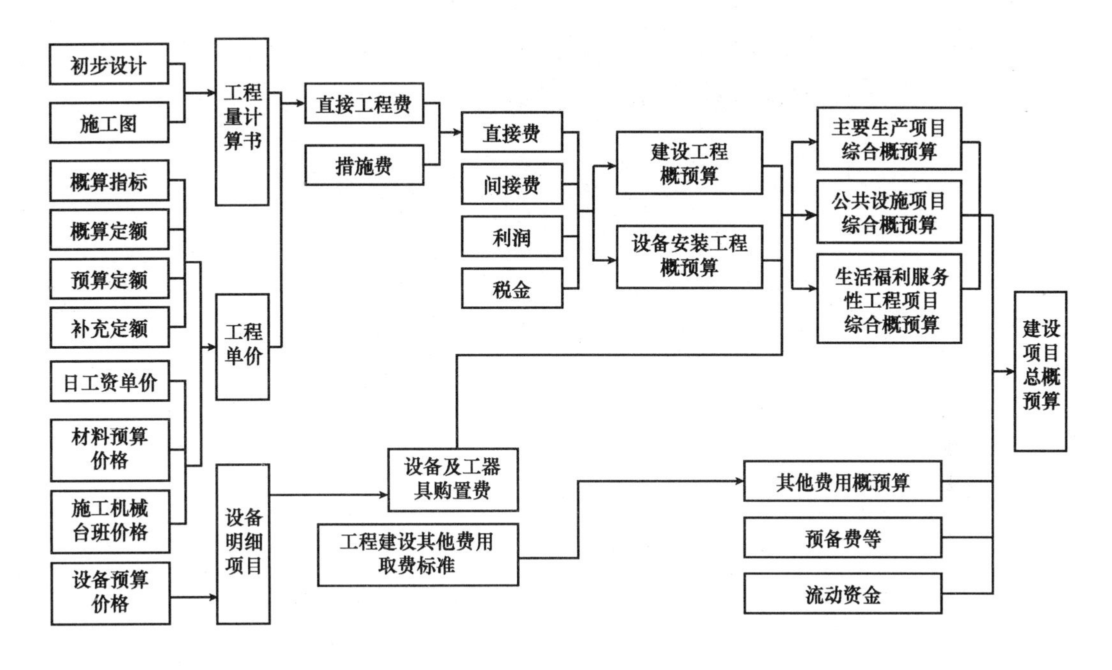

图 2-2-1　工程概预算编制程序示意图

$$单位工程概预算造价=单位工程直接费+间接费+利润+税金 \tag{2-2-8}$$

$$单项工程概预算造价=\sum单位工程概预算造价+设备、工器具购置费 \tag{2-2-9}$$

$$建设项目全部工程概预算造价=\sum单项工程的概预算造价+预备费+有关的其他费用 \tag{2-2-10}$$

(二)工程量清单计价的基本程序

工程量清单计价的过程可以分为两个阶段,即工程量清单的编制和工程量清单应用两个阶段。工程量清单编制程序如图 2-2-2 所示,工程量清单应用程序如图 2-2-3 所示。

工程量清单计价的基本原理是:按照工程量清单计价规范规定,在各相应专业工程计量规范规定的工程量清单项目设置和工程量计算规则基础上,针对具体工程的施工图纸和施工组织设计计算出各个清单项目的工程量,根据规定的方法计算出综合单价,并汇总各清单合价得出工程总价。

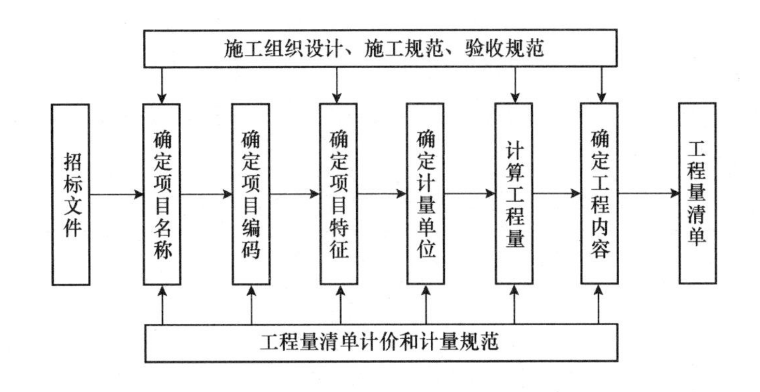

图 2-2-2　工程量清单编制程序

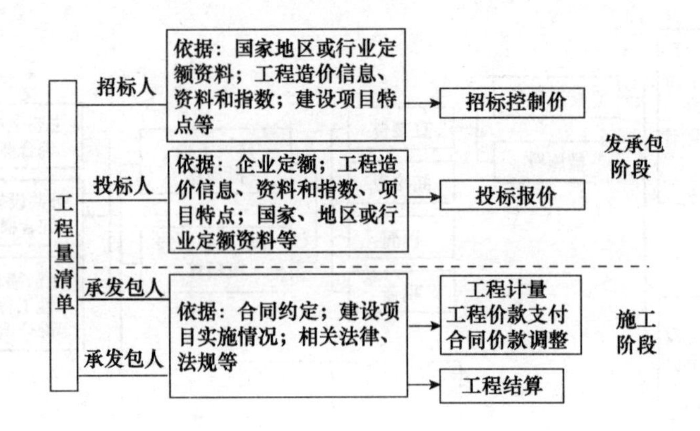

图 2-2-3　工程量清单应用程序

$$分部分项工程费=\sum(分部分项工程量\times相应分部分项综合单价) \tag{2-2-11}$$

$$措施项目费=\sum各措施项目费 \tag{2-2-12}$$

$$其他项目费=暂列金额+暂估价+计日工+总承包服务费 \tag{2-2-13}$$

$$单位工程报价=分部分项工程费+措施项目费+其他项目费+规费+税金 \tag{2-2-14}$$

$$单项工程报价=\sum单位工程报价 \tag{2-2-15}$$

$$建设项目总报价=\sum单项工程报价 \tag{2-2-16}$$

上面公式中，综合单价是指完成一个规定清单项目所需的人工费、材料和工程设备费、施工机具使用费和企业管理费、利润，以及一定范围内的风险费用。风险费用是隐含于已标价工程量清单综合单价中，用于化解发承包双方在工程合同中约定内容和范围内的市场价格波动风险的费用。

工程量清单计价活动涵盖施工招标、合同管理以及竣工交付全过程，主要包括：编制招标工程量清单、招标控制价、投标报价，确定合同价，进行工程计量与价款支付、合同价款的调整、工程结算和工程计价纠纷处理等活动。

四、工程定额体系

工程定额是完成规定计量单位的合格建筑安装产品所消耗资源的数量标准。工程定额是一个综合概念，可以按照不同的原则和方法对它进行分类。

1. 按定额反映的生产要素消耗内容分类

按定额反映的生产要素消耗内容的不同，可以把工程定额划分为劳动消耗定额、机械消耗定额和材料消耗定额三种，见表 2-2-1。

表 2-2-1　按反映的生产要素消耗内容定额的分类

项　目	内　容
劳动消耗定额	简称劳动定额（也称为人工定额），是在正常的施工技术和组织条件下，完成规定计量单位合格的建筑安装产品所消耗的人工工日的数量标准。劳动定额的主要表现形式是时间定额，但同时也表现为产量定额。时间定额与产量定额互为倒数

续上表

项　　目	内　　容
材料消耗定额	简称材料定额，是指在正常的施工技术和组织条件下，完成规定计量单位合格的建筑安装产品所消耗的原材料、成品、半成品、构配件、燃料以及水、电等动力资源的数量标准
机械消耗定额	机械消耗定额是以一台机械一个工作班为计量单位，所以又称为机械台班定额。机械消耗定额是指在正常的施工技术和组织条件下，完成规定计量单位合格的建筑安装产品所消耗的施工机械台班的数量标准。机械消耗定额的主要表现形式是机械时间定额，同时也以产量定额表现

2.按定额的编制程序和用途分类

按定额的编制程序和用途的不同，可以把工程定额分为施工定额、预算定额、概算定额、概算指标、投资估算指标五种，见表 2-2-2。

表 2-2-2　按编制程序和用途定额的分类

项　　目	内　　容
施工定额	施工定额是完成一定计量单位的某一施工过程或基本工序所需消耗的人工、材料和机械台班数量标准。施工定额是施工企业（建筑安装企业）组织生产和加强管理在企业内部使用的一种定额，属于企业定额的性质。施工定额是以某一施工过程或基本工序作为研究对象，表示生产产品数量与生产要素消耗综合关系编制的定额。为了适应组织生产和管理的需要，施工定额的项目划分很细，是工程定额中分项最细、定额子目最多的一种定额，也是工程定额中的基础性定额
预算定额	预算定额是指在正常的施工条件下，完成一定计量单位合格分项工程和结构构件所需消耗的人工、材料、施工机械台班数量及其费用标准。预算定额是一种计价性定额。从编制程序上看，预算定额是以施工定额为基础综合扩大编制的，同时它也是编制概算定额的基础
概算定额	概算定额是完成单位合格扩大分项工程或扩大结构构件所需消耗的人工、材料和施工机械台班的数量及其费用标准，是一种计价性定额。概算定额是编制扩大初步设计概算、确定建设项目投资额的依据。概算定额的项目划分粗细，与扩大初步设计的深度相适应，一般是在预算定额的基础上综合扩大而成的，每一综合分项概算定额都包含了数项预算定额
概算指标	概算指标是以单位工程为对象，反映完成一个规定计量单位建筑安装产品的经济消耗指标。概算指标是概算定额的扩大与合并，以更为扩大的计量单位来编制的。概算指标的内容包括人工、机械台班、材料定额三个基本部分，同时还列出了各结构分部的工程量及单位建筑工程（以体积计或面积计）的造价，是一种计价定额
投资估算指标	投资估算指标是以建设项目、单项工程、单位工程为对象，反映建设总投资及其各项费用构成的经济指标。它是在项目建议书和可行性研究阶段编制投资估算、计算投资需要量时使用的一种定额它的概略程度与可行性研究阶段相适应。投资估算指标往往根据历史的预决算资料和价格变动等资料编制，但其编制基础仍然离不开预算定额、概算定额

上述各种定额的相互联系可参见表 2-2-3。

表 2-2-3　各种定额间关系的比较

项目	施工定额	预算定额	概算定额	概算指标	投资估算指标
对象	施工过程或基本工序	分项工程和结构构件	扩大的分项工程或扩大的结构构件	单位工程	建设项目、单项工程、单位工程
用途	编制施工预算	编制施工图预算	编制扩大初步设计概算	编制初步设计概算	编制投资估算
项目划分	最细	细	较粗	粗	很粗
定额水平	平均先进	平均			
定额性质	生产性定额	计价性定额			

3. 按照专业分

由于工程建设涉及众多的专业，不同的专业所含的内容也不同，因此就确定人工、材料和机械台班消耗数量标准的工程定额来说，也需按不同的专业分别进行编制和执行。按照专业定额的分类见表 2-2-4。

表 2-2-4　按照专业分定额的分类

项　目	内　容
建筑工程定额	建筑工程定额按专业对象分为建筑及装饰工程定额、房屋修缮工程定额、市政工程定额、铁路工程定额、公路工程定额、矿山井巷工程定额等
安装工程定额	安装工程定额按专业对象分为电气设备安装工程定额、机械设备安装工程定额、热力设备安装工程定额、通信设备安装工程定额、化学工业设备安装工程定额、工业管道安装工程定额、工艺金属结构安装工程定额等

4. 按主编单位和管理权限分类(表 2-2-5)

表 2-2-5　按主编单位和管理权限定额的分类

项　目	内　容
全国统一定额	全国统一定额是由国家建设行政主管部门综合全国工程建设中技术和施工组织管理的情况编制，并在全国范围内适用的定额
行业统一定额	行业统一定额是考虑到各行业部门专业工程技术特点以及施工生产和管理水平编制的。一般是只在本行业和相同专业性质的范围内使用
地区统一定额	地区统一定额包括省、自治区、直辖市定额。地区统一定额主要是考虑地区性特点和全国统一定额水平作适当调整和补充编制
企业定额	企业定额是施工单位根据本企业的施工技术、机械装备和管理水平编制的人工、施工机械台班和材料等的消耗标准。企业定额在企业内部使用，是企业综合素质的一个标志。企业定额水平一般应高于国家现行定额，才能满足生产技术发展、企业管理和市场竞争的需要。在工程量清单计价方式下，企业定额作为施工企业进行建设工程投标报价的计价依据，正发挥着越来越大的作用

续上表

项　目	内　容
补充定额	补充定额是指随着设计、施工技术的发展，现行定额不能满足需要的情况下，为了补充缺陷所编制的定额。补充定额只能在指定的范围内使用，可以作为以后修订定额的基础

第二节　工程量清单计价与计量规范

一、工程量清单计价的使用范围

计价规范适用于建设工程发承包及其实施阶段的计价活动。使用国有资金投资的建设工程发承包，必须采用工程量清单计价；非国有资金投资的建设工程，宜采用工程量清单计价；不采用工程量清单计价的建设工程，应执行计价规范中除工程量清单等专门性规定外的其他规定。

国有资金投资的项目包括全部使用国有资金（含国家融资资金）投资或以国有资金投资为主的工程建设项目。

(1)国有资金投资的工程建设项目包括：

1)使用各级财政预算资金的项目；

2)使用纳入财政管理的各种政府性专项建设资金的项目；

3)使用国有企事业单位自有资金，并且国有资产投资者实际拥有控制权的项目。

(2)国家融资资金投资的工程建设项目包括：

1)使用国家发行债券所筹资金的项目；

2)使用国家对外借款或者担保所筹资金的项目；

3)使用国家政策性贷款的项目；

4)国家授权投资主体融资的项目；

5)国家特许的融资项目。

(3)以国有资金（含国家融资资金）为主的工程建设项目是指国有资金占投资总额50%以上，或虽不足50%但国有投资者实质上拥有控股权的工程建设项目。

二、分部分项工程项目清单

分部分项工程是“分部工程”和“分项工程”的总称。“分部工程”是单位工程的组成部分，系按结构部位、路段长度及施工特点或施工任务将单位工程划分为若干分部的工程。例如，市政工程分为土石方工程、道路工程、桥涵工程、隧道工程、管网工程、水处理工程等分部工程。“分项工程”是分部工程的组成部分，系按不同施工方法、材料、工序及路段长度等分部工程划分为若干个分项或项目的工程。例如砌筑分为干砌块料、浆砌块料、砖砌体等分项工程。

分部分项工程项目清单必须载明项目编码、项目名称、项目特征、计量单位和工程量。分部分项工程项目清单必须根据各专业工程计量规范规定的项目编码、项目名称、项目特征、计量单位和工程量计算规则进行编制，其格式见表2-2-6。在分部分项工程量清单的编制过程中，由招标人负责前六项内容填列，金额部分在编制招标控制价或投标报价时填列。

表 2-2-6　分部分项工程量清单与计价表

工程名称：　　　　　　　　　　　　标段：　　　　　　　　　　　　第　页　共　页

序号	项目编码	项目名称	项目特征描述	计量单位	工程量	金额		
						综合单价	合价	其中：暂估价

(一)项目编码

项目编码是分部分项工程和措施项目清单名称的阿拉伯数字标识。分部分项工程量清单项目编码以五级编码设置,用十二位阿拉伯数字表示。一、二、三、四级编码为全国统一,即一至九位应按计价规范附录的规定设置;第五级即十至十二位为清单项目编码,应根据拟建工程的工程量清单项目名称设置,不得有重号,这三位清单项目编码由招标人针对招标工程项目具体编制,并应自 001 起顺序编制。

各级编码代表的含义如下:

第一级表示工程分类顺序码(分二位)。

第二级表示专业工程顺序码(分二位)。

第三级表示分部工程顺序码(分二位)。

第四级表示分项工程项目名称顺序码(分三位)。

第五级表示工程量清单项目名称顺序码(分三位)。

项目编码结构如图 2-2-4 所示(以房屋建筑与装饰工程为例)。

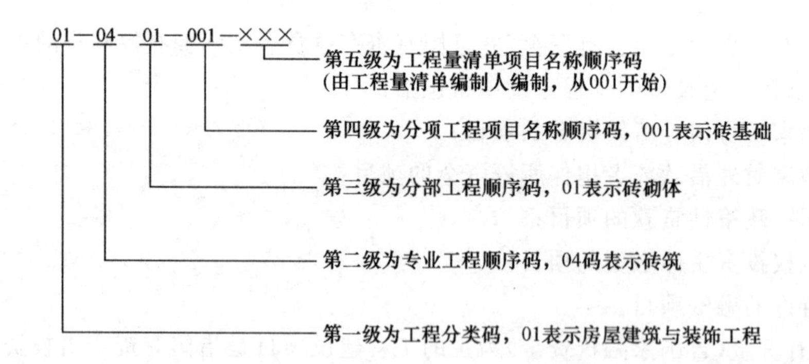

图 2-2-4　工程量清单项目编码结构

当同一标段(或合同段)的一份工程量清单中含有多个单位工程且工程量清单是以单位工程为编制对象时,在编制工程量清单时应特别注意对项目编码十至十二位的设置不得有重码的规定。

(二)项目名称

分部分项工程量清单的项目名称应按各专业工程计量规范附录的项目名称结合拟建工程的实际确定。附录表中的"项目名称"为分项工程项目名称,是形成分部分项工程量清单项目名称的基础。即在编制分部分项工程量清单时,以附录中的分项工程项目名称为基础,考虑该项目的规格、型号、材质等特征要求,结合拟建工程的实际情况,使其工程量清单项目名称具体化、细化,以反映影响工程造价的主要因素。清单项目名称应表达详细、准确,各专业工程计量规范中的分项工程项目名称如有缺陷,招标人可作补充,并报当地工程造价管理机构(省级)备案。

（三）项目特征

项目特征是构成分部分项工程项目、措施项目自身价值的本质特征。项目特征是对项目的准确描述，是确定一个清单项目综合单价不可缺少的重要依据，是区分清单项目的依据，是履行合同义务的基础。分部分项工程量清单的项目特征应按各专业工程计量规范附录中规定的项目特征，结合技术规范、标准图集、施工图纸，按照工程结构、使用材质及规格或安装位置等，予以详细而准确地表述和说明。凡项目特征中未描述到的其他独有特征，由清单编制人视项目具体情况确定，以准确描述清单项目为准。

在各专业工程计量规范附录中还有关于各清单项目"工作内容"的描述。工作内容是指完成清单项目可能发生的具体工作和操作程序，但应注意的是，在编制分部分项工程量清单时，工作内容通常无需描述，因为在计价规范中，工程量清单项目与工程量计算规则、工作内容有一一对应关系，当采用计价规范这一标准时，工作内容均有规定。

（四）计量单位

计量单位应采用基本单位，除各专业另有特殊规定外均按以下单位计量：

以重量计算的项目——吨或千克（t 或 kg）；以体积计算的项目——立方米（m^3）；以面积计算的项目——平方米（m^2）；以长度计算的项目——米（m）；以自然计量单位计算的项目——个、套、块、樘、组、台等；没有具体数量的项目——宗、项等。

各专业有特殊计量单位的，另外加以说明，当计量单位有两个或两个以上时，应根据

所编工程量清单项目的特征要求，选择最适宜表现该项目特征并方便计量的单位。

计量单位的有效位数应遵守下列规定：以"t"为单位，应保留小数点后三位数字，第四位小数四舍五入；以"m"、"m^2"、"m^3"、"kg"为单位，应保留小数点后两位数字，第三位小数四舍五入；以"个"、"件"、"根"、"组"、"系统"等为单位，应取整数。

（五）工程数量的计算

工程数量主要通过工程量计算规则计算得到。工程量计算规则是指对清单项目工程量的计算规定。除另有说明外，所有清单项目的工程量应以实体工程量为准，并以完成后的净值计算。投标人投标报价时，应在单价中考虑施工中的各种损耗和需要增加的工程量。

根据工程量清单计价与计量规范的规定，工程量计算规则可以分为房屋建筑与装饰工程、仿古建筑工程、通用安装工程、市政工程、园林绿化工程、矿山工程、构筑物工程、城市轨道交通工程、爆破工程九大类。

以房屋建筑与装饰工程为例，其计量规范中规定的实体项目包括土石方工程，地基处理与边坡支护工程，桩基工程，砌筑工程，混凝土及钢筋混凝土工程，金属结构工程，木结构工程，门窗工程，屋面及防水工程，保温、隔热、防腐工程，楼地面装饰工程，墙、柱面装饰与隔断、幕墙工程，天棚工程，油漆、涂料、裱糊工程，其他装饰工程，拆除工程等，分别制定了它们的项目的设置和工程量计算规则。

随着工程建设中新材料、新技术、新工艺等的不断涌现，计量规范附录所列的工程量清单项目不可能包含所有项目。在编制工程量清单时，当出现计量规范附录中未包括的清单项目时，编制人应作补充。在编制补充项目时应注意以下三个方面：

（1）补充项目的编码应按计量规范的规定确定。具体做法如下：补充项目的编码由计量规范的代码与 B 和三位阿拉伯数字组成，并应从 001 起顺序编制，例如房屋建筑与装饰工程如需补充项目，则其编码应从 01B001 开始起顺序编制，同一招标工程的项目不得重码。

（2）在工程量清单中应附补充项目的项目名称、项目特征、计量单位、工程量计算规则和工

作内容。

(3)将编制的补充项目报省级或行业工程造价管理机构备案。

三、措施项目清单

(一)措施项目列项

措施项目是指为完成工程项目施工,发生于该工程施工准备和施工过程中的技术、生活、安全、环境保护等方面的项目。

措施项目清单应根据相关工程现行国家计量规范的规定编制,并应根据拟建工程的实际情况列项。例如,《市政工程工程量计算规范》(GB 50857—2013)中规定的措施项目,包括大型机械设备进出场及安拆,施工排水、降水,安全文明施工及其他措施项目。

(二)措施项目清单的标准格式

1.措施项目清单的类别

措施项目费用的发生与使用时间、施工方法或者两个以上的工序相关,并大都与实际完成的实体工程量的大小关系不大,如安全文明施工,夜间施工,非夜间施工照明,二次搬运,冬雨季施工,地上、地下设施、建筑物的临时保护设施,已完工程及设备保护等。但是有些非实体项目则是可以计算工程量的项目,如脚手架工程,混凝土模板及支架(撑),垂直运输,超高施工增加,大型机械设备进出场及安拆,施工排水、降水等,与完成的工程实体具有直接关系,并且是可以精确计量的项目,用分部分项工程量清单的方式采用综合单价,更有利于措施费的确定和调整。措施项目中不能计算工程量的项目清单,以"项"为计量单位进行编制(表 2-2-7);可以计算工程量的项目清单宜采用分部分项工程量清单的方式编制,列出项目编码、项目名称、项目特征、计量单位和工程量计算规则(表 2-2-8)。

表 2-2-7 措施项目清单与计价表(一)

工程名称: 标段: 第 页 共 页

序号	项目编号	项目名称	计算基础	费率(%)	金额(元)
		安全文明施工			
		夜间施工			
		非夜间施工照明			
		二次搬运			
		冬雨季施工			
		地上、地下设施、建筑物的临时保护设施			
		已完成工程及设施保护			
		各专业工程的措施项目			
		……			
合计					

注:1.本表适用于以"项"计价的措施项目。

2.根据建设部、财政部发布的《建筑安装工程费组成》(建标〔2003〕206 号)的规定,计算基础可为直接费、人工费或人工费+机械费。

表 2-2-8　措施项目清单与计价表(二)

工程名称：　　　　　　　　标段：　　　　　　　　第　页　共　页

序号	项目编号	项目名称	项目特征描述	计量单位	工程量	金额(元)	
						综合单价	合价
本页小计							
合计							

注：本表适用于以综合单价形式计价的措施项目。

2.措施项目清单的编制

措施项目清单的编制需考虑多种因素，除工程本身的因素外，还涉及水文、气象、环境、安全等因素。措施项目清单应根据拟建工程的实际情况列项。若出现清单计价规范中

未列的项目，可根据工程实际情况补充。

措施项目清单的编制依据主要有：施工现场情况、地勘水文资料、工程特点；常规施工方案；与建设工程有关的标准、规范、技术资料；拟定的招标文件；建设工程设计文件及相关资料。

四、其他项目清单

其他项目清单是指除分部分项工程量清单、措施项目清单所包含的内容以外，因招标人的特殊要求而发生的与拟建工程有关的其他费用项目和相应数量的清单。工程建设标准的高低、工程的复杂程度、工程的工期长短、工程的组成内容、发包人对工程管理要求等都直接影响其他项目清单的具体内容。其他项目清单包括暂列金额；暂估价（包括材料暂估单价、工程设备暂估单价、专业工程暂估价）、计日工、总承包服务费。其他项目清单宜按照表 2-2-9 的格式编制，出现未包含在表格中内容的项目，可根据工程实际情况补充。

表 2-2-9　其他项目清单与计价汇总表

序号	项目名称	计量单位	金额(元)
1	暂列金额		
2	暂估价		
2.1	材料(工程设备)暂估单价		—
2.2	专业工程暂估价		
3	计日工		
4	总承包服务费		
合计			

注：材料暂估单价进入清单项目综合单价，此处不汇总。

(一)暂列金额

暂列金额是指招标人在工程量清单中暂定并包括在合同价款中的一笔款项。用于工程合同签订时尚未确定或者不可预见的所需材料、工程设备、服务的采购，施工中可能发生的工程变更、合同约定调整因素出现时的合同价款调整，以及发生的索赔、现场签证确认等的费用。

不管采用何种合同形式，其理想的标准是，一份合同的价格就是其最终的竣工结算价格，或者至少两者应尽可能接近。

我国规定对政府投资工程实行概算管理，经项目审批部门批复的设计概算是工程投资控制的刚性指标，即使商业性开发项目也有成本的预先控制问题，否则，无法相对准确预测投资的收益和科学合理地进行投资控制。但工程建设自身的特性决定了工程的设计需要根据工程进展不断地进行优化和调整，业主需求可能会随工程建设进展出现变化，工程建设过程还会存在一些不能预见、不能确定的因素。消化这些因素必然会影响合同价格的调整，暂列金额正是因这类不可避免的价格调整而设立，以便达到合理确定和有效控制工程造价的目标。设立暂列金额并不能保证合同结算价格就不会再出现超过合同价格的情况，是否超出合同价格完全取决于工程量清单编制人对暂列金额预测的准确性，以及工程建设过程是否出现了其他事先未预测到的事件。

(二)暂估价

暂估价是指招标人在工程量清单中提供的用于支付必然发生但暂时不能确定价格的材料、工程设备的单价以及专业工程的金额，包括材料暂估单价、工程设备暂估单价和专业工程暂估价。暂估价数量和拟用项目应当结合工程量清单中的“暂估价表”予以补充说明。为方便合同管理，需要纳入分部分项工程量清单项目综合单价中的暂估价应只是材料、工程设备暂估单价，以方便投标人组价。

专业工程的暂估价一般应是综合暂估价，应当包括除规费和税金以外的管理费、利润等取费。公开透明地合理确定这类暂估价的实际开支金额的最佳途径就是通过施工总承包人与工程建设项目招标人共同组织的招标。

暂估价中的材料、工程设备暂估单价应根据工程造价信息或参照市场价格估算，列出明细表；专业工程暂估价应分不同专业，按有关计价规定估算，列出明细表。暂估价可按照表 2-2-10、表 2-2-11 的格式列示。

表 2-2-10　材料(工程设备)暂估单价表

工程名称：　　　　　　　　　　　标段：　　　　　　　　　　　第　页　共　页

序号	材料(工程设备)名称、规格、型号	计量单位	单价(元)	备注
1				
2				
3				

注：1. 此表由招标人填写，并在备注栏说明暂估价的材料、工程设备拟用在哪些清单项目上，投表人应将上述材料、工程设备暂估单价计入工程量清单综合单价报价中。

2. 材料、工程设备单位包括《建筑安装工程费用项目组成》(建标〔2003〕206 号)中规定的材料、工程设备费内容。

表 2-2-11　专业工程暂估价

工程名称：　　　　　　　　　　　标段：　　　　　　　　　　　第　页　共　页

序号	工程名称	工程内容	金额(元)	备注
1				
2				

续上表

序号	工程名称	工程内容	金额(元)	备注
3				
合计				

注:此表由招标人填写,投标人应将上述专业工程暂估价计入投标总价中。

(三)计日工

计日工是指在施工过程中,承包人完成发包人提出的工程合同范围以外的零星项目或工作,按合同中约定的单价计价的一种方式。

计日工是为了解决现场发生的零星工作的计价而设立的。国际上常见的标准合同条款中,大多数都设立了计日工计价机制。计日工对完成零星工作所消耗的人工工时、材料数量、施工机械台班进行计量,并按照计日工表中填报的适用项目的单价进行计价支付。计日工适用的所谓零星项目或工作一般是指合同约定之外的或者因变更而产生的、工程量清单中没有相应项目的额外工作,尤其是那些难以事先商定价格的额外工作。

计日工应列出项目名称、计量单位和暂估数量。计日工可按照表 2-2-12 的格式列示。

表 2-2-12 计日工表

工程名称: 标段: 第 页 共 页

序号	项目名称	计量单位	暂定数量	综合单价	合价
一	人工				
1					
2					
…					
人工小计					
二	材料				
1					
2					
…					
材料小计					
三	施工机械				
1					
2					
…					
施工机械小计					
总计					

注:此表项目名称、数量由招标人填写,编制招标控制价时,单价由招标人按有关规定确定;投标时,单价由投标人自主报价,计入投标总价中。

（四）总承包服务费

总承包服务费是指总承包人为配合协调发包人进行的专业工程发包，对发包人自行采购的材料、工程设备等进行保管以及施工现场管理、竣工资料汇总整理等服务所需的费用。招标人应预计该项费用并按投标人的投标报价向投标人支付该项费用。

总承包服务费应列出服务项目及其内容等。总承包服务费按照表2-2-13的格式列示。

表2-2-13　总承包服务费计价表

工程名称：　　　　　　　　　　标段：　　　　　　　　　　第　页　共　页

序号	项目名称	项目价值(元)	服务内容	费率(%)	金额(元)
1	发包人发包专业工程				
2	发包人提供材料				
合计					

注：此表项目名称、服务内容由招标人填写，编制招标控制价时，费率及金额由招标人按有关计价规定确定；投标时，费率及金额由投标人自主报价，计入投标总价中。

五、规费、税金项目清单

规费、税金项目清单的内容见表2-2-14。

表2-2-14　规费、税金项目清单的内容

项　目	内　容
规费项目清单	规费项目清单应按照下列内容列项：社会保险费，包括养老保险费、失业保险费、医疗保险费、工伤保险费、生育保险费；住房公积金；工程排污费；出现计价规范中未列的项目，应根据省级政府或省级有关权力部门的规定列项
税金项目清单	税金项目清单应包括下列内容：营业税；城市维护建设税；教育费附加；地方教育附加。出现计价规范未列的项目，应根据税务部门的规定列项

规费、税金项目计价表见表2-2-15。

表2-2-15　规费、税金项目计价表

工程名称：　　　　　　　　　　标段：　　　　　　　　　　第　页　共　页

序号	项目名称	计算基础	计算基数	计算费率(%)	金额(元)
1	规费	定额人工费			
1.1	社会保障费	定额人工费			
(1)	养老保险费	定额人工费			
(2)	失业保险费	定额人工费			
(3)	医疗保险费	定额人工费			
(4)	工伤保险费	定额人工费			
(5)	生育保险费	定额人工费			
1.2	住房公积金	定额人工费			

续上表

序号	项目名称	计算基础	计算基数	计算费率(%)	金额(元)
1.3	工程排污费	按工程所在地环境保护部门收取标准，按实计入			
…					
2	税金	分部分项目工程费＋措施费项目费＋其他项目费＋规费－按规定不计税的工程设备金额			
合计					

编制人(造价人员)：　　　　复核人(造价工程师)：

第三节　建筑安装工程人工、材料及机械台班定额消耗量

一、施工过程分析及工时研究

(一)施工过程及其分类

1.施工过程

施工过程就是在建设工地范围内所进行的生产过程。其最终目的是要建造、恢复、改建、移动或拆除工业、民用建筑物和构筑物的全部或一部分。

建筑安装施工过程与其他物质生产过程一样，也包括生产力三要素，即劳动者、劳动对象、劳动工具。

施工过程是由不同工种、不同技术等级的建筑安装工人完成的，并且必须有一定的劳动对象(建筑材料、半成品、构件、配件等)，使用一定的劳动工具(手动工具、小型机具和机械等)。每个施工过程的结束，获得了一定的产品，这种产品或者是改变了劳动对象的外表形态、内部结构或性质(由于制作和加工的结果)，或者是改变了劳动对象在空间的位置(由于运输和安装的结果)。

2.施工过程分类

为了使我们能够更深入地确定施工过程各个工序组成的必要性及其顺序的合理性，正确制定各个工序所需要的工时消耗，应对施工过程进行细致分析。

(1)根据施工过程组织上的复杂程度，可以将其分解为工序、工作过程和综合工作过程。

1)工序是在组织上不可分割的，在操作过程中技术上属于同类的施工过程。工序的特征是：工作者不变，劳动对象、劳动工具和工作地点也不变。在工作中如有一项改变，那就说明已经由一项工序转入另一项工序了。

从施工的技术操作和组织观点看，工序是工艺方面最简单的施工过程。如果从劳动过程的观点看，工序又可以分解为更小的组成部分——操作和动作。操作本身又包括了最小的组成部分——动作，而动作又是由许多动素组成的。动素是人体动作的分解，每一个操作和动作都是完成施工工序的一部分。施工过程、工序、操作、动作的关系如图2-2-5所示。

在编制施工定额时，工序是基本的施工过程，是主要的研究对象。测定定额时只需分解和

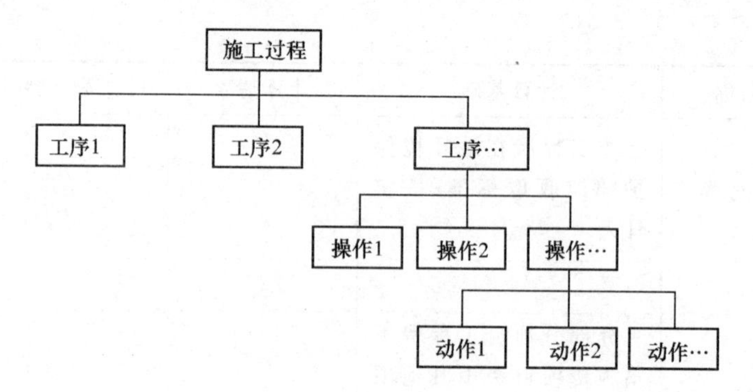

图 2-2-5　施工过程的组成

标定到工序为止。如果进行某项先进技术或新技术的工时研究，就要分解到操作甚至动作为止，从中研究可加以改进操作或节约工时。

工序可以由一个人来完成，也可以由小组或施工队内的几名工人协同完成；可以手动完成，也可以由机械操作完成。在机械化的施工工序中，还可以包括由工人自己完成的各项操作和由机器完成的工作两部分。

2)工作过程是由同一工人或同一小组所完成的在技术操作上相互有机联系的工序的总合体。其特点是人员编制不变，工作地点不变，而材料和工具则可以变换。

3)综合工作过程是同时进行的，在组织上有机地联系在一起的，并且最终能获得一种产品的施工过程的总和。

(2)按照工艺特点，施工过程可以分为循环施工过程和非循环施工过程两类。凡各个组成部分按一定顺序一次循环进行，并且每经一次重复都可以生产出同一种产品的施工过程，称为循环施工过程。反之，若施工过程的工序或其组成部分不是以同样的次序重复，或者生产出来的产品各不相同，这种施工过程则称为非循环的施工过程。

3. 施工过程的影响因素

对施工过程的影响因素进行研究，可以正确确定单位施工产品所需要的作业时间消耗。施工过程的影响因素包括技术因素、组织因素和自然因素，见表 2-2-16。

表 2-2-16　施工过程的影响因素

影响因素	内　容
技术因素	产品的种类和质量要求，所用材料、半成品、构配件的类别、规格和性能，所用工具和机械设备的类别、型号、性能及完好情况等
组织因素	施工组织与施工方法、劳动组织、工人技术水平、操作方法和劳动态度、工资分配方式、劳动竞赛等
自然因素	酷暑、大风、雨、雪、冰冻等气候

(二)工作时间分类

研究施工中的工作时间最主要的目的是确定施工的时间定额和产量定额，其前提是对工作时间按其消耗性质进行分类，以便研究工时消耗的数量及其特点。

工作时间，指的是工作班延续时间。例如 8 小时工作制的工作时间就是 8 小时，午休时间不包括在内。对工作时间消耗的研究，可以分为两个系统进行，即工人工作时间的消耗和工人所使用的机器工作时间消耗。

1. 工人工作时间消耗的分类

工人在工作班内消耗的工作时间，按其消耗的性质，基本可以分为两大类：必需消耗的时间和损失时间。工人工作时间的分类一般如图 2-2-6 所示。

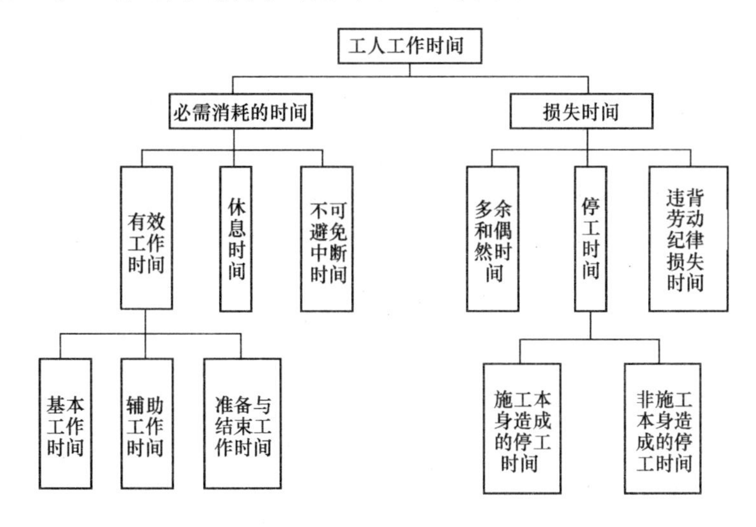

图 2-2-6 工人工作时间分类图

(1)必需消耗的工作时间是工人在正常施工条件下，为完成一定合格产品或完成一个工作任务所消耗掉时间，是制定定额的主要依据，包括有效工作时间、休息时间和不可避免中断时间的消耗。

1)有效工作时间是从生产效果来看与产品生产直接有关的时间消耗。其中，包括基本工作时间、辅助工作时间、准备与结束工作时间的消耗。

①基本工作时间是工人完成能生产一定产品的施工工艺过程所消耗的时间。通过这些工艺过程可以使材料改变外形、结构与性质；可以使预制构配件安装组合成型；也可以改变产品外部及表面的性质。基本工作时间所包括的内容依工作性质各不相同。基本工作时间的长短和工作量大小成正比。

②辅助工作时间是为保证基本工作能顺利完成所消耗的时间。在辅助工作时间里，不能使产品的形状大小、性质或位置发生变化。辅助工作时间的结束，往往就是基本工作时间的开始。辅助工作一般是手工操作。但如果在机手并动的情况下，辅助工作是在机械运转过程中进行的，为避免重复则不应再计辅助工作时间的消耗。辅助工作时间的长短与工作量大小有关。

③准备与结束工作时间是执行任务前或任务完成后所消耗的工作时间。准备和结束工作时间的长短与所担负的工作量大小无关，但往往和工作内容有关。这项时间消耗可以分为班内的准备与结束工作时间和任务的准备与结束工作时间。其中，任务的准备和结束时间是在一批任务的开始与结束时产生的，如熟悉图纸、准备相应的工具、事后清理场地等，通常不反映在每一个工作班里。

2)休息时间是工人在工作过程中为恢复体力所必需的短暂休息和生理需要的时间消耗。这种时间是为了保证工人精力充沛地进行工作，所以在定额时间中必须进行计算。休息时间的长短和劳动条件、劳动强度有关，劳动越繁重紧张、劳动条件越差，则休息时间越长。

3)不可避免的中断所消耗的时间是由于施工工艺特点引起的工作中断所必需的时间。与施工过程工艺特点有关的工作中断时间，应包括在定额时间内，但应尽量缩短此项时间消耗。

(2)损失时间与产品生产无关，而与施工组织和技术上的缺点有关，与工人在施工过程中的个人过失或某些偶然因素有关，损失时间中包括有多余和偶然工作、停工、违背劳动纪律所引起的工时损失。

1)多余工作，就是工人进行了任务以外而又不能增加产品数量的工作。多余工作的工时损失，一般都是由于工程技术人员和工人的差错而引起的，因此，不应计入定额时间中。偶然工作也是工人在任务外进行的工作，但能够获得一定产品。如抹灰工不得不补上偶然遗留的墙洞等。由于偶然工作能获得一定产品，拟定定额时要适当考虑它的影响。

2)停工时间是工作班内停止工作造成的工时损失。停工时间按其性质可分为施工本身造成的停工时间和非施工本身造成的停工时间两种。施工本身造成的停工时间，是由于施工组织不善、材料供应不及时、工作面准备工作做得不好、工作地点组织不良等情况引起的停工时间。非施工本身造成的停工时间，是由于水源、电源中断引起的停工时间。前一种情况在拟定定额时不应该计算，后一种情况定额中则应给予合理的考虑。

3)违背劳动纪律造成的工作时间损失，是指工人在工作班开始和午休后的迟到、午饭前和工作班结束前的早退、擅自离开工作岗位、工作时间内聊天或办私事等造成的工时损失。由于个别工人违背劳动纪律而影响其他工人无法工作的时间损失，也包括在内。

2. 机器工作时间消耗的分类

在机械化施工过程中，对工作时间消耗的分析和研究，除了要对工人工作时间的消耗进行分类研究之外，还需要分类研究机器工作时间的消耗。

机器工作时间的消耗，按其性质也分为必需消耗的时间和损失时间两大类，如图 2-2-7 所示。

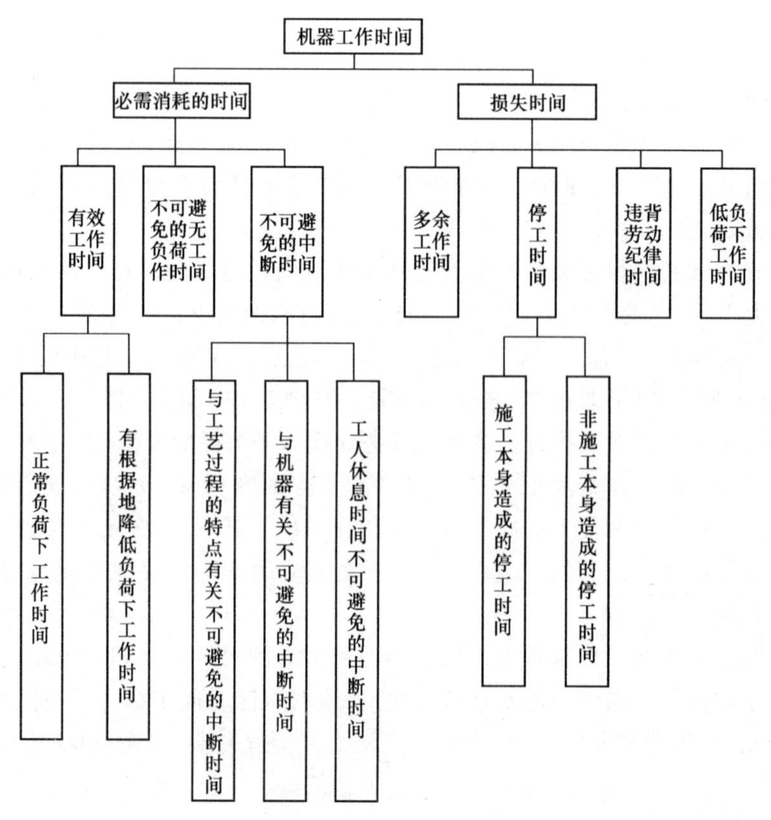

图 2-2-7 机器工作时间分类图

(1)在必需消耗的工作时间里,包括有效工作、不可避免的无负荷工作和不可避免的中断三项时间消耗。而在有效工作的时间消耗中又包括正常负荷下、有根据地降低负荷下的工时消耗。

1)正常负荷下的工作时间,是机器在与机器说明书规定的额定负荷相符的情况下进行工作的时间。

2)有根据地降低负荷下的工作时间,是在个别情况下由于技术上的原因,机器在低于其计算负荷下工作的时间。例如,汽车运输重量轻而体积大的货物时,不能充分利用汽车的载重吨位因而不得不降低其计算负荷。

3)不可避免的无负荷工作时间,是由施工过程的特点和机械结构的特点造成的机械无负荷工作时间。例如,筑路机在工作区末端调头等,就属于此项工作时间的消耗。

4)不可避免的中断工作时间是与工艺过程的特点、机器的使用和保养、工人休息有关的中断时间。

①与工艺过程的特点有关的不可避免中断工作时间,有循环的和定期的两种。循环的不可避免中断,是在机器工作的每一个循环中重复一次。定期的不可避免中断,是经过一定时期重复一次。

②与机器有关的不可避免中断工作时间,是由于工人进行准备与结束工作或辅助工作时,机器停止工作而引起的中断工作时间。它是与机器的使用与保养有关的不可避免中断时间。

③工人休息时间,前面已经作了说明。这里要注意的是,应尽量利用与工艺过程有关的和与机器有关的不可避免中断时间进行休息,以充分利用工作时间。

(2)损失的工作时间包括多余工作、停工、违背劳动纪律所消耗的工作时间和低负荷下的工作时间。

1)机器的多余工作时间,一是机器进行任务内和工艺过程内未包括的工作而延续的时间,如工人没有及时供料而使机器空运转的时间;二是机械在负荷下所做的多余工作,如混凝土搅拌机搅拌混凝土时超过规定搅拌时间,即属于多余工作时间。

2)机器的停工时间,按其性质也可分为施工本身造成和非施工本身造成的停工。前者是由于施工组织得不好而引起的停工现象,如由于未及时供给机器燃料而引起的停工。后者是由于气候条件所引起的停工现象。上述停工中延续的时间,均为机器的停工时间。

3)违反劳动纪律引起的机器的时间损失,是指由于工人迟到早退或擅离岗位等原因引起的机器停工时间。

4)低负荷下的工作时间,是由于工人或技术人员的过错所造成的施工机械在降低负荷的情况下工作的时间。此项工作时间不能作为计算时间定额的基础。

(三)计时观察法

定额测定是制定定额的一个主要步骤。测定定额是用科学的方法观察、记录、整理、分析施工过程,为制定建筑工程定额提供可靠依据。测定定额通常使用计时观察法,计时观察法是测定时间消耗的基本方法。

1.计时观察法概述

计时观察法,是研究工作时间消耗的一种技术测定方法。它以研究工时消耗为对象,以观察测时为手段,通过密集抽样和粗放抽样等技术进行直接的时间研究。计时观察法用于建筑施工中时以现场观察为主要技术手段,所以也叫现场观察法。计时观察法的具体用途如下。

(1)取得编制施工的劳动定额和机械定额所需要的基础资料和技术根据。

(2)研究先进工作法和先进技术操作对提高劳动生产率的具体影响,并应用和推广先进工作法和先进技术操作。

(3)研究减少工时消耗的潜力。

(4)研究定额执行情况,包括研究大面积、大幅度超额和达不到定额的原因,积累资料、反馈信息。

计时观察法能够把现场工时消耗情况和施工组织技术条件联系起来加以考察,它不仅能为制定定额提供基础数据,而且也能为改善施工组织管理、改善工艺过程和操作方法、消除不合理的工时损失和进一步挖掘生产潜力提供技术根据。计时观察法的局限性,是考虑人的因素不够。

2.计时观察前的准备工作

计时观察前的准备工作见表2-2-17。

表2-2-17 计时观察前的准备工作

项目	内容
确定需要进行计时观察的施工过程	计时观察之前的第一个准备工作,是研究并确定有哪些施工过程需要进行计时观察。对于需要进行计时观察的施工过程要编出详细的目录,拟订工作进度计划,制定组织技术措施,并组织编制定额的专业技术队伍,按计划认真开展工作。在选择观察对象时,必须注意所选择的施工过程要完全符合正常施工条件。所谓施工的正常条件,是指绝大多数企业和施工队、组,在合理组织施工的条件下所处的施工条件。与此同时,还需调查影响施工过程的技术因素、组织因素和自然因素
对施工过程进行预研究	对于已确定的施工过程的性质应进行充分的研究,目的是为了正确地安排计时观察和收集可靠的原始资料。研究的方法,是全面地对各个施工过程及其所处的技术组织条件进行实际调查和分析,以便设计正常的(标准的)施工条件和分析研究测时数据。 (1)熟悉与该施工过程有关的现行技术规范和技术标准等文件和资料。 (2)了解新采用的工作方法的先进程度,了解已经得到推广的先进施工技术和操作,还应了解施工过程存在的技术组织方面的缺点和由于某些原因造成的混乱现象。 (3)注意系统地收集完成定额的统计资料和经验资料,以便与计时观察所得的资料进行对比分析。 (4)把施工过程划分为若干个组成部分(一般划分到工序)。施工过程划分的目的是便于计时观察。如果计时观察法的目的是为了研究先进工作法,或是分析影响劳动生产率提高或降低的因素,则必须将施工过程划分到操作以至动作。 (5)确定定时点和施工过程产品的计量单位。所谓定时点,即是上下两个相衔接的组成部分之间的分界点。确定定时点,对于保证计时观察的精确性是不容忽略的因素。确定产品计量单位,要能具体地反映产品的数量,并具有最大限度的稳定性

续上表

项　　目	内　　容
选择观察对象	观察对象，就是对其进行计时观察完成该施工过程的工人。所选择的建筑安装工人，应具有与技术等级相符的工作技能和熟练程度，所承担的工作与其技术等级相符，同时应该能够完成或超额完成现行的施工劳动定额
其他准备工作	还应准备好必要的用具和表格。如测时用的秒表或电子计时器，记录和整理测时资料用的各种表格，测量产品数量的工器具等。如果有条件且有必要，还可配备电影摄像和电子记录设备

3. 计时观察法的分类

计时观察法种类很多，最主要的有三种，如图 2-2-8 所示。

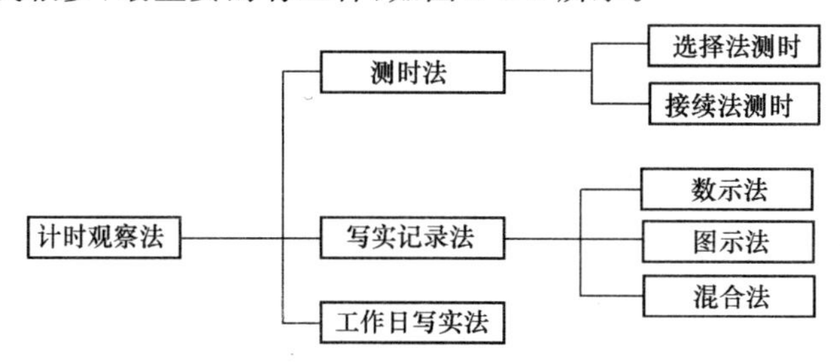

图 2-2-8　计时观察法的种类

(1)测时法。测时法主要适用于测定定时重复的循环工作的工时消耗，是精确度比较高的一种计时观察法，一般可达到 0.2～15 s。测时法只用来测定施工过程中循环组成部分工作时间消耗，不研究工人休息、准备与结束即其他非循环的工作时间。

1)测时法的分类。根据具体测时手段不同，可将测时法分为选择法和接续法两种，见表2-2-18。

表 2-2-18　测时法的分类

类　　型	内　　容
选择法测时	选择法测时是间隔选择施工过程中非紧连接的组成部分(工序或操作)测定工时，精确度达 0.5 s。 选择法测时也称为间隔法测时。采用选择法测时，当被观察的某一循环工作的组成部分开始，观察者立即开动秒表，当该组成部分终止，则立即停止秒表。然后把秒表上指示的延续时间记录到选择法测时记录(循环整理)表上，并把秒针拨回到零点。下一组成部分开始，再开动秒表，如此依次观察，并依次记录下延续时间。 采用选择法测时，应特别注意掌握定时点。记录时间时仍在进行的工作组成部分，应不予观察。当所测定的各工序或操作的延续时间较短时，连续测定比较困难，用选择法测时比较方便且简单
接续法测时	接续法测时是连续测定一个施工过程各工序或操作的延续时间。接续法测时每次要记录各工序或操作的终止时间，并计算出本工序的延续时间。 接续法测时也称作连续法测时。它比选择法测时准确、完善，但观察技术也较之复杂。它的特点是在工作进行中和非循环组成部分出现之前一直不停止秒表，秒针走动过程中，观察者根据各组成部分之间的定时点，记录它的终止时间，再用定时点终止时间之间的差表示各组成部分的延续时间

2)测时法的观察次数。由于测时法是属于抽样调查的方法,因此为了保证选取样本的数据可靠,需要对于同一施工过程进行重复测时。一般来说,观测的次数越多,资料的准确性越高,但要花费较多的时间和人力,这样既不经济,也不现实。确定观测次数较为科学的方法,应该是依据误差理论和经验数据相结合的方法来判断。表 2-2-19 给出了测时法下观察次数的确定方法。很显然,需要的观察次数与要求的算术平均值精确度及数列的稳定系数有关。

表 2-2-19　测时法所必需的观察次数表

稳定系数 $K_P=\frac{t_{max}}{t_{min}}$	要求的算术平均值精确度 $E=\pm\frac{1}{\bar{x}}\sqrt{\frac{\sum\Delta^2}{n(n-1)}}$				
	5%以内	7%以内	10%以内	15%以内	25%以内
	观察次数				
1.5	9	6	5	5	5
2	16	11	7	5	5
2.5	23	15	10	6	5
3	30	18	12	8	6
4	39	25	15	10	7
5	47	31	19	11	8

注:t_{max}—最大观测值;t_{min}—最小观测值;$\bar{x}$—算术平均值;n—观察次数;Δ—每次观察值与算术平均值之差。

(2)写实记录法。写实记录法是一种研究各种性质的工作时间消耗的方法,包括基本工作时间、辅助工作时间、不可避免中断时间、准备与结束时间以及各种损失时间。采用这种方法,可以获得分析工作时间消耗和制定定额所必需的全部资料。这种测定方法比较简便、易于掌握,并能保证必需的精确度。因此,写实记录法在实际中得到了广泛应用。

写实记录法的观察对象,可以是一个工人,也可以是一个工人小组。当观察由一个人单独操作或产品数量可单独计算时,采用个人写实记录。如果观察工人小组的集体操作,而产品数量又无法单独计算时,则可采用集体写实记录。

1)写实记录法的种类。写实记录法按记录时间的方法不同分为数示法、图示法和混合法三种(表 2-2-20),计时一般采用有秒针的普通计时表即可。

表 2-2-20　写实记录分类

分　类	内　容
数示法	数示法的特征是用数字记录工时消耗,是三种写实记录法中精确度较高的一种,精确度达 5 s,可以同时对两个工人进行观察,适用于组成部分较少而且比较稳定的施工过程。数示法用来对整个工作班或半个工作班进行长时间观察,因此能反映工人或机器工作日全部情况
图示法	图示法是在规定格式的图表上用时间进度线条表示工时消耗量的一种记录方式,精确度可达 30 s,可同时对 3 个以内的工人进行观察。这种方法的主要优点是记录简单,时间一目了然,原始记录整理方便

续上表

分 类	内 容
混合法	混合法吸取数字和图示两种方法的优点，以图示法中的时间进度线条表示工序的延续时间，在进度线的上部加写数字表示各时间区段的工人数。混合法适用于3个以上工人工作时间的集体写实记录

2)写实记录法的延续时间。与确定测时法的观察次数相同，为保证写实记录法的数据可靠性，需要确定写实记录法的延续时间。延续时间的确定，是指在采用写实记录法中任何一种方法进行测定时，对每个被测施工过程或同时测定两个以上施工过程所需的总延续时间的确定。

延续时间的确定，应立足于既不能消耗过多的观察时间，又能得到比较可靠和准确的结果。同时还必须注意：所测施工过程的广泛性和经济价值；已经达到的功效水平的稳定程度；同时测定不同类型施工过程的数目；被测定的工人人数以及测定完成产品的可能次数等。写实记录法所需的延续时间见表 2-2-21，必须同时满足表中三项要求，如其中任一项达不到最低要求，应酌情增加延续时间。

表 2-2-21 写实记录法确定延续时间表

序号	项目	同时测定施工过程的类型数	测定对象		
			单人的	集体的	
				2～3 人	4 人以上
1	被测定的个人或小组的最低数	任一数	3 人	3 个小组	2 个小组
2	测定总延续时间的最小值(h)	1	16	12	8
		2	23	18	12
		3	28	21	24
3	测定完成产品的最低次数	1	4	4	4
		2	6	6	6
		3	7	7	7

(3)工作日写实法。工作日写实法是一种研究整个工作班内的各种工时消耗的方法。运用工作日写实法主要有两个目的，一是取得编制定额的基础资料；二是检查定额的执行情况，找出缺点，改进工作。当用于第一个目的时，工作日写实的结果要获得观察对象在工作班内工时消耗的全部情况，以及产品数量和影响工时消耗的影响因素。其中，工时消耗应该按工时消耗的性质分类记录。在这种情况下，通常需要测定 3～4 次。当用于第二个目的时，通过工作日写实应该做到：查明工时损失量和引起工时损失的原因，制订消除工时损失，改善劳动组织和工作地点组织的措施，查明熟练工人是否能发挥自己的专长，确定合理的小组编制和合理的小组分工；确定机器在时间利用和生产率方面的情况，找出使用不当的原因，订出改善机器使用情况的技术组织措施，计算工人或机器完成定额的实际百分比和可能百分比。在这种情况下，通常需要测定 1～3 次。

工作日写实法与测时法、写实记录法相比较，具有技术简便、应用面广和资料全面的优点，在我国是一种采用较广的编制定额的方法。

工作日写实法的缺点：由于有观察人员在场，即使在观察前做了充分准备，仍不免在工时利用上有一定的虚假性；工作日写实法的观察工作量较大，费时较多，费用亦高。

工作日写实法，利用写实记录表记录观察资料。记录时间时不需要将有效工作时间分为各个组成部分，只需划分适合于技术水平和不适合于技术水平两类。但是工时消耗还需按性质分类记录。

二、确定人工定额消耗量的基本方法

(一)确定工序作业时间

根据计时观察资料的分析和选择，我们可以获得各种产品的基本工作时间和辅助工作时间，将这两种时间合并称之为工序作业时间。它是产品主要的必需消耗的工作时间，是各种因素的集中反映，决定着整个产品的定额时间。

1. 基本工作时间

基本工作时间在必需消耗的工作时间中占的比重最大。在确定基本工作时间时，必须细致、精确。基本工作时间消耗一般应根据计时观察资料来确定。

其做法是，首先确定工作过程每一组成部分的工时消耗，然后再综合出工作过程的工时消耗。如果组成部分的产品计量单位和工作过程的产品计量单位不符，就需先求出不同计量单位的换算系数，进行产品计量单位的换算，然后再相加，求得工作过程的工时消耗。

(1)各组成部分与最终产品单位一致时的基本工作时间计算。此时，单位产品基本工作时间就是施工过程各个组成部分作业时间的总和，计算公式为：

$$T_1 = \sum_{i=1}^{n} t_i \tag{2-2-17}$$

式中 T_1——单位产品基本工作时间；

t_i——各组成部分的基本工作时间；

n——各组成部分的个数。

(2)各组成部分单位与最终产品单位不一致时的基本工作时间计算。此时，各组成部分基本工作时间应分别乘以相应的换算系数。计算公式为：

$$T_1 = \sum_{i=1}^{n} k_i \times t_i \tag{2-2-18}$$

式中 k_i——对应于 t_i 的换算系数。

2. 辅助工作时间

辅助工作时间的确定方法与基本工作时间相同。如果在计时观察时不能取得足够的资料，也可采用工时规范或经验数据来确定。如具有现行的工时规范，可以直接利用工时规范中规定的辅助工作时间的百分比来计算。

(二)确定规范时间

1. 确定准备与结束时间

准备与结束工作时间分为工作日和任务两种。任务的准备与结束时间通常不能集中在某一个工作日中，而要采取分摊计算的方法，分摊在单位产品的时间定额里。

如果在计时观察资料中不能取得足够的准备与结束时间的资料，也可根据工时规范或经验数据来确定。

2. 确定不可避免的中断时间

在确定不可避免中断时间的定额时，必须注意由工艺特点所引起的不可避免中断才可列入工作过程的时间定额。

不可避免中断时间也需要根据测时资料通过整理分析获得，也可以根据经验数据或工时规范，以占工作日的百分比表示此项工时消耗的时间定额。

3. 拟定休息时间

休息时间应根据工作班作息制度、经验资料、计时观察资料以及对工作的疲劳程度作全面分析来确定。同时，应考虑尽可能利用不可避免中断时间作为休息时间。

规范时间均可利用工时规范或经验数据确定，常用的参考数据见表 2-2-22。

表 2-2-22 准备与结束、休息、不可避免中断时间占工作班时间的百分率参考表

时间分类 / 工种	准备与结束时间占工作时间(%)	休息时间占工作时间(%)	不可避免中断时间占工作时间(%)
材料运输及材料加工	2	13～16	2
人力土方工程	3	13～16	2
架子工程	4	12～15	2
砖石工程	6	10～13	4
抹灰工程	6	10～13	3
手工木作工程	4	7～10	3
机械木作工程	3	4～7	3
模板工程	5	7～10	3
钢筋工程	4	7～10	4
现浇混凝土工程	6	10～13	3
预制混凝土工程	4	10～13	2
防水工程	5	25	3
油漆玻璃工程	3	4～7	2
钢制品制作及安装工程	4	4～7	2
机械土方工程	2	4～7	2
石方工程	4	13～16	2
机械打桩工程	6	10～13	3
构件运输及吊装工程	6	10～13	3
水暖电气工程	5	7～10	3

(三)拟定定额时间

确定的基本工作时间、辅助工作时间、准备与结束工作时间、不可避免中断时间与休息时间之和，就是劳动定额的时间定额。根据时间定额可计算出产量定额，时间定额和产量定额互成倒数。

利用工时规范，可以计算劳动定额的时间定额。计算公式如下：

$$\text{工序作业时间}=\text{基本工作时间}+\text{辅助工作时间} \tag{2-2-19}$$

$$\text{规范时间}=\text{准备与结束工作时间}+\text{不可避免的中断时间}+\text{休息时间} \tag{2-2-20}$$

$$\text{工序作业时间}=\text{基本工作时间}/[1-\text{辅助时间}(\%)] \tag{2-2-21}$$

$$\text{定额时间}=\frac{\text{工序作业时间}}{1-\text{规范时间}} \tag{2-2-22}$$

三、确定材料定额消耗量的基本方法

(一)材料的分类

1.根据材料消耗的性质划分

施工中材料的消耗可分为必需消耗的材料和损失的材料两类性质。

必需消耗的材料,是指在合理用料的条件下,生产合格产品所需消耗的材料。它包括:直接用于建筑和安装工程的材料;不可避免的施工废料;不可避免的材料损耗。

必需消耗的材料属于施工正常消耗,是确定材料消耗定额的基本数据。其中:直接用于建筑和安装工程的材料,应编入材料净用量定额;不可避免的施工废料和材料损耗,应编入材料损耗定额。

2.根据材料消耗与工程实体的关系划分

根据材料消耗与工程实体的关系可分为实体材料和非实体材料两类。

(1)实体材料,是指直接构成工程实体的材料。它包括工程直接性材料和辅助材料。工程直接性材料主要是指一次性消耗、直接用于工程上构成建筑物或结构本体的材料,如钢筋混凝土柱中的钢筋、水泥、砂、碎石等;辅助性材料主要是指虽也是施工过程中所必需,却并不构成建筑物或结构本体的材料。如土石方爆破工程中所需的炸药、引信、雷管等。主要材料用量大,辅助材料用量少。

(2)非实体材料,是指在施工中必须使用但又不能构成工程实体的施工措施性材料。非实体材料主要是指周转性材料,如模板、脚手架等。

(二)确定材料消耗量的基本方法

(1)现场技术测定法。又称为观测法,是根据对材料消耗过程的测定与观察,通过完成产品数量和材料消耗量的计算,而确定各种材料消耗定额的一种方法。现场技术测定法主要适用于确定材料损耗量,因为该部分数值用统计法或其他方法较难得到。通过现场观察,还可以区别出哪些是可以避免的损耗,哪些是属于难于避免的损耗,明确定额中不应列入可以避免的损耗。

(2)实验室试验法。主要用于编制材料净用量定额。通过试验,能够对材料的结构、化学成分和物理性能以及按强度等级控制的混凝土、砂浆、沥青、油漆等配比做出科学的结论,给编制材料消耗定额提供出有技术根据的、比较精确的计算数据。但其缺点在于无法估计到施工现场某些因素对材料消耗量的影响。

(3)现场统计法。是以施工现场积累的分部分项工程使用材料数量、完成产品数量、完成工作原材料的剩余数量等统计资料为基础,经过整理分析,获得材料消耗的数据。这种方法由于不能分清材料消耗的性质,因而不能作为确定材料净用量定额和材料损耗定额的依据,只能作为编制定额的辅助性方法使用。

(4)理论计算法,是运用一定的数学公式计算材料消耗定额。

1)标准砖用量的计算。如每立方米砖墙的用砖数和砌筑砂浆的用量,可用下列理论计算公式计算各自的净用量。

用砖数：

$$A=\frac{1}{\text{墙厚}\times(\text{砖长}+\text{灰缝})\times(\text{砖厚}+\text{灰缝})}\times k \tag{2-2-23}$$

式中　k——墙厚的砖数×2。

砂浆用量：

$$B=1-\text{砖数}\times\text{砖块体积} \tag{2-2-24}$$

材料的损耗一般以损耗率表示，材料损耗率可以通过观察法或统计法确定。材料损耗率及材料损耗量的计算通常采用以下公式：

$$\text{损耗率}=\frac{\text{损耗量}}{\text{净用量}}\times100\% \tag{2-2-25}$$

$$\text{总损耗量}=\text{净用量}+\text{损耗量}=\text{净用量}\times(1+\text{损耗率}) \tag{2-2-26}$$

2)块料面层的材料用量计算。每 100 m^2 面层块料数量、灰缝及结合层材料用量公式如下：

$$100\ m^2\ \text{块料净用量}=\frac{100}{(\text{块料长}+\text{灰缝宽})\times(\text{块料宽}+\text{灰缝宽})}(\text{块}) \tag{2-2-27}$$

$$100\ m^2\ \text{灰缝材料净用量}=[100-(\text{块料长}\times\text{块料宽}\times100m^2\ \text{块料用量})]\times\text{灰缝深} \tag{2-2-28}$$

$$\text{结合层材料用量}=100\times\text{结合层厚度} \tag{2-2-29}$$

四、确定机械台班定额消耗量的基本方法

(一)确定机械 1 h 纯工作正常生产率

机械纯工作时间，就是指机械的必需消耗时间。机械 1 h 纯工作正常生产率，就是在正常施工组织条件下，具有必需的知识和技能的技术工人操纵机械 1 h 的生产率。

根据机械工作特点的不同，机械 1 h 纯工作正常生产率的确定方法也有所不同。

(1)对于循环动作机械，确定机械纯工作 1 h 正常生产率的计算公式如下：

$$\text{机械一次循环的正常延续时间}=\sum\begin{pmatrix}\text{循环各组成部分}\\\text{正常延续时间}\end{pmatrix}-\text{交叠时间} \tag{2-2-30}$$

$$\text{机械纯工作 1 h 循环次数}=\frac{60\times60(s)}{\text{一次循环的正常延续时间}} \tag{2-2-31}$$

$$\begin{matrix}\text{机械 1 h}\\\text{纯工作正常生产率}\end{matrix}=\begin{matrix}\text{机械纯工作 1 h}\\\text{正常循环次数}\end{matrix}\times\begin{matrix}\text{一次循环生产}\\\text{的产品数量}\end{matrix} \tag{2-2-32}$$

(2)对于连续动作机械，确定机械纯工作 1 h 正常生产率要根据机械的类型和结构特征以及工作过程的特点来进行。计算公式如下：

$$\text{连续动作机械 1 h 纯工作正常生产率}=\frac{\text{工作时间内生产的产品数量}}{\text{工作时间(h)}} \tag{2-2-33}$$

工作时间内的产品数量和工作时间的消耗，要通过多次现场观察和机械说明书来取得数据。

(二)确定施工机械的正常利用系数

确定施工机械的正常利用系数，是指机械在工作班内对工作时间的利用率。机械的利用系数和机械在工作班内的工作状况有着密切的关系。所以，要确定机械的正常利用系数，首先

要拟定机械工作班的正常工作状况，保证合理利用工时。机械正常利用系数的计算公式如下：

$$机械正常利用系数=\frac{机械在一个工作班内纯工作时间}{一个工作班延续时间(8\ h)} \tag{2-2-34}$$

（三）计算施工机械台班定额

计算施工机械定额是编制机械定额工作的最后一步。在确定了机械工作正常条件、机械1 h纯工作正常生产率和机械正常利用系数之后，采用下列公式计算施工机械的产量定额：

$$\begin{matrix}施工机械台班\\定量定额\end{matrix}=\begin{matrix}机械\ 1\ h\ 纯工作\\正常循环次数\end{matrix}\times\begin{matrix}工作班纯\\工作时间\end{matrix} \tag{2-2-35}$$

或

$$\begin{matrix}施工机械台班\\产量定额\end{matrix}=\begin{matrix}机械\ 1\ h\ 纯工作\\正常生产率\end{matrix}\times\begin{matrix}工作班\\延续时间\end{matrix}\times\begin{matrix}机械正常\\利用系数\end{matrix} \tag{2-2-36}$$

$$施工机械时间定额=\frac{1}{机械台班产量定额指标} \tag{2-2-37}$$

第四节　建筑安装工程人工、材料及机械台班单价

一、人工单价的组成和确定方法

（一）人工单价及其组成内容

人工单价是指一个建筑安装生产工人一个工作日在计价时应计入的全部人工费用。它基本上反映了建筑安装生产工人的工资水平和一个工人在一个工作日中可以得到的报酬。

合理确定人工工日单价是正确计算人工费和工程造价的前提和基础。按照现行规定，生产工人的人工工日单价组成如下：

(1)基本工资。包括岗位工资、技能工资、工龄工资。

(2)工资性补贴。包括物价补贴、煤、燃气补贴、交通补贴、住房补贴、流动施工津贴、地区津贴。

(3)辅助工资。指非作业工日发放的工资和工资性补贴。

(4)职工福利费。包括书报费、洗理费、取暖费。

(5)劳动保护费。包括劳保用品购置及修理费、徒工服装补贴、防暑降温费、保健费用。

（二）人工单价确定的依据和方法

1.基本工资

基本工资是按岗位工资、技能工资和工龄工资(按职工工作年限确定的工资)计算的。

岗位工资是根据劳动岗位的劳动责任轻重、劳动强度大小和劳动条件好差，兼顾劳动技能要求的高低确定的。工人岗位工资标准设8个岗次。技能工资是根据不同岗位、职位、职务对劳动技能的要求，同时兼顾职工所具备的劳动技能水平而确定的工资。技术工人技能工资分初级工、中级工、高级工、技师和高级技师五类工资标准分26档。

$$基本工资(G_1)=\frac{生产工人平均工资}{年平均每月法定工作日} \tag{2-2-38}$$

其中，年平均每月法定工作日=(全年日历日－法定假日)/12，法定假日指双休日和法定节日。

2.工资性补贴

工资性补贴是指按规定标准发放的物价补贴，煤、燃气补贴，交通费补贴、住房补贴，流动施工津贴及地区津贴等。

$$工资性补贴(G_2)=\frac{\sum年发放标准}{全年日历-法定假日}+\frac{\sum月发放标准主}{年平均每月法定工作}+每工作日发放标准 \quad (2\text{-}2\text{-}39)$$

3.辅助工资

辅助工资是指生产工人年有效施工天数以外无效工作日的工资，包括职工学习、培训期间的工资，调动工作、探亲、休假期间的工资，因气候影响的停工工资，女工哺乳时间的工资，病假在6个月以内的工资及产、婚、丧假期的工资。

$$生产工人辅助工资(G_3)=\frac{全年无效工作日\times(G_1+G_2)}{全年日历日-法定假日} \quad (2\text{-}2\text{-}40)$$

4.职工福利费

职工福利费是指按规定标准计提的职工福利费。

$$职工福利费(G_4)=(G_1+G_2+G_3)\times福利费计提比例(\%) \quad (2\text{-}2\text{-}41)$$

5.劳动保护费

劳动保护费是指按规定标准对生产工人发放的劳动保护用品等的购置费及修理费，徒工服装补贴，防暑降温费，在有碍身体健康环境中的施工保健费用等。

$$生产工人劳动保护费(G_5)=\frac{生产工人年平均支出劳动保护费}{全年日历日-法定假日} \quad (2\text{-}2\text{-}42)$$

(三)影响人工单价的因素

影响建筑安装工人人工单价的因素见表2-2-23。

表2-2-23　影响建筑安装工人人工单价的因素

影响因素	内　　容
社会平均工资水平	建筑安装工人人工单价必然和社会平均工资水平趋同。社会平均工资水平取决于经济发展水平。由于经济的增长，社会平均工资也会增长，从而影响人工单价的提高
生活消费指数	生活消费指数的提高会影响人工单价的提高，以减少生活水平的下降，或维持原来的生活水平。生活消费指数的变动决定于物价的变动，尤其决定于生活消费品物价的变动
人工单价的组成内容	如住房消费、养老保险、医疗保险、失业保险等列入人工单价，会使人工单价提高
劳动力市场供需变化	劳动力市场如果需求大于供给，人工单价就会提高；供给大于需求，市场竞争激烈，人工单价就会下降
政府政策	政府推行的社会保障和福利政策也会影响人工单价的变动

二、材料单价的组成和确定方法

(一)材料单价的构成和分类

1.材料单价的构成

材料单价是指材料(包括构件、成品及半成品等)从其来源地(或交货地点、供应者仓库提货地点）到达施工工地仓库（施工地点内存放材料的地点）后出库的综合平均单价。材料单价一般由材料原价（或供应价格）、材料运杂费、运输损耗费、采购及保管费组成。此外在计价时，材料费中还应包括单独列项计算的检验试验费。

$$材料费=\sum(材料消耗量\times材料单价)+检验试验费 \tag{2-2-43}$$

2.材料单价分类

材料单价按适用范围划分，有地区材料单价和某项工程使用的材料单价。地区材料单价是按地区（城市或建设区域）编制，供该地区所有工程使用；某项工程（一般指大中型重点工程）使用的材料单价，是以一个工程为编制对象，专供该工程项目使用。

地区材料单价与某项工程使用的材料单价的编制原理和方法是一致的，只是在材料来源地、运输数量权数等具体数据上有所不同。

（二）材料单价的编制依据和确定方法

1.材料原价（或供应价格）

材料原价是指国内采购材料的出厂价格，国外采购材料抵达买方边境、港口或车站并交纳完各种手续费、税费后形成的价格。在确定原价时，凡同一种材料因来源地、交货地、供货单位、生产厂家不同，而有几种价格（原价）时，根据不同来源地供货数量比例，采取加权平均的方法确定其综合原价。计算公式如下：

$$加权平均原价=\frac{K_1C_1+K_2C_2+\cdots+K_nC_n}{K_1+K_2+\cdots+K_n} \tag{2-2-44}$$

式中　$K_1,K_2,\cdots,K_n$——各不同供应地点的供应量或各不同使用地点的需要量；

$C_1,C_2,\cdots,C_n$——各不同供应地点的原价。

2.材料运杂费

材料运杂费是指国内采购材料自来源地、国外采购材料自到岸港运至工地仓库或指定堆放地点发生的费用。含外埠中转运输过程中所发生的一切费用和过境过桥费用（包括调车和驳船费、装卸费、运输费及附加工作费等）。

同一品种的材料有若干个来源地，应采用加权平均的方法计算材料运杂费。计算公式如下：

$$加权平均运杂费=\frac{K_1T_1+K_2T_2+\cdots+K_nT_n}{K_1+K_2+\cdots+K_n} \tag{2-2-45}$$

式中　$K_1,K_2,\cdots,K_n$——各不同供应点的供应量或各不同使用地点的需求量；

$T_1,T_2,\cdots,T_n$——各不同运距的运费。

3.运输损耗

在材料的运输中应考虑一定的场外运输损耗费用。这是指材料在运输装卸过程中不可避免的损耗。运输损耗的计算公式如下：

$$运输损耗=(材料原价+运杂费)\times相应材料损耗率 \tag{2-2-46}$$

4.采购及保管费

采购及保管费是指组织材料采购、检验、供应和保管过程中发生的费用，包含：采购费、仓储费、工地管理费和仓储损耗。

采购及保管费一般按照材料到库价格以费率取定。材料采购及保管费计算公式如下：

$$采购及保管费=材料运到工地仓库价格\times采购及保管费率(\%) \tag{2-2-47}$$

或

采购及保管费=(材料原价+运杂费+运输损耗费)×采购及保管费率(%)　(2-2-48)

综上所述,材料单价的一般计算公式为:

材料单价={(供应价格+运杂费)×[1+运输损耗率(%)]}×[1+采购及保管费率(%)]　(2-2-49)

(三)影响材料单价变动的因素

影响材料单价变动的因素有以下几点:

(1)市场供需变化。材料原价是材料单价中最基本的组成,市场供大于求价格就会下降;反之,价格就会上升。从而也就会影响材料单价的涨落。

(2)材料生产成本的变动直接影响材料单价的波动。

(3)流通环节的多少和材料供应体制也会影响材料单价。

(4)运输距离和运输方法的改变会影响材料运输费用的增减,从而也会影响材料单价。

(5)国际市场行情会对进口材料单价产生影响。

三、施工机械台班单价的组成和确定方法

施工机械使用费是根据施工中耗用的机械台班数量和机械台班单价确定的。施工机械台班耗用量按有关定额规定计算;施工机械台班单价是指一台施工机械,在正常运转条件下一个工作班中所发生的全部费用,每台班按 8 小时工作制计算。正确制定施工机械台班单价是合理确定和控制工程造价的重要方面。

施工机械台班单价由七项费用组成,包括折旧费、大修理费、经常修理费、安拆费及场外运费、人工费、燃料动力费、其他费用等。

(一)折旧费的组成及确定

折旧费是指施工机械在规定使用期限内,陆续收回其原值及购置资金的时间价值。计算公式如下:

$$台班折旧费=\frac{机械预算价格\times(1-残值率)\times时间价值系数}{耐用总台班}\quad(2\text{-}2\text{-}50)$$

1.机械预算价格

(1)国产机械预算价格按照机械原值、供销部门手续费和一次运杂费以及车辆购置税之和计算。

1)机械原值。国产机械原值应按下列途径询价、采集:

①编制期施工企业已购进施工机械的成交价格。

②编制期国内施工机械展销会发布的参考价格。

③编制期施工机械生产厂、经销商的销售价格。

2)供销部门手续费和一次运杂费可按机械原值的 5%计算。

3)车辆购置税的计算。车辆购置税应按下列公式计算:

车辆购置税=计税价格×车辆购置税率(%)　(2-2-51)

其中,计税价格=机械原值+供销部门手续费和一次运杂费-增值税

车辆购置税应执行编制期间国家有关规定。

(2)进口机械的预算价格按照机械原值、关税、增值税、消费税、外贸手续费和国内运杂费、财务费、车辆购置税之和计算。

1)进口机械的机械原值按其到岸价格取定。

2)关税、增值税、消费税及财务费应执行编制期国家有关规定,并参照实际发生的费用计算。

3)外贸部门手续费和国内一次运杂费应按到岸价格的6.5%计算。

4)车辆购置税的计税价格是到岸价格、关税和消费税之和。

2.残值率

残值率是指机械报废时回收的残值占机械原值的百分比(运输机械2%,掘进机械5%,特大型机械3%,中小型机械4%)。

3.时间价值系数

时间价值系数指购置施工机械的资金在施工生产过程中随着时间的推移而产生的单位增值。其计算公式如下:

$$\text{时间价值系数}=1+\frac{(\text{折旧年限}+1)}{2}\times\text{年折现率}(\%) \quad (2\text{-}2\text{-}52)$$

其中,年折现率应按编制期银行年贷款利率确定。

4.耐用总台班

耐用总台班指施工机械从开始投入使用至报废前使用的总台班数,应按施工机械的技术指标及寿命期等相关参数确定。

机械耐用总台班的计算公式为:

$$\text{耐用总台班}=\text{折旧年限}\times\text{年工作台班}=\text{大修理间隔台班}\times\text{大修理周期} \quad (2\text{-}2\text{-}53)$$

大修理次数的计算公式为:

$$\text{大修理次数}=\text{耐用总台班}\div\text{大修理间隔台班}-1=\text{大修理周期}-1 \quad (2\text{-}2\text{-}54)$$

年工作台班是根据有关部门对各类主要机械最近3年的统计资料分析确定。

大修理间隔台班是指机械自投入使用起至第一次大修理止或自上一次大修理后投入使用起至下一次大修理止,应达到的使用台班数。

大修理周期是指机械正常的施工作业条件下,将其寿命期(即耐用总台班)按规定的大修理次数划分为若干个周期。其计算公式为:

$$\text{大修理周期}=\text{寿命期大修理次数}+1 \quad (2\text{-}2\text{-}55)$$

(二)大修理费的组成及确定

大修理费是指机械设备按规定的大修理间隔台班进行必要的大修理,以恢复机械正常功能所需的费用。台班大修理费是机械使用期限内全部大修理费之和在台班费用中的分摊额,取决于一次大修理费用、大修理次数和耐用总台班的数量。其计算公式为:

$$\text{台班大修理费}=\frac{\text{一次大修理费}\times\text{寿命期内大修理次数}}{\text{耐用总台班}} \quad (2\text{-}2\text{-}56)$$

一次大修理费指施工机械一次大修理发生的工时费、配件费、辅料费、油燃料费及送修运杂费。

一次大修理费应以《全国统一施工机械保养修理技术经济定额》为基础,结合编制期市场价格综合确定。

寿命期大修理次数指施工机械在其寿命期(耐用总台班)内规定的大修理次数,应参照《全国统一施工机械保养修理技术经济定额》确定。

（三）经常修理费的组成及确定

经常修理费指施工机械除大修理以外的各级保养和临时故障排除所需的费用（包括为保障机械正常运转所需替换与随机配备工具附具的摊销和维护费用，机械运转及日常保养所需润滑与擦拭的材料费用及机械停滞期间的维护和保养费用等）。各项费用分摊到台班中，即为台班经常修理费。其计算公式为：

$$\text{台班经常修理费}=\frac{\sum(\text{各级保养一次费用}\times\text{寿命期各级保养总次数})+\text{临时故障排除费}+}{\text{耐用总台班}}$$

$$\text{替换设备和工具附具台班摊销费}+\text{例保辅料费} \tag{2-2-57}$$

当台班经常修理费计算公式中各项数值难以确定时，也可按下式计算：

$$\text{台班经常修理费}=\text{台班大修理费}\times K \tag{2-2-58}$$

式中　K——台班经常修理费系数。

各级保养一次费用指机械在各个使用周期内为保证机械处于完好状况，必须按规定的各级保养间隔周期、保养范围和内容进行的一、二、三级保养或定期保养所消耗的工时、配件、辅料、油燃料等费用。应以《全国统一施工机械保养修理技术经济定额》为基础，结合编制期市场价格综合确定。

寿命期各级保养总次数指一、二、三级保养或定期保养在寿命期内各个使用周期中保养次数之和，应按照《全国统一施工机械保养修理技术经济定额》确定。

临时故障排除费指机械除规定的大修理及各级保养以外，临时故障所需费用以及机械在工作日以外的保养维护所需润滑擦拭材料费，可按各级保养（不包括例保辅料费）费用之和的3%计算。

替换设备及工具附具台班摊销费指轮胎、电缆、蓄电池、运输皮带、钢丝绳、胶皮管、履带板等消耗性设备和按规定随机配备的全套工具附具的台班摊销费用。

例保辅料费指机械日常保养所需润滑擦拭材料的费用。

替换设备及工具附具台班摊销费、例保辅料费的计算应以《全国统一施工机械保养修理技术经济定额》为基础，结合编制期市场价格综合确定。

（四）安拆费及场外运费的组成和确定

安拆费指施工机械在现场进行安装与拆卸所需的人工、材料、机械和试运转费用以及机械辅助设施的折旧、搭设、拆除等费用；场外运费指施工机械整体或分体自停放地点运至施工现场或由一施工地点运至另一施工地点的运输、装卸、辅助材料及架线等费用。

安拆费及场外运费根据施工机械不同分为计入台班单价、单独计算和不计算三种类型。

（1）工地间移动较为频繁的小型机械及部分中型机械，其安拆费及场外运费应计入台班单价。台班安拆费及场外运费应按下列公式计算：

$$\text{台班安拆费及场外运费}=\frac{\text{一次安拆费及场外运费}\times\text{年平均安拆次数}}{\text{年工作台班}} \tag{2-2-59}$$

一次安拆费应包括施工现场机械安装和拆卸一次所需的人工费、材料费、机械费及试运转费。

一次场外运费应包括运输、装卸、辅助材料和架线等费用。

年平均安拆次数应以《全国统一施工机械保养修理技术经济定额》为基础，由各地区（部门）结合具体情况确定。运输距离均应按25 km计算。

（2）移动有一定难度的特大型（包括少数中型）机械，其安拆费及场外运费应单独计算。

单独计算的安拆费及场外运费除应计算安拆费、场外运费外，还应计算辅助设施（包括基础、底座、固定锚桩、行走轨道枕木等）的折旧、搭设和拆除等费用。

(3)不需安装、拆卸且自身又能开行的机械和固定在车间不需安装、拆卸及运输的机械，其安拆费及场外运费不计算。

(4)自升式塔式起重机安装、拆卸费用的超高起点及其增加费，各地区（部门）可根据具体情况确定。

（五）人工费的组成及确定

人工费指机上司机（司炉）和其他操作人员的工作日人工费及上述人员在施工机械规定的年工作台班以外的人工费。按下列公式计算：

$$\text{台班人工费}=\text{人工消耗量}\times\left(1+\frac{\text{年制度工作日}-\text{年工作台班}}{\text{年工作台班}}\right)\times\text{人工日工资单价} \tag{2-2-60}$$

人工消耗量指机上司机（司炉）和其他操作人员工日消耗量。

年制度工作日应执行编制期国家有关规定。

人工日工资单价应执行编制期工程造价管理部门的有关规定。

（六）燃料动力费的组成和确定

燃料动力费是指施工机械在运转作业中所耗用的固体燃料（煤、木柴）、液体燃料（汽油、柴油）及水、电等费用。计算公式如下：

$$\text{台班燃料动力费}=\text{台班燃料动力消耗量}\times\text{相应单价} \tag{2-2-61}$$

燃料动力消耗量应根据施工机械技术指标及实测资料综合确定。可采用下列公式：

$$\text{台班燃料动力消耗量}=(\text{实测数}\times 4+\text{定额平均值}+\text{调查平均值})\div 6 \tag{2-2-62}$$

燃料动力单价应执行编制期工程造价管理部门的有关规定。

（七）其他费用的组成和确定

其他费用是指按照国家和有关部门规定应交纳的养路费、车船使用税、保险费及年检费用等。其计算公式为：

$$\text{台班其他费用}=\frac{\text{年养路费}+\text{年车船使用税}+\text{年保险费}+\text{年检费用}}{\text{年工作台班}} \tag{2-2-63}$$

年养路费、年车船使用税、年检费用应执行编制期有关部门的规定。

年保险费执行编制期有关部门强制性保险的规定，非强制性保险不应计算在内。

第五节　预算定额及其基价编制

一、预算定额的概念与用途

1. 预算定额的概念

预算定额是在正常的施工条件下，完成一定计量单位合格分项工程和结构构件所需消耗的人工、材料、机械台班数量其相应费用标准。

2. 预算定额的用途和作用

预算定额是工程建设中的一项重要的技术经济文件，是编制施工图预算的主要依据，是确定和控制工程造价的基础。其用途和作用见表 2-2-24。

表 2-2-24 预算定额的用途和作用

用途	作用
预算定额是编制施工图预算、确定建筑安装工程造价的基础	施工图设计一经确定,工程预算造价就取决于预算定额水平和人工、材料及机械台班的价格。预算定额起着控制劳动消耗、材料消耗和机械台班使用的作用,进而起着控制建筑产品价格的作用
预算定额是编制施工组织设计的依据	施工组织设计的重要任务之一是确定施工中所需人力、物力的供求量,并做出最佳安排。施工单位在缺乏本企业的施工定额的情况下,根据预算定额,亦能够比较精确地计算出施工中各项资源的需要量,为有计划地组织材料采购和预制件加工、劳动力和施工机械的调配,提供了可靠的计算依据
预算定额是工程结算的依据	工程结算是建设单位和施工单位按照工程进度对已完成的分部分项工程实现货币支付的行为。按进度支付工程款,需要根据预算定额将已完分项工程的造价算出。单位工程验收后,再按竣工工程量、预算定额和施工合同规定进行结算,以保证建设单位建设资金的合理使用和施工单位的经济收入
预算定额是施工单位进行经济活动分析的依据	预算定额规定的物化劳动和劳动消耗指标,是施工单位在生产经营中允许消耗的最高标准。施工单位必须以预算定额作为评价企业工作的重要标准,作为努力实现的目标。施工单位可根据预算定额对施工中的劳动、材料、机械的消耗情况进行具体的分析,以便找出并克服低功效、高消耗的薄弱环节,提高竞争能力。只有在施工中尽量降低劳动消耗,采用新技术、提高劳动者素质,提高劳动生产率,才能取得较好的经济效益
预算定额是编制概算定额的基础	概算定额是在预算定额基础上综合扩大编制的。利用预算定额作为编制依据,不但可以节省编制工作的大量人力、物力和时间,收到事半功倍的效果,还可以使概算定额在水平上与预算定额保持一致,以免造成执行中的不一致
预算定额是合理编制招标控制价、投标报价的基础	在深化改革中,预算定额的指令性作用将日益削弱,而施工单位按照工程个别成本报价的指导性作用仍然存在,因此预算定额作为编制招标控制价的依据和施工企业报价的基础性作用仍将存在,这也是由于预算定额本身的科学性和指导性决定的

二、预算定额的编制原则、依据和步骤

1. 预算定额的编制原则

为保证预算定额的质量,充分发挥预算定额的作用,使实际使用简便,在编制工作中应遵循以下原则:

(1)按社会平均水平确定预算定额的原则。预算定额是确定和控制建筑安装工程造价的主要依据。因此,它必须遵照价值规律的客观要求,即按生产过程中所消耗的社会必要劳动时间确定定额水平。所以预算定额的平均水平,是在正常的施工条件下,合理的施工组织和工艺

条件、平均劳动熟练程度和劳动强度下，完成单位分项工程基本构造要素所需的劳动时间。

(2)简明适用的原则。

1)在编制预算定额时，对于那些主要的常用的、价值量大的项目，分项工程划分宜细；次要的、不常用的、价值量相对较小得项目则可以粗一些。

2)预算定额要项目齐全。要注意补充那些因采用新技术、新结构、新材料而出现的新的定额项目。如果项目不全，缺项多，就会使计价工作缺少充足的、可靠的依据。

3)要求合理确定预算定额的计算单位，简化工程量的计算，尽可能地避免同一种材料用不同的计量单位和一量多用，尽量减少定额附注和换算系数。

2.预算定额的编制依据

(1)现行劳动定额和施工定额。预算定额是在现行劳动定额和施工定额的基础上编制的。预算定额中人工、材料、机械台班消耗水平，需要根据劳动定额或施工定额取定；预算定额的计量单位的选择，也要以施工定额为参考，从而保证两者的协调和可比性，减轻预算定额的编制工作量，缩短编制时间。

(2)现行设计规范、施工及验收规范，质量评定标准和安全操作规程。

(3)具有代表性的典型工程施工图及有关标准图。对这些图纸进行仔细分析研究，并计算出工程数量，作为编制定额时选择施工方法确定定额含量的依据。

(4)新技术、新结构、新材料和先进的施工方法等。这类资料是调整定额水平和增加新的定额项目所必需的依据。

(5)有关科学实验、技术测定和统计、经验资料。这类资料是确定定额水平的重要依据。

(6)现行的预算定额、材料预算价格及有关文件规定等。包括过去定额编制过程中积累的基础资料，也是编制预算定额的依据和参考。

3.预算定额的编制步骤及要求

预算定额的编制，大致可以分为准备工作、收集资料、编制定额、报批和修改定稿五个阶段。各阶段工作相互有交叉，有些工作还有多次重复。

预算定额编制阶段的主要工作如下：

(1)确定编制细则。主要包括：统一编制表格及编制方法；统一计算口径、计量单位和小数点位数的要求；有关统一性规定，名称统一，用字统一，专业用语统一，符号代码统一，简化字要规范，文字要简练明确。

预算定额与施工定额计量单位往往不同。施工定额的计量单位一般按照工序或施工过程确定；而预算定额的计量单位主要是根据分部分项工程和结构构件的形体特征及其变化确定。由于工作内容综合，预算定额的计量单位亦具有综合的性质。工程量计算规则的规定应确切反映定额项目所包含的工作内容。预算定额的计量单位关系到预算工作的繁简和准确性。因此，要正确地确定各分部分项工程的计量单位。一般依据建筑结构构件形状的特点确定。

(2)确定定额的项目划分和工程量计算规则。计算工程数量，是为了通过计算出典型设计图纸所包括的施工过程的工程量，以便在编制预算定额时，有可能利用施工定额的人工、材料和机械台班消耗指标确定预算定额所含工序的消耗量。

(3)定额人工、材料、机械台班耗用量的计算、复核和测算。

三、预算定额消耗量的编制方法

确定预算定额人工、材料、机械台班消耗指标时，必须先按施工定额的分项逐项计算出消耗指标，然后按预算定额的项目加以综合。预算定额的项目综合不是简单地合并和相加，而需要在综合过程中增加两种定额之间的适当的水平差。预算定额的水平，首先取决于这些消耗量的合理确定。

人工、材料和机械台班消耗量指标，应根据定额编制原则和要求，采用理论与实际相结合、图纸计算与施工现场测算相结合、编制人员与现场工作人员相结合等方法进行计算和确定，使定额既符合政策要求，又与客观情况一致，便于贯彻执行。

1.预算定额中人工工日消耗量的计算

人工的工日数可以有两种确定方法：一种是以劳动定额为基础确定；另一种是以现场观察测定资料为基础计算，主要用于遇到劳动定额缺项时，采用现场工作日写实等测时方法测定和计算定额的人工耗用量。

预算定额中人工工日消耗量是指在正常施工条件下，生产单位合格产品所必需消耗的人工工日数量，是由分项工程所综合的各个工序劳动定额包括的基本用工、其他用工两部分组成的。

(1)基本用工。基本用工指完成一定计量单位的分项工程或结构构件的各项工作过程的施工任务所必需消耗的技术工种用工。按技术工种相应劳动定额工时定额计算，以不同工种列出定额工日。基本用工包括：

1)完成定额计量单位的主要用工。按综合取定的工程量和相应劳动定额进行计算。计算公式如下：

$$\text{基本用工}=\sum(\text{综合取定的工程量}\times\text{劳动定额}) \tag{2-2-64}$$

例如工程实际中的砖基础，有1砖厚、1砖半厚、2砖厚等之分，用工各不相同，在预算定额中由于不区分厚度，需要按照统计的比例，加权平均得出综合的人工消耗。

2)按劳动定额规定应增(减)计算的用工量。例如在砖墙项目中，分项工程的工作内容包括了附墙烟囱孔、垃圾道、壁橱等零星组合部分的内容，其人工消耗量相应增加附加人工消耗。由于预算定额是在施工定额子目的基础上综合扩大的，包括的工作内容较多，施工的工效视具体部位而不一样，所以需要另外增加人工消耗，而这种人工消耗也可以列入基本用工内。

(2)其他用工。其他用工是辅助基本用工消耗的工日，包括超运距用工、辅助用工和人工幅度差用工。

1)超运距用工。超运距是指劳动定额中已包括的材料、半成品场内水平搬运距离与预算定额所考虑的现场材料、半成品堆放地点到操作地点的水平运输距离之差。计算公式如下：

$$\text{超运距}=\text{预算定额取定运距}-\text{劳动定额已包括的运距} \tag{2-2-65}$$

$$\text{超运距用工}=\sum(\text{超运距材料数量}\times\text{时间定额}) \tag{2-2-66}$$

需要指出，实际工程现场运距超过预算定额取定运距时，可另行计算现场二次搬运费。

2)辅助用工。指技术工种劳动定额内不包括而在预算定额内又必须考虑的用工。例如机械土方工程配合用工、材料加工(筛砂、洗石、淋化石膏)、电焊点火用工等。计算公式如下：

$$\text{辅助用工}=\sum(\text{材料加工数量}\times\text{相应的加工劳动定额}) \tag{2-2-67}$$

3)人工幅度差用工。即预算定额与劳动定额的差额，主要是指在劳动定额中未包括而在正常施工情况下不可避免但又很难准确计量的用工和各种工时损失。

其内容包括以下几点：

①各工种间的工序搭接及交叉作业相互配合或影响所发生的停歇用工。

②施工机械在单位工程之间转移及临时水电线路移动所造成的停工。

③质量检查和隐蔽工程验收工作的影响。

④班组操作地点转移用工。

⑤工序交接时对前一工序不可避免的修整用工。

⑥施工中不可避免的其他零星用工。

人工幅度差计算公式如下：

人工幅度差用工=(基本用工+辅助用工+超运距用工)×人工幅度差系数　(2-2-68)

人工幅度差系数一般为10%～15%。在预算定额中，人工幅度差的用工量列入其他用工量中。

2.预算定额中材料消耗量的计算

材料消耗量计算方法主要有：

(1)凡有标准规格的材料，按规范要求计算定额计量单位的耗用量。

(2)凡设计图纸标注尺寸及下料要求的按设计图纸尺寸计算材料净用量。

(3)换算法。各种胶结、涂料等材料的配合比用料，可以根据要求条件换算，得出材料用量。

(4)测定法。包括实验室试验法和现场观察法。指各种强度等级的混凝土及砌筑砂浆配合比的耗用原材料数量的计算，须按照规范要求试配，经过试压合格以后并经过必要的调整后得出的水泥、砂子、石子、水的用量。对新材料、新结构又不能用其他方法计算定额消耗用量时，须用现场测定方法来确定，根据不同条件可以采用写实记录法和观察法，得出定额的消耗量。

材料损耗量，指在正常条件下不可避免的材料损耗，如现场内材料运输及施工操作过程中的损耗等。其关系式如下：

材料损耗率=损耗量/净用量×100%　(2-2-69)

材料损耗量=材料净用量×损耗率(%)　(2-2-70)

材料消耗量=材料净用量+损耗量　(2-2-71)

或

材料消耗量=材料净用量×[1+损耗率(%)]　(2-2-72)

3.预算定额中机械台班消耗量的计算

预算定额中的机械台班消耗量是指在正常施工条件下，生产单位合格产品(分部分项工程或结构构件)必须消耗的某种型号施工机械的台班数量。

根据施工定额确定机械台班消耗量的计算。这种方法是指用施工定额中机械台班产量加机械幅度差计算预算定额的机械台班消耗量。

机械台班幅度差是指在施工定额中所规定的范围内没有包括，而在实际施工中又不可避免产生的影响机械或使机械停歇的时间。

其内容包括以下几点：

1)施工机械转移工作面及配套机械相互影响损失的时间。

2)在正常施工条件下，机械在施工中不可避免的工序间歇。

3)工程开工或收尾时工作量不饱满所损失的时间。

4)检查工程质量影响机械操作的时间。

5)临时停机、停电影响机械操作的时间。

6)机械维修引起的停歇时间。

大型机械幅度差系数为：土方机械25%，打桩机械33%，吊装机械30%。砂浆、混凝土搅拌机由于按小组配用，以小组产量计算机械台班产量，不另增加机械幅度差。其他分部工程中如钢筋加工、木材、水磨石等各项专用机械的幅度差为10%。

综上所述，预算定额的机械台班消耗量按下式计算：

预算定额机械耗用台班＝施工定额机械耗用台班×(1＋机械幅度差系数) (2-2-73)

四、预算定额基价编制

预算定额基价就是预算定额分项工程或结构构件的单价，包括人工费、材料费和机械台班使用费，也称工料单价或直接工程费单价。

预算定额基价一般通过编制单位估价表、地区单位估价表及设备安装价目表所确定的单价，用于编制施工图预算。在预算定额中列出的“预算价值”或“基价”，应视作该定额编制时的工程单价。

预算定额基价的编制方法，简单说就是工、料、机的消耗量和工、料、机单价的结合过程。其中，人工费是由预算定额中每一分项工程用工数，乘以地区人工工日单价计算算出；材料费是由预算定额中每一分项工程的各种材料消耗量，乘以地区相应材料预算价格之和算出；机械费是由预算定额中每一分项工程的各种机械台班消耗量，乘以地区相应施工机械台班预算价格之和算出。

分项工程预算定额基价的计算公式：

分项工程预算定额基价＝人工费＋材料费＋机械使用费 (2-2-74)

人工费＝$\sum$(现行预算定额中人工工日用量×人工日工资单价) (2-2-75)

材料费＝$\sum$(现行预算定额中各种材料耗用量×相应材料单价) (2-2-76)

机械使用费＝$\sum$(现行预算定额中机械台班用量×机械台班单价) (2-2-77)

预算定额基价是根据现行定额和当地的价格水平编制的，具有相对的稳定性。但是为了适应市场价格的变动，在编制预算时，必须根据工程造价管理部门发布的调价文件对固定的工程预算单价进行修正。修正后的工程单价乘以根据图纸计算出来的工程量，就可以获得符合实际市场情况的工程的直接工程费。

第三部分　综合计算实例

综合实例一

某市政道路上有一座简支板钢筋混凝土桥，其部分施工图如图 3-2-1～图 3-2-6 所示。

已知：

(1)简支板桥的钢筋混凝土灌注桩成孔按回旋钻机钻孔，按水下灌注混凝土桩考虑。

(2)土壤按砂砾土考虑。

求解：

(1)计算钢筋混凝土灌注桩、桥面现浇混凝土空心板梁、桥面铺装钢筋（钢筋搭接长度按 $30d$ 计算）和伸缩缝的工程量。

(2)编制钢筋混凝土灌注桩、桥面现浇混凝土空心板梁、桥面铺装钢筋（钢筋搭接长度按 $30d$ 计算）和伸缩缝的分部分项工程量清单。

(3)现假设该工程内容如下：灌注桩长合计为 300 m，回旋钻机钻桩孔深度合计为 400 m；钢筋混凝土桥空心板梁混凝土数量为 40 m^3，模板接触面积为 160 m^2；桥面铺装钢筋按定额计算的工程量为 1 t；伸缩缝合计长度为 60 m。

依据以上内容编制造价计算表（不计取其他措施费，人工、材料、机械单价均不调整，按包工包料取费）。

(4)根据(3)中的假设条件，编制分部分项工程量清单与计价表以及分部分项工程综合单价分析表（人工、材料、机械单价均不调整，不计算措施费、规费、税金）。

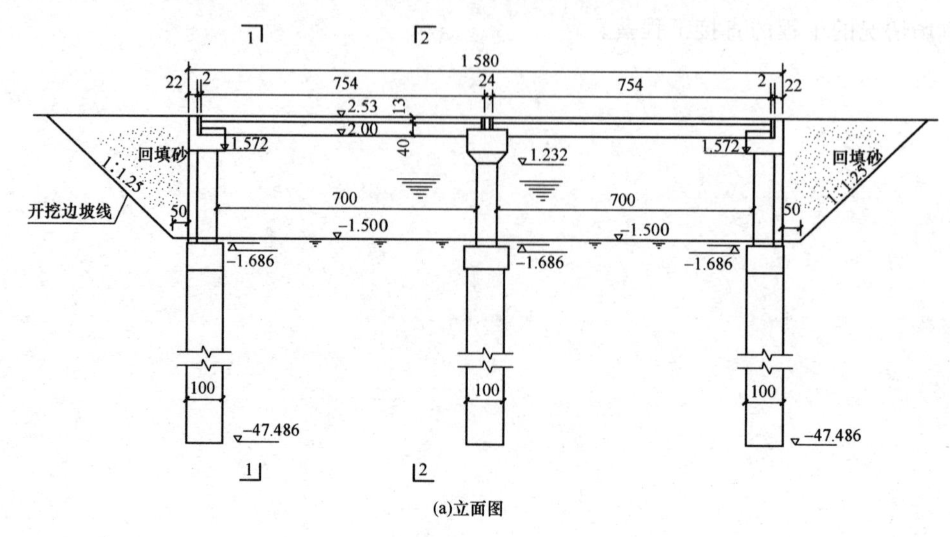

(a)立面图

图　3-1-1

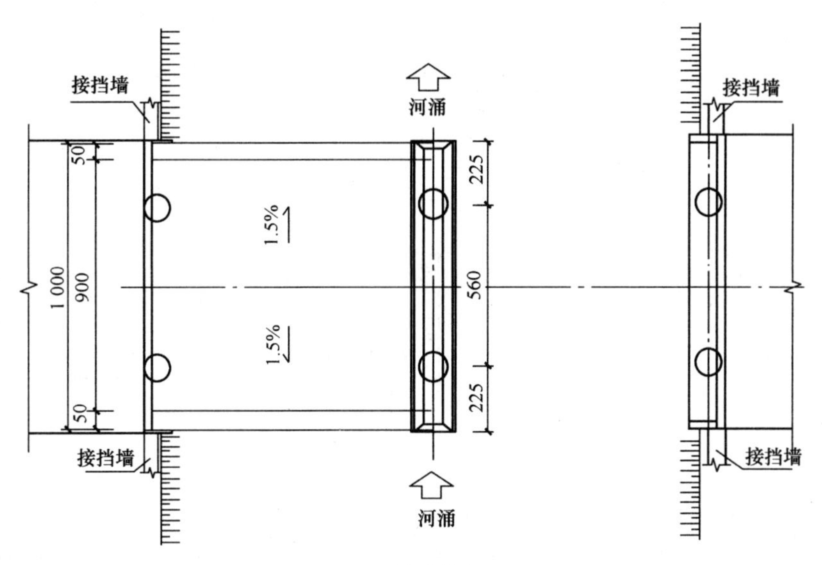

(b)平面图

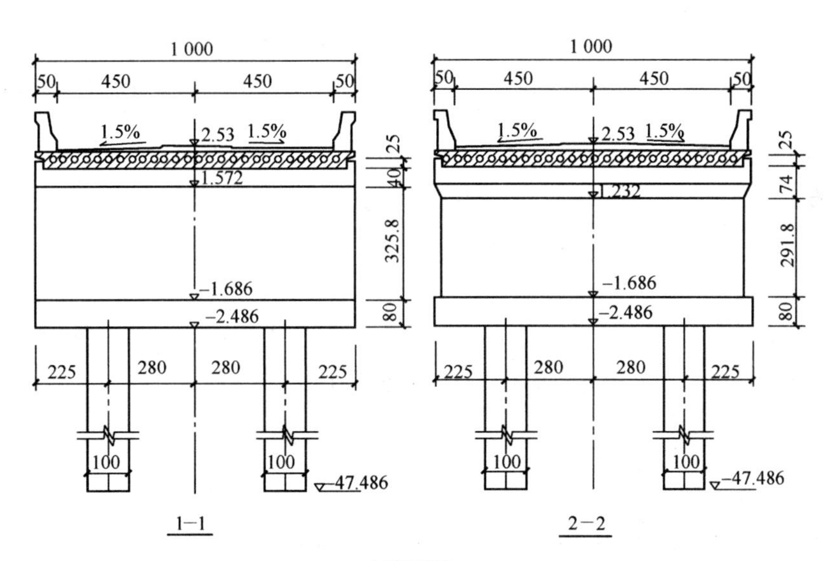

(c)剖面图

图 3-1-1　桥型布置图

说明：

1. 本图尺寸除高程以 m 计，其余均以 cm 计。

2. 桥梁设计高程为桥梁中心线处桥面高程。

3. 桥梁设计荷载：汽车—20 级。

4. 桥梁中心线与桥位处道路中心线重合。

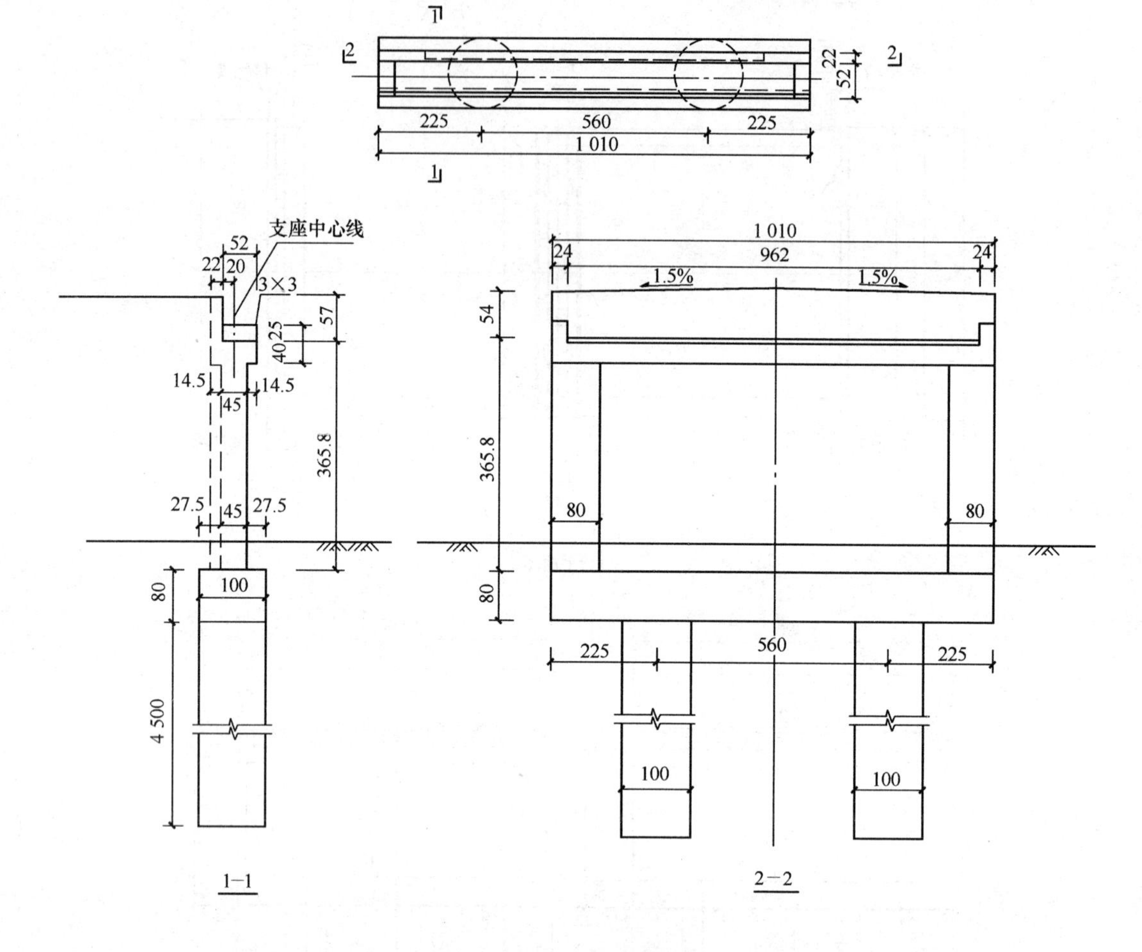

图 3-1-2 薄壁桥台构造图

说明：

1. 本图尺寸除高程以 m 计外，其余均以 cm 计。
2. 梁与挡块之间设油毛毡分隔。
3. 承台、薄壁桥台为 C25(中砂碎石，最大粒径 20 mm)钢筋混凝土。
4. 薄壁桥台桩基础为 ϕ100 cm 钻孔灌注 C20(中砂碎石，最大粒径 20 mm)钢筋混凝土桩。
5. 桥台两侧按接挡墙考虑，未设翼墙及搭板。

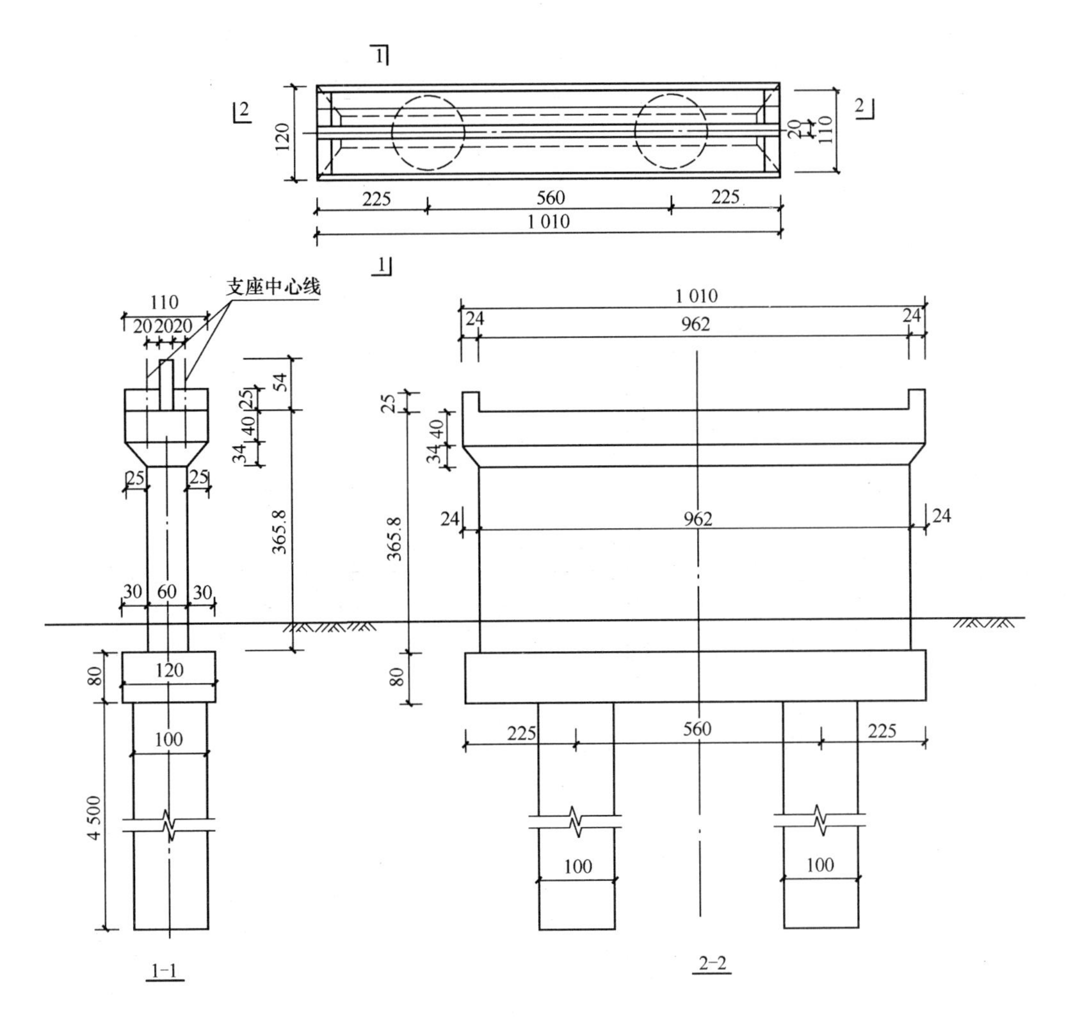

图 3-1-3　薄壁桥墩构造图

说明：

1. 本图尺寸除高程以 m 计外，其余均以 cm 计。
2. 梁与挡块之间设油毛毡分隔。
3. 承台、薄壁桥墩 C25(中砂碎石，最大粒径 20 mm)钢筋混凝土。
4. 薄壁桥墩桩基础为 ϕ100 cm 钻孔灌注 C20(中砂碎石，最大粒径 20 mm)钢筋混凝土桩。
5. 桥台两侧按接挡墙考虑，未设翼墙及塔板。

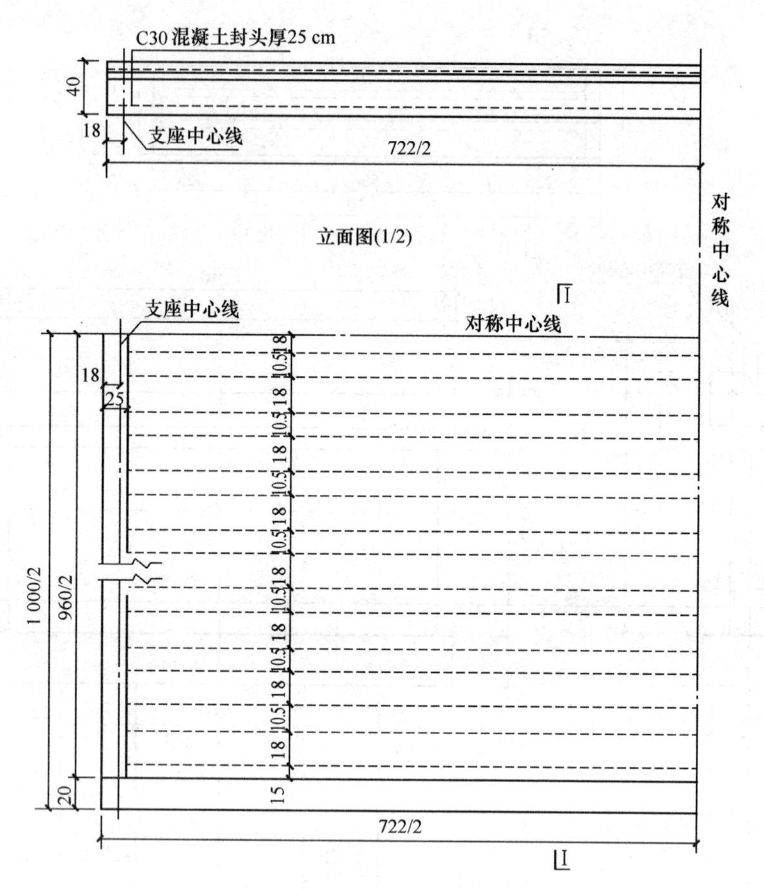

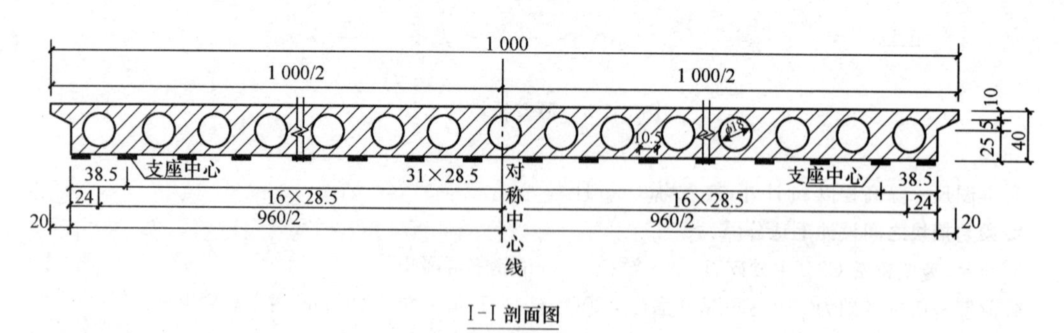

图 3-1-4　桥面空心板构造图

说明：

1. 本图尺寸均以 cm 计。
2. 空心板混凝土浇筑前先用 M10 水泥砂浆抹平台帽，安装好橡胶支座，每块一端布规格为 $D=200$ mm（直径），$H=28$ mm（高度），橡胶支座 32 个，共计 136 个。空心板混凝土强度等级为 C30。
3. 考虑采用现场浇筑。
4. 内模脱模后即可浇筑 25 cm 厚的封头混凝土，注意务必严实。
5. 浇筑空心板时跨中应留有 1 cm 的预拱度。

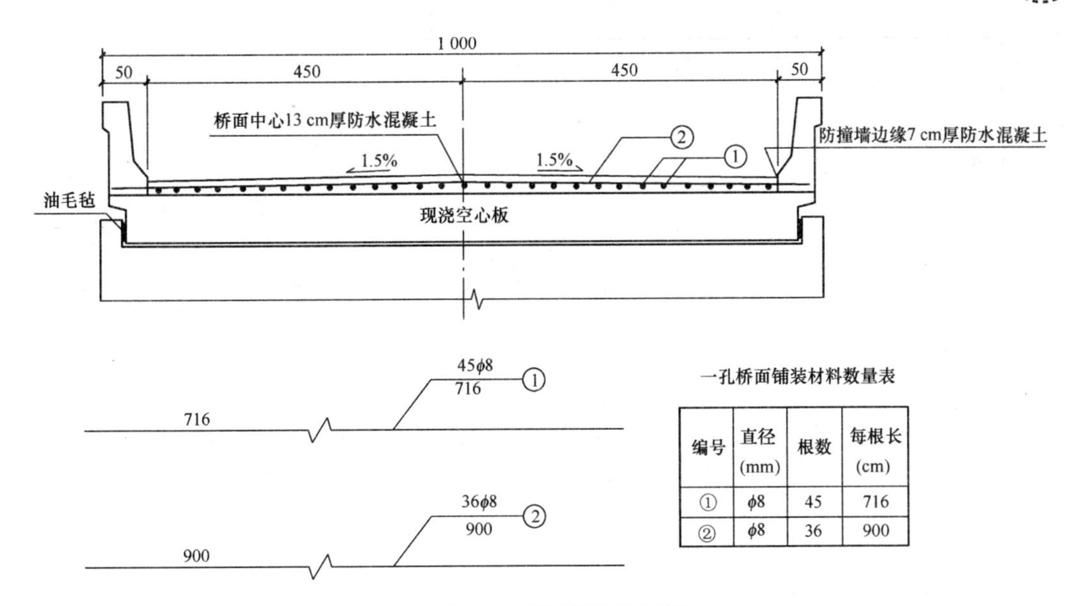

一孔桥面铺装材料数量表

编号	直径(mm)	根数	每根长(cm)
①	ϕ8	45	716
②	ϕ8	36	900

图 3-1-5 桥路面铺装构造图

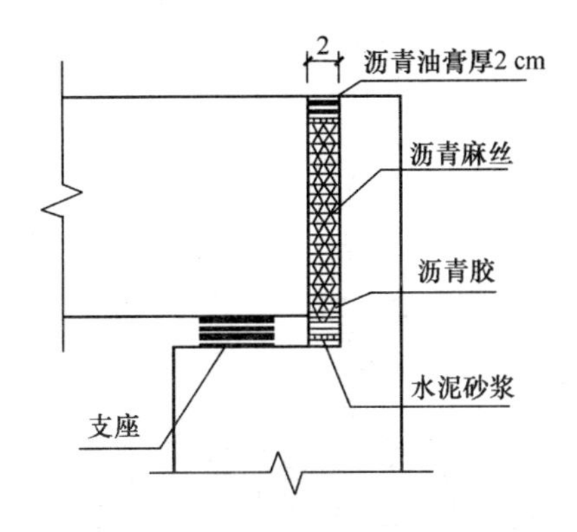

图 3-1-6 伸缩缝构造大样图

说明：

1. 图示尺寸以 cm 计。
2. 桥面铺装钢筋材质为 HPB300 热轧光圆钢筋。
3. 钢筋保护层厚度不小于 2.5 cm。
4. 桥面铺设抗折混凝土 5.0 MPa(中砂碎石，最大粒径 20 mm)，磨耗层拉毛处理。

解：

(1)工程量计算。

1)钢筋混凝土灌注桩的工程量＝45×6＝270(m)

2)现浇钢筋混凝土桥面空心板梁的工程量＝[10×0.4－(0.25＋0.3)/2×2×0.2－0.09×0.09×3.14×32]×7.22×2＝44.42(m^3)

3)桥面铺装钢筋的工程量＝(7.16×45＋9×36)×2×0.395＝510.498(kg)＝0.510(t)

4)伸缩缝的工程量＝10×4＝40(m)

注：①按定额计算钢筋混凝土灌注桩工程量包括成孔和混凝土灌注两部分。

②按定额计算混凝土项目工程量包括混凝土和模板两部分。

③承台按无底模考虑。

(2)分部分项工程量清单与计价表见表 3-1-1。

表 3-1-1　分部分项工程量清单与计价表

工程名称:某市政桥梁　　　　第　页　共　页

序号	项目编码	项目名称	项目特征	计量单位	工程数量	金额(元)	
						综合单价	合价
1[①]	040301007001	钢筋混凝土灌注桩	桩径 100 cm 深度 46.36 m (桩长 45 m) 砂砾土 C20 钢筋混凝土中砂碎石最大粒径 20 mm	m	270.00		
2[②]	040302012001	桥面现浇混凝土空心板梁	桥面板 钢筋混凝土空心板 混凝土强度等级为 C30(中砂碎石,最大粒径 20 mm)	m^3	44.42		
3[③]	04070401002001	桥面铺装钢筋	HPB300 热轧光圆钢筋 桥面铺装	t	0.510		
4[④]	040309006001	伸缩缝	沥青麻丝 缝宽 2 cm 长 10 m 共 4 道	m	40.00		
		小计					
		合计					

①根据《市政工程工程量计算规范》(GB 50857—2013)规定,题中的钢筋混凝土灌注桩属于“泥浆护壁成孔灌注桩”,其项目编号为 040301004,当以米计量时应按设计图示尺寸以桩长(包括桩尖)计算,当以立方米计量时应按设计图示桩长(包括桩尖)乘以桩的断面积计算,当以根计量时应按设计图示数量计算。

②根据《市政工程工程量计算规范》(GB 50857—2013)规定,题中的现浇混凝土板梁的项目编号为 040303013,计量单位为 m^3,工程量计算规则为“按设计图示尺寸以体积计算”。

③根据《市政工程工程计算规范》(GB 50857—2013)的规定，题中的桥面铺装钢筋属于“现浇构件钢筋”，其项目编号为 040901001，计量单位为 t，工程量计算规则为“按设计图示尺寸以质量计算”。

④根据《市政工程工程量计算规范》(GB 50857—2013)规定，题中的伸缩缝属于“桥梁伸缩装置”，其项目编号为 040309007，计量单位为 m，工程量计算规则为“以米计量，按设计图示尺寸以延米计算”。

(3)市政工程预(结)算造价计算表见表 3-1-2。

表 3-1-2　市政工程预(结)算造价计算表

工程名称：某市政桥梁　　　　第　页　共　页

序号	定额编号	项目名称	单位	数量	单价(元)	合价(元)	其中:(元)	
							人工费	机械费
		实体项目						
1	3-216	钢筋混凝土灌注桩 C20 商品混凝土	10 m^3	30.00	3 020.53	90 615.90	8 232.00	—
2	3-435	桥面现浇混凝土空心板梁 C30 商品混凝土	10 m^3	4.00	2 942.03	11 768.12	1 710.40	57.68
3	3-242	现浇混凝土钢筋直径 10 mm 以内	t	1.00	5 888.72	5 888.72	626.00	48.73
4	3-353	安装沥青麻丝伸缩缝	10 m	6.00	89.28	535.68	432.00	—
		措施项目						
5	3-137	钢筋混凝土灌注桩成孔	10 m	40.00	4 711.33	188 453.20	34 016.00	150 638.80
6	3-699	桥面现浇混凝土空心板梁模板	10 m^2	16.00	453.00	7 248.00	3 808.00	1 573.76
		小计				304 509.62	48 824.40	152 318.97
7	3-757	安全防护、文明施工费			4.88%	14 860.07	2 382.63	7 433.17
		合计				319 369.69	51 207.03	159 752.14
		取费						

续上表

序号	定额编号	项目名称	单位	数量	单价（元）	合价（元）	其中:(元)	
							人工费	机械费
①		直接费				319 369.69		
②		直接费中的人工费＋机械费				210 959.17		
③		企业管理费:②×15％			15％	31 643.88		
④		利润:②×9％			9％	18 986.33		
⑤		规费:②×13.5％			13.5％	28 479.49		
⑥		税金:(①＋③＋④＋⑤)×3.48％＝398 479.39×3.48％			3.48％	13 867.08		
⑦		工程造价合计＝①＋③＋④＋⑤＋⑥				412 346.47		

(4)分部分项工程量清单与计价表以及分部分项工程量清单综合单价分析表见表 3-1-3 和表 3-1-4 。

表 3-1-3　分部分项工程量清单与计价表

工程名称:某市政桥梁　　　　第　页　共　页

序号	项目编码	项目名称	项目特征	计量单位	工程数量	金额(元)	
						综合单价	合价
1	040301007001	钢筋混凝土灌注桩	桩径 100 cm 深度 46.36 m (桩长 45 m) 砂砾土 C20 钢筋混凝土中砂碎石最大粒径 20 mm	m	300.00	1 084.54	325 361.93

续上表

序号	项目编码	项目名称	项目特征	计量单位	工程数量	金额(元)	
						综合单价	合价
2	040302012001	桥面现浇混凝土空心板梁	桥面板 钢筋混凝土空心板 混凝土强度等级为C30(中砂碎石，最大粒径20 mm)	m^3	40.00	518.30	20 732.08
3	0407041002001	桥面铺装钢筋	HPB300热轧光圆钢筋桥面铺装	t	1	6 050.66	6 050.66
4	040309006001	伸缩缝	沥青麻丝 缝宽2 cm 长60 m	m	60	10.66	639.36
		小计					352 784.03
		合计					352 784.03

注:同表3-1-1。

表3-1-4　分部分项工程量清单综合单价分析表

工程名称:某市政桥梁　　　　第　页　共　页

序号	项目编号(定额编号)	项目名称	单位	数量	综合单价(基价)(元)	合价(元)	综合单价组成(元)				
							人工费	材料费	机械费	管理费	利润
1	040301007001	钢筋混凝土灌注桩	m	300.00	1 084.54	325 361.93	140.83	287.27	502.13	96.44	57.87
1.1	3-216	钢筋混凝土灌注桩C20商品混凝土	10 m^3	30.00	3 020.53	92 591.58	274.40	2 746.13	—	41.16	24.70

续上表

序号	项目编号（定额编号）	项目名称	单位	数量	综合单价（基价）（元）	合价（元）	综合单价组成（元）				
							人工费	材料费	机械费	管理费	利润
1.2	3-137	钢筋混凝土灌注桩成孔	10 m	40.00	4 711.33	232 770.35	850.40	94.96	3 765.97	692.46	415.47
2	040302012001	桥面现浇混凝土空心板梁	m^3	40	518.30	20 732.08	137.96	296.66	40.79	26.81	16.09
2.1	3-435	桥面现浇混凝土空心板梁 C30 商品混凝土	10 m^3	4.00	2 942.03	12 192.46	427.60	2 500.01	14.42	66.30	39.78
2.2	3-699	桥面现浇混凝土空心板梁模板	10 m^2	16.00	453.00	8 539.62	238.00	116.64	98.36	50.45	30.27
3	0407041002001	桥面铺装钢筋	t	1.00	6 050.66	6 050.66	626.00	5 213.99	48.73	101.21	60.73
3.1	3-242	现浇混凝土钢筋直径10 mm以内	t	1.00	5 888.72	6 050.66	626.00	5 213.99	48.73	101.21	60.73
4	040309006001	伸缩缝	m	60	10.66	639.36	7.20	1.73	—	1.08	0.65
4.1	3-353	安装沥青麻丝伸缩缝	10 m	6.00	89.28	639.36	72.00	17.28	—	10.80	6.48

注：同表 3-1-1。

综合实例二

某市给水管道工程施工图如图 3-2-1 和 3-2-2 所示。

已知：

(1)管道在桩号 K0＋130～K0＋300 段采用 K9 系列 DN400 壁厚 8.1 mm 球墨铸铁给水管，胶圈接口。

(2)管沟所在土壤类别为三类土，采用人工挖土方，不考虑各种井室所增加开挖的土方工程量，外运土运距为 3 km。

求解：

(1)管道工程中①、②、③节点的管件、阀门的工程量（请列表解答）。

(2)DN400 球墨铸铁管安装工程量。

(3)DN400 球墨铸铁管挖土方工程量（考虑接口工作坑）。

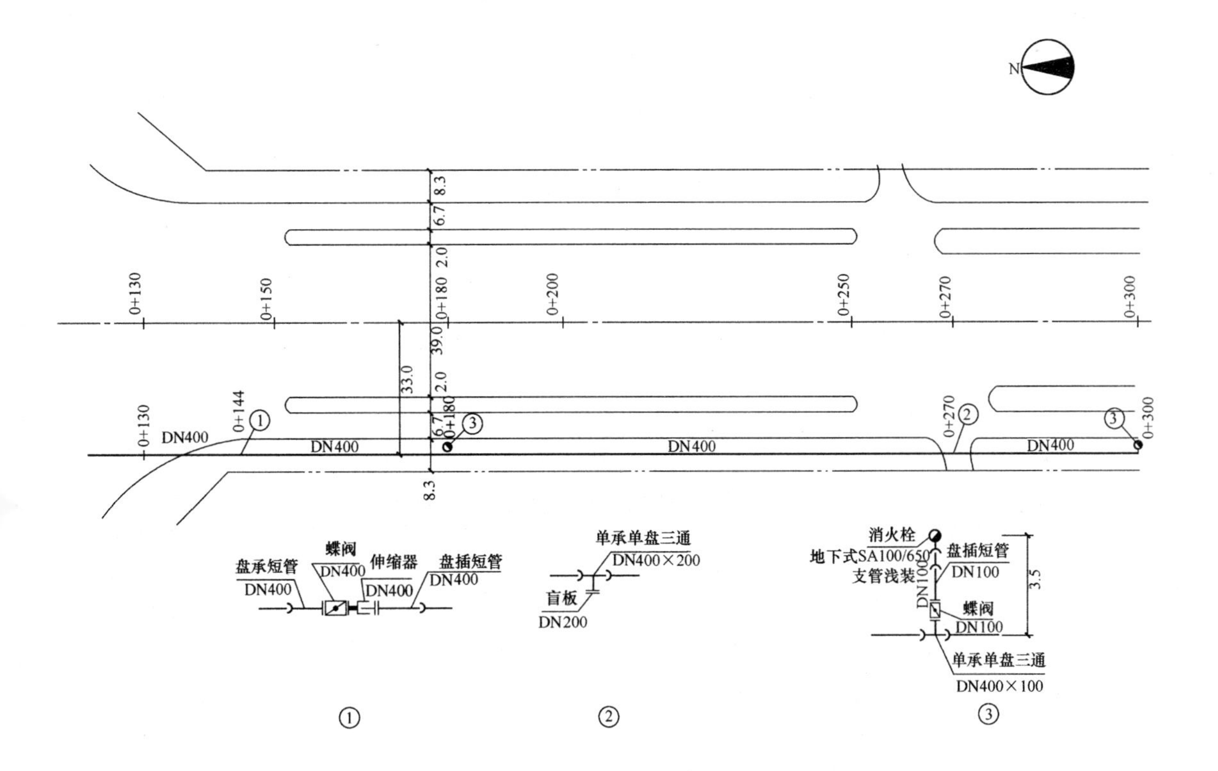

图 3-2-1　给水管道平面图

注：图中尺寸单位除管径以 mm 计外，其他均以 m 计。

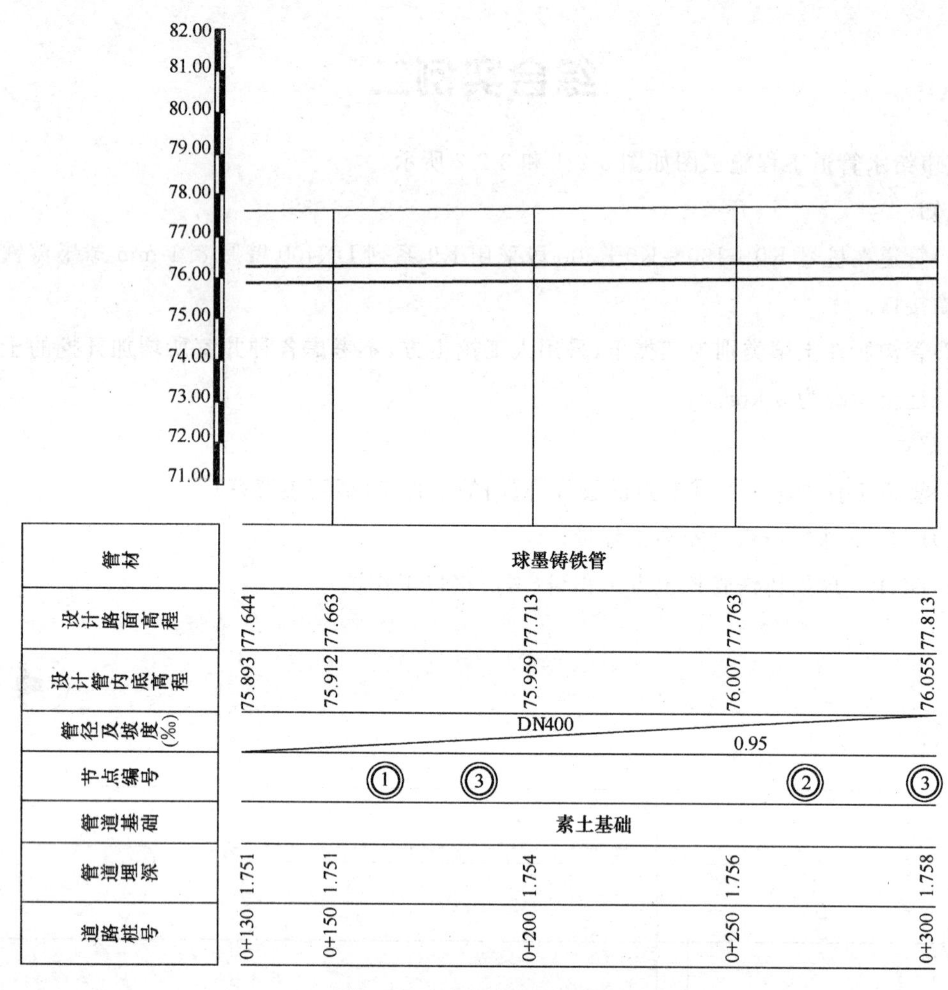

图 3-2-2 给水管道纵断面图

解：

(1)管道工程中①、②、③节点的管件、阀门等工程量见表 3-2-1。

表 3-2-1 ①、②、③节点的管件、阀门等工程量计算表

序号	项目名称	单位	计算式	计算结果
1	盲板 DN200	个	1	1
2	球墨铸铁盘插短管 DN100	个	1×2	2
3	球墨铸铁盘插短管 DN400	个	1	1
4	球墨铸铁盘承短管 DN400	个	1	1
5	蝶阀安装 DN100	个	1×2	2
6	蝶阀安装 DN400	个	1	1
7	伸缩器 DN400	个	1	1
8	球墨铸铁单承单盘三通 DN400×200	个	1	1
9	球墨铸铁单承单盘三通 DN400×100	个	1×2	2
10	消火栓地下式 SA100/650 型支管浅装	个	1×2	2

(2)球墨铸铁管安装 DN400 的工程量＝300－130＝170(m)

(3)挖土方的工程量。

1)K0＋130～K0＋150 段的挖土方工程量＝{0.4＋0.008 1×2＋0.6＋[(1.751＋1.751)/2＋0.008 1]×0.33}×[(1.751＋1.751)/2＋0.008 1]×(150－130)＝56.18(m^3)

2)K0＋150～K0＋200 段的挖土方工程量＝{1.016 2＋[(1.751＋1.754)/2＋0.008 1]×0.33}×[(1.751＋1.754)/2＋0.008 1]×(200－150)＝140.60(m^3)

3)K0＋200～K0＋250 段的挖土方工程量＝{1.016 2＋[(1.754＋1.756)/2＋0.008 1]×0.33}×[(1.754＋1.756)/2＋0.008 1]×(250－200)＝140.87(m^3)

4)K0＋250～K0＋300 段的挖土方工程量＝{1.016 2＋[(1.756＋1.758)/2＋0.008 1]×0.33}×[(1.756＋1.758)/2＋0.008 1]×(300－250)＝141.09(m^3)

5)接口工作坑的挖土方工作量＝(300－130)/100×1.78＝3.03(m^3)

6)考虑接口工作坑的挖土方工程量＝56.18＋140.60＋140.87＋141.09＋3.03＝481.77(m^3)

综合实例三

某工程部分施工图如图 3-3-1～图 3-3-4 所示。

已知：

(1)路槽土方施工在路床设计高程以上 10 cm 范围内是人工挖土方，其他采用 105 kW 推土机推土，推土距离设为 40 m，土壤类别为三类土，外运土用 1.5 m^3 装载机装土，12 t 自卸汽车运土，运距 5 km。挖出的土可以用于基层，松散土与密实土的体积比例关系为1.3∶1。

(2)石灰土基层及石灰、粉煤灰、土基层采用拌和机拌和，光轮压路机碾压；石灰、粉煤灰、碎石采用厂拌，振动压路机碾压；顶层基层养生采用洒水车洒水。

(3)石灰、粉煤灰、碎石为商品石灰、粉煤灰、碎石，运到摊铺点的单价为 75 元/t。

(4)沥青混凝土为商品沥青混凝土，运到摊铺点的单价：细粒式沥青混凝土为 1 200 元/m^3，沥青混凝土摊铺机(自动找平)摊铺。

(5)路面面层混凝土为商品混凝土，入模价 360 元/m^3。水泥混凝土路面用塑料液养护，采用定型钢模板。不考虑各种缝。

(6)先安装平石，后施工沥青混凝土面层。

(7)C30 亚光彩色混凝土渗水便道砖 20 cm×10 cm×5.5 cm。工地出库价为 28 元/m^2。

求解：

1. 机动车道

(1)计算桩号 0＋000～0＋200 段机动车道的挖土方，剩余土外运，石灰、粉煤灰、土基层、面层，定型钢模板的工程量。

(2)依据以上计算的挖土方、石灰、粉煤灰、土基层、面层、模板的工程量编制造价计算表(措施费仅考虑模板及安全防护、文明施工费)。

2. 非机动车道

(1)计算桩号 0＋000 ～0＋200 段非机动车道的面层和基层工程量。

(2)编制桩号 0＋000 ～0＋200 段非机动车道的细粒式沥青混凝土和石灰、粉煤灰、碎石基层的工程量清单与计价表以及工程量清单综合单价分析表。

3. 人行道

(1)计算人行道块料铺设工程量。

(2)编制人行道块料铺设工程量清单与计价表以及工程量清单综合单价分析表。

工程范围
工程范围
10.5
6.5
2.5
21
60
2.5
6.5
10.5
0+000
0+025
0+050
0+070
0+075
0+100
0+125
0+130
0+150
0+175
0+200
R=20.000
R=20.000
工程范围
工程范围
工程范围
工程范围
8.0
14.0
8.0
30.0

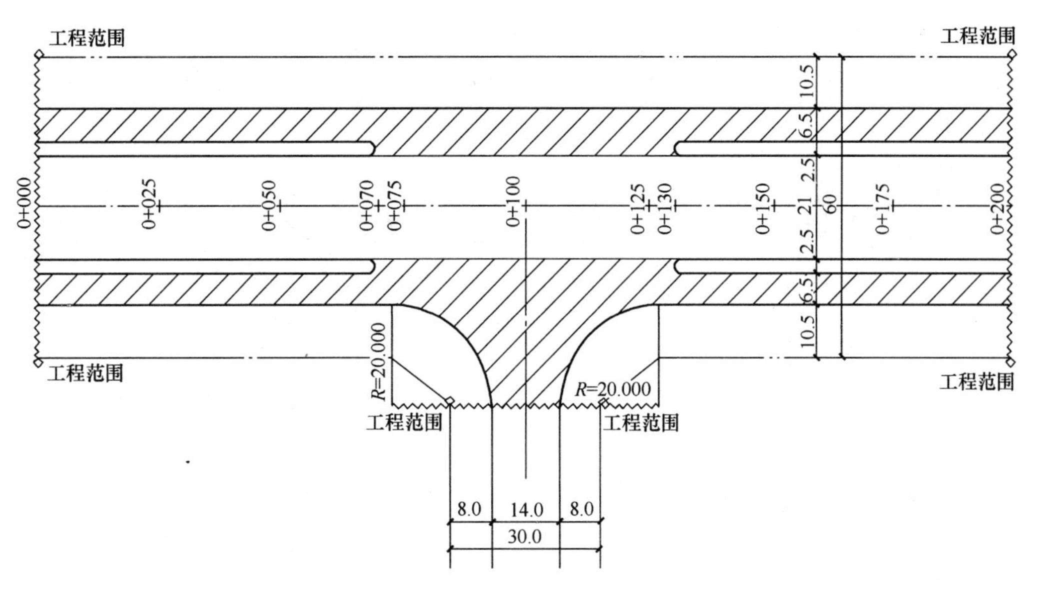

图 3-3-1 道路平面图(单位:m)(1∶1 250)

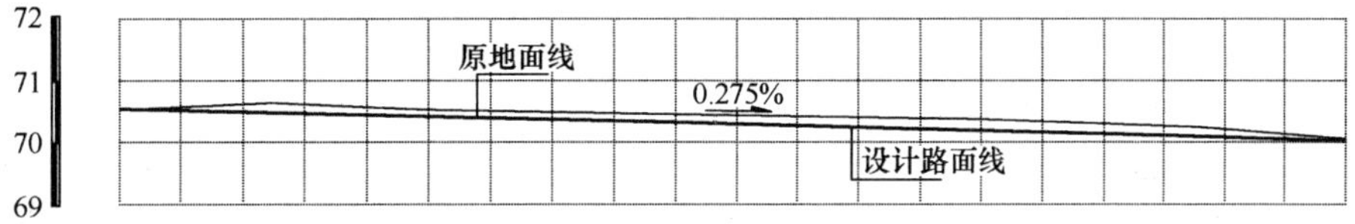

72
71
70
69
原地面线
0.275%
设计路面线

设计坡度与距离	200.000 0.275%								
设计高程	70.550	70.481	70.413	70.344	70.275	70.206	70.138	70.069	70.000
地面高程	70.550	70.600	70.500	70.450	70.400	70.350	70.300	70.200	70.000
路中填挖高	−0.690	−0.809	−0.778	−0.796	−0.815	−0.834	−0.852	−0.821	−0.690
桩号	0+000.0	0+025.0	0+050.0	0+075.0	0+100.0	0+125.0	0+150.0	0+175.0	0+200.0

图 3-3-2 道路纵断面图(单位:m)

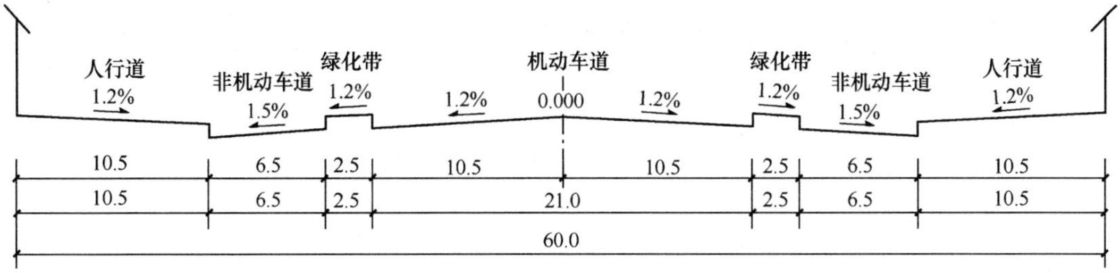

人行道
1.2%
非机动车道
1.5%
绿化带
1.2%
1.2%
机动车道
0.000
1.2%
绿化带
1.2%
非机动车道
1.5%
人行道
1.2%
10.5
6.5
2.5
10.5
10.5
2.5
6.5
10.5
10.5
6.5
2.5
21.0
2.5
6.5
10.5
60.0

图 3-3-3 道路标准横断面(单位:m)

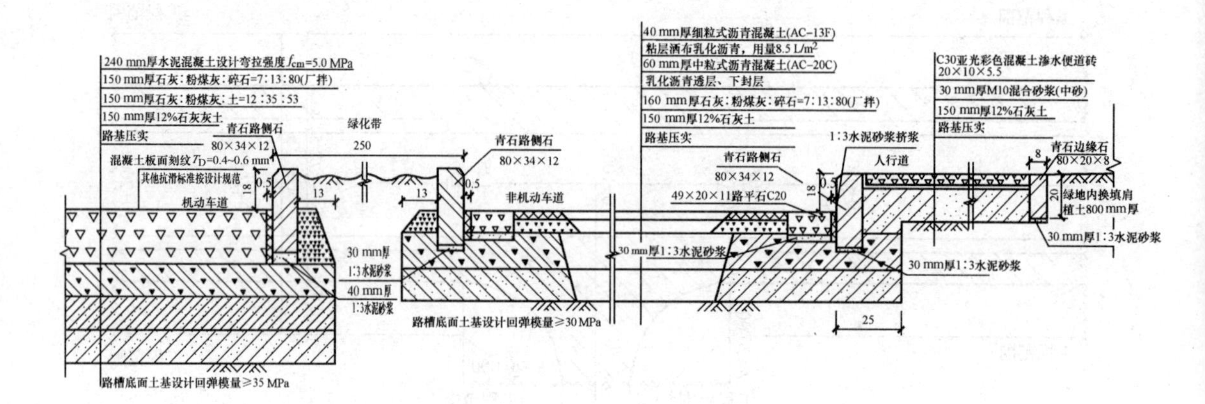

图 3-3-4　机动车道、非机动车道、人行道结构图

注：1. 本图尺寸单位除注明外均以 cm 计。

2. 基层碾压后洒布 PC－2 乳化沥青透层，用量 1.2 L/m²；下封层选用 PC－1 乳化沥青，用量 0.9 L/m²，洒布 5～10 mm，石料 5 m³/1 000m²。

解：

1. 机动车道

(1)机动车道工程量计算。

1)机动车道土方。

①人工挖土方的工程量＝0.1×(21＋0.25×2)×200＝430.00(m³)

②机动车道 105 kW 推土机推土的工程量＝[(0.69＋0.809)/2×25＋(0.809＋0.778)/2×25＋(0.778＋0.796)/2×25＋(0.796＋0.815)/2×25＋(0.815＋0.834)/2×25＋(0.834＋0.852)/2×25＋(0.852＋0.821)/2×25＋(0.821＋0.69)/2×25]×(21＋0.25×2)－430＝3 007.31(m³)

2)剩余土外运。

①扣石灰土用土的工程量＝(21＋0.25×2)×200/100×19.73/1.3＝652.61(m³)

②扣石灰粉煤灰土用土的工程量＝(21＋0.25×2)×200/100×10.3/1.3＝340.69(m³)

③余土外运的工程量＝430＋3 007.31－652.61－340.69＝2 444.01(m³)

3)机动车道石灰、粉煤灰、土基层工程量。

150 mm 厚石灰、粉煤灰、土基层的工程量＝(21＋0.25×2)×200＝4 300.00(m²)

4)机动车道面层工程量。

①240 mm 厚 5.0 MPa 混凝土路面面层的工程量＝(21－0.005×2)×200＝4 198.00(m²)

②混凝土路面养护的工程量＝(21－0.005×2)×200＝4 198.00(m²)

③混凝土路面刻纹的工程量＝(21－0.005×2)×200＝4 198.00(m²)

5)混凝土路面模板的工程量＝0.24×200×2＋0.24×(21－0.005×2)×2＝106.08(m²)

(2)所求造价见表 3-3-1。

表 3-3-1　市政工程预(结)算造价计算表

工程名称:某市道路工程

序号	定额编号	项目名称	单位	数量	单价(元)	合价(元)	其中(元)		综合用工(工日)	
							人工费	机械费	二类	三类
		实体项目								
1	1-2	人工挖土方三类土	100 m^3	4.30	962.10	4 137.03	4 137.03			137.90
2	1-110	105 kW 推土机推土推距 40 m 以内三类土	1 000 m^3	3.01	2 865.13	8 624.05	531.34	8 092.71		17.71
3	2-309	拌和机拌和石灰：粉煤灰：土(12：35：53)基层，厚度 15 cm 光轮压路机	100 m^2	43.00	1 710.09	73 533.87	6 742.40	10 602.51	168.56	
		主材:黄土	m^3	442.90						
4	2-742	商品水泥混凝土路面，现浇混凝土厚度 24 cm(商品抗折混凝土 5.0 MPa)	100 m^2	41.98	6 558.11	27 5309.46	11 267.43	1 294.24	281.69	
5	2-759	水泥混凝土路面塑料液养护	100 m^2	41.98	382.66	16 064.07	3 627.07	1 850.90	90.68	
6	2-755	混凝土路面刻纹	100 m^2	41.98	205.17	8 613.04	1 645.62	2 907.95	41.14	
		措施项目								
7	2-809	定型钢模板	10 m^2	10.61	209.30	2 220.67	1 171.12	103.85	29.28	
		小计				388 502.19	29 122.01	24 852.16	611.35	155.61
8	2-820	安全防护、文明施工费(道路工程)	元	41 213.10	8.70%	3 585.54	750.08	634.68		
9	1-2375	安全防护、文明施工费(市政土石方工程)	元	12 761.08	1.39%	177.38	26.80	26.80		

续上表

序号	定额编号	项目名称	单位	数量	单价(元)	合价(元)	其中(元)		综合用工(工日)	
							人工费	机械费	二类	三类
		合计				392 265.11	29 898.89	25 513.64	611.35	155.61
		取费(土石方工程)								
①		直接费				12 938.45				
②		直接费中的人工费+机械费				12 814.67				
③		企业管理费:②×4%			4.0%	512.59				
④		利润:②×3%			3.0%	384.44				
⑤		规费:②×4.9%			4.9%	627.92				
⑥		价款调整				1 408.53				
A		综合用工三类=155.61×(39−30)				1 400.49				
B		安全防护、文明施工费中人工=26.8/40×(52−40)				8.04				
⑦		税金:(①+③+④+⑤+⑥)×3.48%=15 871.93×3.48%			3.48%	552.34				
		工程造价合计:①+③+④+⑤+⑥+⑦				16 424.27				

续上表

序号	定额编号	项目名称	单位	数量	单价(元)	合价(元)	其中(元)		综合用工(工日)	
							人工费	机械费	二类	三类
		取费(道路工程)								
①		直接费				379 326.65				
②		直接费中人工费+机械费				42 597.86				
③		企业管理费:②×14%			14.0%	5 963.70				
④		利润:②×8%			8.0%	3 407.83				
⑤		规费:②×8.5%			8.5%	3 620.82				
⑥		价款调整				108 615.36				
A		综合用工二类=611.34×(52−40)				7 336.08				
B		安全防护、文明施工费中人工=750.08/40×(52−40)				225.02				
C		商品抗折混凝土5.0 MPa=41.98×24.072×(360−260)				101 054.26				
⑦		税金:(①+③+④+⑤+⑥)×3.48%=500 934.36×3.48%			3.48%	17 432.52				
		工程造价合计:①+③+④+⑤+⑥+⑦				518 366.88				
		工程造价总计				534 791.15				

2.非机动车道

(1)非机动车道面层和基层的工程量。

1)非机动车道面层工程量。

路平石长度=200×2−(20×2 +14)+3.14×20 +(70−1.25)×2 +(200−130−1.25)×2+2×3.14×1.25×2 =699.50(m)。

①乳化沥青透层的工程量=200×6.5×2+(130−70)×2.5×2+(2.5×2.5−3.14×1.25×1.25)×2+(20×2 +14)×20−3.14×20×20/2−699.5×(0.2+0.005)=3 211.29(m^2)

②下封层的工程量=200×6.5×2+(130−70)×2.5×2+(2.5×2.5−3.14×1.25×1.25×2+(20×2 +14)×20−3.14×20×20/2−699.5×(0.2+0.005)=3 211.29(m^2)

③60 mm 厚中粒式沥青混凝土(AC−20C)的工程量=200×6.5×2 +(130−70)×2.5×2 +(2.5×2.5−3.14×1.25×1.25)×2 +(20×2 +14)×20−3.14×20×20/2−699.5×(0.2 +0.005)=3 211.29 (m^2)

④黏层洒布乳化沥青的工程量=200×6.5×2 +(130−70)×2.5×2 +(2.5×2.5−3.14×1.25×1.25)×2 +(20×2 +14)×20−3.14×20×20/2−699.5×(0.2 +0.005)=3 211.29 (m^2)

⑤40 mm 厚细粒式沥青混凝土(AC−13F)的工程量=200×6.5×2 +(130−70)×2.5×2 +(2.5×2.5−3.14×1.25×1.25)×2 +(20×2 +14)×20−3.14×20×20/2−699.5×(0.2 +0.005)=3 211.29 (m^2)

2)非机动车道基层工程量。

①150 mm 厚 12%石灰土基层的工程量=200×(6.5+0.25×2)×2+(130−70)×(2.5−0.25×2)×2+[(2.5−0.25×2)×(1.25−0.25)−3.14×(1.25−0.25)×(1.25−0.25)/2] ×4+(20×2+14)×20−3.14×(20−0.25)×(20−0.25)/2=3 509.32 (m^2)

②160 mm 厚石灰、粉煤灰、碎石基层的工程量=200×(6.5+0.25×2)×2+(130−70)×(2.5−0.25×2)×2+[(2.5−0.25×2)×(1.25−0.25)−3.14×(1.25−0.25)×(1.25−0.25)/2] ×4+(20×2+14)×20−3.14×(20−0.25)×(20−0.25)/2=3 509.32(m^2)

3)面层、基层工程量清单见表 3-3-2。

表 3-3-2 分部分项工程量清单与计价表

工程名称:某市道路工程　　　　第　页　共　页

序号	项目编码	项目名称	项目特征	计量单位	工程数量	金额(元)	
						综合单价	合价
1①	040203001001	乳化沥青透层	洒布 PC−2 乳化沥青透层,用量 1.2 L/m^2	m^2	3 211.29		

续上表

序号	项目编码	项目名称	项目特征	计量单位	工程数量	金额(元)	
						综合单价	合价
2②	040203001002	下封层	选用 PC－1 乳化沥青，用量为 0.9 L/m^2，洒布 0.5～1 cm，石料 5 m^3/1 000 m^2	m^2	3 211.29		
3③	040203004001	中粒式沥青混凝土面层	厚度 6 cm AC－20C	m^2	3 211.29		
4④	040203004002	细粒式沥青混凝土面层	厚度 4 cm AC－13F 粘层洒布乳化沥青，用量为 8.5 L/ m^2	m^2	3 211.29		
5	040202002001	石灰稳定基层	厚度 15 cm 含灰量 12% 路基整形碾压 路槽底面土基设计回弹模量≥30 MPa	m^2	3 509.32		
6	040202006001	石灰、粉煤灰、碎石基层	厚度 16 cm 石灰：粉煤灰：碎石＝7：13：80(厂拌) 顶层基层养生	m^2	3 509.32		
		小计			19 863.80		
		合计			19 863.80		

①根据《市政工程工程量计算规范》(GB 50857—2013)规定，题中的乳化沥青透层属于“透层、粘层”，其项目编号为 040203003，计量单位为 m^2，工程量计算规则为“按设计图示尺寸以面积计算，不扣除各种井所占面积，带平石的面层应扣除平石所占面积”。

②根据《市政工程工程量计算规范》(GB 50857－2013)的规定，题中的下封层属于“封层”，其项目编号为 040203004，计量单位为 m^2，工程量计算规则为“按设计图示尺寸以面积计算，不扣除各种井所占面积，带平石的面层应扣除平石所占面积”。

③根据《市政工程工程量计算规范》(GB 50857－2013)的规定，题中的中粒式沥青混凝土面层属于“沥青混凝土”，其项目编号为 040203006，计量单位为 m^2，工程量计算规则为“按设计图示尺寸以面积计算，

不扣除各种井所占面积,带平石的面层应扣除平石所占面积”。

④根据《市政工程工程量计算规范》(GB 50857－2013)的规定,题中的细粒式沥青混凝土面层属于“沥青混凝土”,其项目编号为 040203006,计量单位为 m^2,工程量计算规则为“按设计图示尺寸以面积计算,不扣除各种井所占面积,带平石的面层应扣除平石所占面积”。

(2)细粒式沥青混凝土和石灰、粉煤灰、碎石基层的分部分项工程量清单与计价表以及分部分项工程量清单综合单价分析表,见表 3-3-3 和表 3-3-4。

3. 人行道

(1)人行道块料铺设工程量。

人行道块料铺设的工程量＝[200×2－(20＋14＋20)]×(10.5－0.12－0.08)＋3.14×(20－0.12)×(20－0.12)/2－(20－10.5＋0.08)×(20－8＋0.08)＝4 068.56(m^2)

(2)人行道块料铺设分部分项工程量清单与计价表以及分部分项工程量清单综合单价分析表见表 3-3-5 和表 3-3-6。

表 3-3-3 分部分项工程量清单综合单价分析表

工程名称:某市道路工程　　　　第　页　共　页

序号	项目编码	项目名称	项目特征	计量单位	工程数量	金额(元)	
						综合单价	合价
1	040203004002	细粒式沥青混凝土面层	厚度 4 cm AC－13F 粘层洒布乳化沥青,用量为 8.5 L/m^2	m^2	3 211.29	58.34	187 342.58
2	040202006001	石灰、粉煤灰、碎石基层	厚度 16 cm 石灰∶粉煤灰∶碎石＝7∶13∶80(厂拌) 顶层基层养生	m^2	3 509.32	29.12	102 189.89
		小计					
		合计					

注:根据《市政工程工程量计算规范》(GB 50857—2013)的规定,题中的人行道块料铺设的项目编号为 040204002,计量单位为 m^2,工程量计算规则为“按设计图示尺寸以面积计算,不扣除各种井所占面积,但应扣除侧石、树池所占面积”。

表 3-3-4　分部分项工程量清单综合单价分析表

工程名称:其市道路工程　　　　第　页　共　页

序号	项目编号(定额编号)	项目名称	单位	数量	综合单价(元)	合价(元)	综合单价组成(元)				人工单价(元/工日)
							人工费	材料费	机械费	管理费和利润	
1	040203004001	细粒式沥青混凝土面层	m^2	3 211.29	58.34	187 342.58	1.43	54.10	2.11	0.71	
1.1	2-667	喷洒乳化沥青喷油量(0.5 kg/m^2)	100 m^2	32.11	197.64	6 346.88	2.80	159.42	28.53	6.89	
		人工调整	工日	2.25	12.00	26.97	12.00				52.00
1.2	2-724	细粒式沥青混凝土路面机铺带自动找平厚度 3 cm	100 m^2	32.11	296.42	9519.03	80.80	28.89	138.49	48.24	
		人工调整	工日	64.87	12.00	778.42	12.00				52.00
		细粒沥青混凝土	m^3	106.94	1 200.00	128 323.15		1 200.00			
1.3	2-725(换)	细粒式沥青混凝土路面机铺带自动找平厚度每增 0.5 cm [R×2,C×2,J×2]	100 m^2	32.11	98.81	3 172.97	26.40	13.48	43.54	15.39	
		人工调整	工日	21.19	12.00	254.33	12.00				52.00
		细粒沥青混凝土	m^3	32.43	1 200.00	38 920.83		1 200.00			
2	040202006001	石灰、粉煤灰、碎石基层	m^2	3 509.32	29.12	102 189.89	1.13	25.80	1.64	0.55	
2.1	2-426	厂拌机铺石灰、粉煤灰、碎石基层厚 20 cm 振动压路机	100 m^2	35.09	304.61	10 689.76	100.80	5.93	144.02	53.86	

续上表

序号	项目编号（定额编号）	项目名称	单位	数量	综合单价（元）	合价（元）	综合单价组成（元）				人工单价（元/工日）
							人工费	材料费	机械费	管理费和利润	
		人工调整	工日	88.43	12.00	1 061.22	12.00				52.00
		石灰、粉煤灰、碎石混合料	t	1 503.39	75.00	112 754.51		75.00			
2.2	2-428（基价×－4）	厂拌机铺石灰、粉煤灰、碎石基层，每减1cm 振动压路机	100 m^2	35.09	－25.94	－910.37	－17.60	－1.20	－2.68	－4.46	
		人工调整	工日	－15.44	12.00	－185.29	12.00				52.00
		石灰、粉煤灰、碎石混合料	t	－300.68	75.00	－22 550.90		75.00			
2.3	2-513（换）	顶层多合土养生 洒水车洒水（骨料混合料基础顶层养生）	100 m^2	35.09	36.92	1 295.59	3.36	5.34	22.52	5.69	
		人工调整	工日	2.95	12.00	35.37	12.00				52.00

表 3-3-5　分部分项工程量清单与计价表

工程名称：某市道路工程　　　　第　页　共　页

序号	项目编码	项目名称	项目特征	计量单位	工程数量	金额（元）	
						综合单价	合价
1	040204001001	人行道块料铺设	C30 亚光彩色混凝土渗水便道砖 规格：20 cm×10 cm×5.5 cm 垫层：3 cm 厚 M10 混合砂浆（中砂）	m^2	4 068.56	39.50	160 685.64
		小计					160 685.64
		合计					160 685.64

注：根据《市政工程工程量计算规范》(GB 50857—2013)的规定，题中的人行道块料铺设的项目编号为 040204002，计量单位为 m^2，工程量计算规则为“按设计图示尺寸以面积计算，不扣除各种井所占面积，但应扣除侧石、树池所占面积”。

表 3-3-6　分部分项工程量清单综合单价分析表

工程名称：某市道路工程　　　　第　页　共　页

序号	项目编号（定额编号）	项目名称	单位	数量	综合单价（元）	合价（元）	综合单价组成（元）				人工单价（元/工日）
							人工费	材料费	机械费	管理费和利润	
1	040204001001	人行道块料铺设	m^2	4 068.56	39.50	160 692.35	6.27	32.16		1.06	
1.1	2—782（换）	便道石灰砂浆垫层[水泥石灰砂浆 M10(中砂)]	10 m^3	12.21	1 079.99	13 186.68	357.20	644.21		78.58	
		人工调整	工日	109.00	12.00	1 308.00	12.00				52.00
		砂浆换算	m^3	125.11	43.16	5 399.75		43.16			
1.2	2—770	彩色普通型砖安砌	100 m^2	40.69	461.22	18 767.04	375.20	3.48		82.54	52.00
		人工调整	工日	381.63	12.00	4 579.56	12.00				
		便道砖	m^2	4 194.69	28.00	117 451.32		28.00			

参考文献

[1]中华人民共和国住房和城乡建设部. GB 50500—2013 建设工程工程量清单计价规范[S]. 北京：中国计划出版社，2013.

[2]中华人民共和国住房和城乡建设部. GB 50857—2013 市政工程工程量计算规范[S]. 北京：中国计划出版社，2013.

[3]北京市市政工程设计研究院. CJJ 37—2012 城市道路工程设计规范[S]. 北京：中国建筑工业出版社，2012.

[4]湖北省交通运输厅. 公路工程工程量清单计量规则[M]. 北京：人民交通出版社，2010.

[5]张麦妞. 市政工程工程量清单计价知识问答[M]. 北京：人民交通出版社，2009.

[6]上海市市政公路工程行业协会. 市政工程工程量清单常用数据手册[M]. 北京：中国建筑工业出版社，2009.

[7]李世华，李智华. 市政工程工程量清单计价手册[M]. 北京：中国建筑工业出版社，2011.

[8]苗旺. 市政工程质量检查验收一本通[M]. 北京：中国建材工业出版社，2010.

[9]中华人民共和国交通运输部. JTG D40—2011 公路水泥混凝土路面设计规范[S]. 北京：人民交通出版社，2011.